T0208234

Schlüsselkonzepte zur Statistik

Thomas Benesch

Schlüsselkonzepte zur Statistik

die wichtigsten Methoden, Verteilungen, Tests anschaulich erklärt

Thomas Benesch

ISBN 978-3-8274-2771-7 ISBN 978-3-8274-2772-4 (eBook)
DOI 10.1007/978-3-8274-2772-4

Die Deutsche Nationalbibliothek verzeichnet diese Publikation in der Deutschen Nationalbibliografie; detaillierte bibliografische Daten sind im Internet über http://dnb.d-nb.de abrufbar.

Springer Spektrum

Planung und Lektorat: Dr. Andreas Rüdinger, Bianca Alton
Einbandabbildung: © iStockphoto/raycat
Einbandentwurf: SpieszDesign, Neu-Ulm

Gedruckt auf säurefreiem und chlorfrei gebleichtem Papier

Springer Spektrum ist eine Marke von Springer DE.
Springer DE ist Teil der Fachverlagsgruppe Springer Science+Business Media.
www.springer-spektrum.de

Vorwort

Ich möchte das vielleicht trocken anmutende Thema der Statistik mit einer Anekdote beginnen: Ich wurde bereits häufig als „Statist“ angesprochen, wenn meine statistische Unterstützung benötigt wurde. Vielleicht ist dies eine Anspielung darauf, dass ich nicht eigenmächtig oder individuell handeln und am besten am Rande oder im Hintergrund bleiben soll – die Ergebnisse zwar untermauern darf, aber nicht wirklich essenziell zum Gesamtergebnis beitrage. Mein Selbstverständnis gibt der Statistik in den Anwendungen eine tragende Rolle, nämlich weg vom Statisten hin zum Statistiker, denn ohne die „richtige“ Durchführung von empirischen Arbeiten ist oft keine Weiterentwicklung des Forschungsstandes möglich.

Die Aufgabengebiete des Statistikers bei der angewandten Forschung können in drei Hauptpunkte zusammengefasst werden:

1. bereits vorliegende Daten fehlerkritisch zu beurteilen, zu analysieren und vorsichtig zu interpretieren – meist mit Empfehlungen zur Gewinnung von noch aussagekräftigeren Daten („Befunde prüfen“);
2. missbräuchliche Anwendungen von Programmen und sonstiger Schemata einzuschränken und Fehlinterpretationen auszuschließen („Missbrauch verhüten“).
3. Wichtigste Aufgabe ist aber die Beratung vor sowie die methodische Betreuung während und nach Untersuchungen: von der Planung von Experimenten hin zu Erhebungen, weiter über die Auswertung der Befunde bis schließlich zur Interpretation der Ergebnisse („Patenschaft übernehmen“).

Die in dem Buch dargelegten statistischen Methoden entsprechen jenen, die ich während meiner Lehrtätigkeit an unterschiedlichen Universitäten, Fachhochschulen und Akademien den Studierenden näherbringe, und andererseits auch jenen, die ich selbst in wissenschaftlichen Publikationen einsetze. Der Formalisierungsgrad wird so gering wie möglich gehalten. So habe ich mich dazu entschlossen, die Wahrscheinlichkeitstheorie nicht in ihrem vollen Ausmaß herauszuarbeiten, sondern sie immer an passender Stelle in den einzelnen Kapiteln indirekt einfließen zu lassen.

Ich habe mich entschieden, im Bereich der schließenden Statistik ausschließlich mit p-Werten zu arbeiten; die Durchführung aller statistischen Analysen, die sich auf die p-Werte beziehen, erfolgte in SPSS. Die durchgeführten Teststärkenanalysen wurden anhand des Programms G*Plus durchgeführt, welches kostenlos über das Internet heruntergeladen werden kann. Für die Ausarbeitung dieses Buches habe ich neben rein statistischer Fachliteratur zusätzlich auf verwandte Themenbereiche zurückgegriffen, wie zum Beispiel Marketingliteratur. Dadurch gelangen neuere Aspekte in das Buch, um es zusätzlich zu bereichern. Schwierig war es, die Balance zwischen mathematischer Exaktheit und Anwendbarkeit zu wahren, sodass einzelne Kapitel in diesem Buch eine wichtige Rolle spielen, wie etwa die Effektmaße oder ganz allgemein die Motivation der jeweiligen Konzepte, die eine ausführliche Bearbeitung erlangten.

Das Buch fokussiert auf „Statistical Literacy“. Dies ist die Fähigkeit, jene Bereiche mit statistischem Bezug zu verstehen (und auch kritisch zu bewerten), die uns jeden Tag begegnen. Diese Fähigkeit wirkt sich gleichermaßen auf öffentliche wie private, berufliche oder auch persönliche Entscheidungen aus. Die Schwerpunkte der statistischen Kompetenz (Statistical Literacy) in diesem Buch beinhalten

- statistische Begriffe, Konzepte und Modelle,
- Strukturierung, Darstellung und Analyse von Daten sowie
- die Fähigkeit, kritisch, kurz gefasst, klar schriftlich und mündlich zu kommunizieren.

Eine Analyse von Fachjournalen aus den Gebieten der Allgemeinmedizin, Gynäkologie und Geburtshife sowie der Notfallmedizin ging der Frage nach, welche statistischen Tests in medizinischen Zeitschriften angewandt werden. Das Resultat (bei der Analyse von etwa 2000 Publikationen) ergab, dass zumindest 70 % der Leser, die neben deskriptiven Verfahren zusätzlich mit PEARSON's Chi-Quadrat beziehungsweise dem exakten Test nach FISHER sowie dem t-Test vertraut sind, den Artikel statistisch richtig interpretieren können. Der Ansatz dieses Buches geht weit über diese Methoden hinaus.

Das Buch bearbeitet Schlüsselkonzepte der Statistik – aus meiner Sicht –, daher werden Sie hier nicht alle möglichen Feinheiten der Statistik finden. Sollte ich jedoch von Ihrer Sicht her eine elementare Methode vergessen haben, würde ich mich über eine Kontaktaufnahme freuen. Folgendes Zitat von einem unbekannten Statistiker scheint mir sehr treffend: „Lehre jemanden den t-Test und er wird für einen Tag glücklich sein; lehre jemanden die Regression und er wird für eine Woche lang glücklich sein; lehre jemanden Statistik und er wird sein ganzes Leben lang Probleme haben.“ Und es stimmt, Statistik verändert die Sicht auf unterschiedliche Aspekte.

Das Buch enthält bewusst keine statistischen Tabellen über Quantile beziehungsweise Verteilungen. Die Website www.statsoft.com/textbook/distribution-tables/ bietet einen umfangreichen Überblick über diese. Bei der Ansprache von Personen sind stets beide Geschlechter gemeint. Aus Gründen der Vereinfachung beziehungsweise zur besseren Lesbarkeit wird ausschließlich die männliche Schreibweise verwendet.

Die Idee für dieses Werk geht auf Anfang Februar 2010 zurück, als das Konzept gemeinsam mit Dr. Andreas Rüdinger vom Verlag besprochen wurde. Mitte April 2010 kam es dann zur Vertragsunterzeichnung. Die Betreuung des Buchprojekts lief bis November 2010 unter Heidemarie Wolter, danach ging diese Aufgabe an Bianca Alton über. Das Fundament des Buches wurde von Juli bis August 2010 gelegt, der weitere massive Ausbau erfolgte im gleichen Zeitraum des folgenden Jahres. Von der Anfangsidee bis zur Fertigstellung sind fast zwei Jahre vergangen, welche geprägt waren durch ein konstruktives Klima der Zusammenarbeit zwischen Verlag und Autor. Dafür möchte ich mich sehr herzlich bedanken. Neben der verlagsseitigen Unterstützung möchte ich mich an dieser Stelle besonders bei Frau Mag. Karin Schuch bedanken, welche durch ihre zahlreichen inhaltlichen und textlichen Hinweise das Buch in der jetzigen Form sehr stark beeinflusste.
Das vorliegende Ergebnis mit den acht Kapiteln und jeweils sechs Unterkapiteln beinhal-

tet daher komprimiert 48 unterschiedliche Themenbereiche aus zahlreichen Kerngebieten der Statistik.

Um mit einem Bonmot zu schließen: „Statistiker zu sein ist der einzige Beruf, der es erlaubt, 5 % der Zeit Fehler zu machen!“

Wien, im Februar 2012

Thomas Benesch

Inhaltsverzeichnis

1 Grundbegriffe der Statistik

Übersicht

1.1 Ursprung, Definitionsversuche und Irrtümer zur Statistik

Kaum eine andere Disziplin ist so stark mit Zitaten behaftet wie die Statistik. Das Bonmot „Es gibt Lügner, gottverdammte Lügner und es gibt Statistiker" (Winston CHURCHILL) stellt Statistik in der Ecke der Lüge, genauso wie: „Es gibt die Notlüge, es gibt die gemeine Lüge und es gibt die Statistik" (Benjamin DISRAELI). Oder denken Sie an Ernst FERSTLs Satz: „Die Lieblingstochter der Lüge hört auf den Namen Statistik." Selbst die größte Steigerungsform „Traue keiner Statistik, die Du nicht selbst gefälscht hast" (Benjamin DISRAELI / Winston CHURCHILL) zeigt genau auf, wie Statistik zum Teil betrachtet wird. Stephen LEACOCK sieht die Sache mit Statistik und Lüge wie folgt: „In der alten Zeit gab es keine Statistik, und daher mussten die Leute lügen. So ist denn die alte Literatur voll von gewaltigen Übertreibungen – es wimmelt nur so von Riesen und Wundern! Damals wurde also gelogen, aber heute gibt es die Statistik dafür; somit ist alles beim Alten geblieben." Jedoch ist die Statistik nicht nur diesen Zitaten ausgesetzt, sondern muss sich auch den Vorwurf gefallen lassen, dass „mit Statistik alles bewiesen werden kann – auch das Gegenteil davon", wie es James CALLAGHAN auf den Punkt bringt. Den Genauigkeitswahn von einigen Statistikanwendern hat Helmar NAHR deutlich zum Ausdruck gebracht, indem für ihn Statistik ein Verfahren ist, „welches gestattet, geschätzte Größen mit der Genauigkeit von Hundertstelprozent auszudrücken“. Die obigen Sichtweisen zur Statistik und ihrer Anwendung werden kräftig durch Zeitungsartikel verbreitet, wie folgende „Kostproben“ bestätigen.

So meinen die *Ruhr Nachrichten*: „Noch engagieren sich 20 % der Bundesbürger ehrenamtlich, doch laut der Deutschen Gesellschaft für Freizeit wird es bald nur noch jeder Fünfte sein.“ Jedoch ist jeder Fünfte nichts anderes als 1/5 und dies sind genau 20 %, also ist die Aussage von keiner Relevanz, besonders der Zusatz „bald nur noch“ ist schlicht falsch.

Das Marburger Magazin *Express* schreibt wie folgt: „Bis in die 70er Jahre starben 20 % der herzkranken Kinder in den ersten Lebensjahren. Heute überleben 80 %.“ Diese Aussage fällt in den Bereich: „Mit Statistik lässt sich alles beweisen – auch das Gegenteil“, denn sobald 20 % sterben, müssen als Konsequenz 80 % überleben. 80 % erscheint hier als offenbare Verbesserung – wahrscheinlich wollte die obige Aussage dies ausdrücken.

Die *Norderneyer Badezeitung* schreibt: „Fuhr vor einigen Jahren noch jeder zehnte Autofahrer zu schnell, so ist es mittlerweile heute nur noch jeder Fünfte. Doch auch 5 % sind zu viele, und so wird weiterhin kontrolliert und die Schnellfahrer haben zu zahlen.“ Dieser Satz strotzt vor Widersprüchen, jeder zehnte Autofahrer sind 10 % (1/10), aber jeder Fünfte sind 20 % (1/5). Daraus ergibt sich, dass sich die Prozentpunkte verdoppelt haben, und da keine absoluten Zahlen gegeben sind, kann keine Aussage über die Reduktion der Schnellfahrer getroffen werden. Der obige Satz wird ergänzt mit dem Hinweis, dass auch 5 % zu viel sind, jedoch bedeutet jeder Fünfte 20 %.

Die *BILD-Zeitung* schreibt, dass eine typische Ehefrau pro Tag „eine Stunde, 50 Minuten und 13 Sekunden nur für ihren Mann arbeitet (darunter 4 Minuten Hemden bügeln, 2 Minuten 30 Sekunden Bett machen, 1 Minute Barthaare aus dem Ausguss fischen und 15 Sekunden Klobrille schließen)“. Dieser „Newsflash“ aus der *BILD-Zeitung* zeigt, was Helmar NAHR meint: Wie nur ist es der *BILD-Zeitung* gelungen herauszufinden, dass eine Ehefrau 15 Sekunden pro Tag die Klobrille für ihren Ehemann schließt? Diese Zeiten wurden wahrscheinlich in längeren Abschnitten abgefragt beziehungsweise aufgrund von Mittelwertbildungen geschaffen. Die Problematik von Mehrfachnennung zeigt *Die Welt* sehr deutlich, die über die Tüchtigkeit der Jenaer Polizei berichtet, die 104,8 % aller Fälle von Mord, Mordversuch und Tötung im Jahr 1993 aufklärte. Einerseits beruhigt die Zahl 104,8 %, jedoch könnte daraus geschlossen werden, dass auch Personen eingeschlossen sind, die noch gar keine Verbrecher sind (beziehungsweise erst in Zukunft zu einem Verbrecher werden würden).

Als abschließendes Zitat noch folgender Ausspruch, der ein Körnchen Wahrheit enthält: „Die Statistik ist dem Politiker, was die Laterne dem Betrunkenen ist: Sie dient zum Festhalten, nicht der Erleuchtung.“

Gleichzeitig wachsen die praktische Bedeutung statistischer Angaben und die Statistikglaubwürdigkeit. Im Rahmen von Lohnverhandlungen zwischen Arbeitgebern und Arbeitnehmern wird auf jedes Zehntel Prozentpunkt des amtlichen Preisindex geachtet. Bei Rechtsstreitigkeiten wegen unerwünschten Nebenwirkungen eines Medikaments werden zwischen geschädigten Patienten und Pharmakonzernen statistisch signifikante Untersuchungsergebnisse als letzte Weisheit gehandelt. In vielen Großstädten dient der „Mietspiegel“ als statistische Grundlage zur Schlichtung von Mietstreitigkeiten. Jeder Sparer, der Geld anlegen will, entscheidet über die Art der Anlage, in die er investiert, auf der Grundlage von Rendite- und Risikoangaben seiner Bank. Dass es sich um statistische Angaben handelt, ist ihm im Allgemeinen nicht bewusst, da dies von der Bank nicht klar kommuniziert wird. Ergebnisse statistischer Untersuchungen werden gerne als Fakten verkauft, die über jedwede Kritik erhaben sind, und der statistische Charakter gewisser Informationen wird oft unterschlagen.

Statistik kann auch sehr viel für das eigene Ego tun. Zum Beispiel wurde 1990 in Psychological Science publiziert, dass Mittelwerte Sex-Appeal haben. Dies bedeutet, dass die meisten Menschen Gesicht und Körper dann am attraktivsten finden, wenn deren Maße (wie Nasenlänge, Nasenwinkel, Augenabstand, Kopfform, Brustumfang, Länge der Arme und Beine) möglichst dem Durchschnitt aller Nasen, Augen oder Köpfe gleichen. Da die Frage nach dem Aussehen stets präsent ist, muten Antworten wie „durchschnittlich“ – seit der Erkenntnis aus dem Jahr 1990 – beinahe als Kompliment an, wollen sie doch bloß aussagen, dass jemand sehr viel Sex-Appeal hat.

Statistiken können dazu missbraucht werden, eigenes Verhalten zu bestätigen beziehungsweise den Blick von unerwünschten Tendenzen wegzulenken. So ergibt sich die Reaktion: „Dann hätte ich gerne noch ein Bier“ vor dem Hintergrund, „dass 70 % aller Verkehrsunfälle im nüchternen Zustand verursacht werden“.

Ebenso wird in New York sicherer im Central Park als zu Hause geschlafen, da der weitaus größte Teil von Gewaltverbrechen in den USA in der Küche, in Wohn- und Schlafzimmern geschieht.

Das Wort **Statistik** wurde gegen Ende des 17. Jahrhunderts geprägt und bedeutete lange Zeit ganz allgemein die verbale oder numerische Beschreibung eines bestimmten Staates oder den Inbegriff der „Staatsmerkwürdigkeiten“ eines Landes und Volkes. Das Zitat von Gottfried ACHENWALL (1781), in dem die kursiv gesetzten a's und h's eingefügt worden sind, um die alte und die neue Rechtschreibung kenntlich zu machen, ist die erstmalige Erwähnung des Begriffs Statistik in der Wissenschaft: „Der Inbegriff der wirklichen Sta*a*tsmerkwürdigkeiten eines Reichs, oder einer Republik, macht ihre Sta*a*tsverfassung im weiteren Verstande aus: und die Le*h*re von der Sta*a*tsverfassung eines oder me*h*rerer einzelner Sta*a*ten ist die Statistik (Sta*a*tskunde), oder Sta*a*tsbeschreibung. (...) Durch die Statistik erlangt man eine Kenntnis von Sta*a*ten und ihren Sta*a*tsverfassungen.“ Das Wort Statistik leitet sich vermutlich also von „Staat“ ab. Als „Staatswissenschaft“ war sie traditionell bei den Rechtswissenschaften angesiedelt. Ein Staat hat seit jeher zwei statistische Bedürfnisse: Volkszählungen für die Erhebung von Steuern und für die Rekrutierung des Heeres. Eine andere mögliche Erklärung ist, dass Statistik auf das lateinische Wort „status“ (Stand, Zustand) zurückgeht. Jedoch erscheint der Ursprung im italienischen „statista“ (Staatsmann oder Politiker) oder dem lateinischen Wort „statisticum“ (den Staat betreffend) einleuchtender.

Aus dem Wort „Statistik" entsteht bei Heranziehung des Bezugs zum Staat dann die Wortspielerei „Stat ist ik", was frei übersetzt so viel bedeutet wie „Staat ist Wissenschaft". Dem kann ich sehr viel abgewinnen.

Im Laufe der Zeit ergaben sich aus der ursprünglichen Bedeutung des Wortes „Statistik" weitere, nämlich

- materiell: Eine „Statistik" ist eine tabellarische oder graphische Darstellung von zahlenmäßig erhobenen Daten oder von Ergebnissen statistischer Untersuchungen bestimmter Sachverhalte.
- instrumental: Die „Statistik" ist die Zusammenfassung von Methoden, die zur zahlenmäßigen Untersuchung (Beschreibung, Analyse) von Massenerscheinungen dienen.
- institutionell: Begriffe wie „Arbeitsmarktstatistik" oder „Arbeitslosenstatistik" bezeichnen die an der Durchführung bestimmter statistischer Erhebungen beteiligten Bereiche oder Institutionen.
- speziell: „statistic" ist der englische Ausdruck für eine Stichprobenfunktion, der zum Teil auch im deutschen Sprachraum verwendet wird.

Diese Vielzahl von Bedeutungen des Begriffes „Statistik" führt dazu, dass unzählige Definitionsversuche von namhaften Autoren vorgeschlagen wurden und eine allgemeingültige Definition noch nicht gefunden ist. Eine Auswahl von unterschiedlichen Statistik-Definitionen soll anschließend wiedergegeben werden.

Der Begriff Statistik hat zweierlei Bedeutungen: einmal sind darunter quantitative Informationen über bestimmte Tatbestände schlechthin (Bevölkerungsstatistik, Umsatzstatistik) zu verstehen, zum anderen ist sie eine formale Wissenschaft, die sich mit den Methoden der Erhebung, Aufbereitung und Analyse numerischer Daten beschäftigt.

Zur ersteren Bedeutung folgendes Beispiel: „Wenn ein Mensch stirbt, ist es ein Malheur, bei 100 Toten eine Katastrophe, bei 1000 Toten eine Statistik." Für SACHS ist Statistik die Kunst, Daten zu gewinnen, darzustellen, zu analysieren und zu interpretieren, um zu neuem Wissen zu gelangen. HARTUNG sieht in der Statistik ein methodisches Instrumentarium, das sich an allen empirisch arbeitenden Wissenschaftsbereichen orientiert, und FISCHER misst die Statistik an ihrem Beitrag zur Lösung praktischer Probleme und nicht an ihren mathematischen Ergebnissen. Für WALD ist die Statistik eine Zusammenfassung von Methoden (zum Beispiel graphische Darstellungen, Komprimierung zu Kennzahlen), die es erlauben, vernünftige Entscheidungen im Falle von Ungewissheit zu treffen. Für BOHLEY entsteht und besteht die Statistik aus dem Zählen und Messen sowie dem Aufbereiten von Dingen und Phänomenen, die wiederholt oder meist sogar massenhaft auftreten.

Das BROCKHAUS-Lexikon führt zum Wort Statistik aus, dabei handele sich um eine „methodische Hilfswissenschaft zur zahlenmäßigen Untersuchung von Massenerscheinungen". Diese Definition trifft sehr gut die Bedeutung der angewandten Statistik, denn „methodisch" bedeutet, dass die Vorgehensweise der Statistik in der planmäßigen Anwendung von Verfahren zur Lösung von Aufgaben besteht. „Hilfswissenschaft" betont, dass statistische Arbeit kein Selbstzweck ist, sondern stets innerhalb einer bestimmten Fachdisziplin erfolgt. Die Bezeichnung der Hilfswissenschaft ist nur für die Angewandte Statistik als mögliche Sichtweise zu gestatten. Themengebiete wie die theoretische Statistik ganz allgemein oder die mathematische Statistik beziehungsweise die Maßtheorie sind eher als eigenständig zu betrachten. „Zahlenmäßige Untersuchung" heißt, dass es bei der statistischen Arbeit vor allem um die quantitative Analyse von durch Zahlen geprägten Sachverhalten geht. „Massenerscheinungen" schließlich weist darauf hin, dass Statistik sich grundsätzlich nicht mit Einzelfällen näher befasst, sondern stets die Bearbeitung (Beschreibung, Analyse, Interpretation) von großen Datenmengen zum Ziel hat.

1.2 Vorgehensweise bei statistischen Untersuchungen

Der Ablauf des statistischen Arbeitens umfasst sämtliche Phasen einer Studie, ausgehend von den ersten Vorüberlegungen über die eigentliche statistische Datenanalyse bis zur Interpretation der Ergebnisse. Wichtige Punkte sind: das Finden und Formulieren einer Frage; das Festlegen der Stichprobengröße; zu den gewonnenen Daten zusätzliche externe Quellen in Anspruch nehmen (beispielsweise „Statistik Austria"). Im Einzelnen werden fünf Schritte bei der statistischen Untersuchung unterschieden, deren Gewichtung von Fall zu Fall stark variieren kann. Die Abb. 1.1 veranschaulicht die fünf Stufen mit den jeweiligen Arbeitsschritten.

Hierbei handelt es sich um ein lineares Modell, das häufig bei statistischen Fragestellungen zur Anwendung kommt. Alternativ ist noch ein zirkuläres Modell zu nennen, welches hauptsächlich bei qualitativen Analysen zum Einsatz kommt.

Die fünf Schritte des linearen Modells werden nun genauer betrachtet.

Studienplanung (Vorbereitung und Planung): Hierunter fallen vor allem

- die exakte Formulierung des Untersuchungsziels,
- die Festlegung, wie die Durchführung gestaltet werden soll, und die Bestimmung der Größe der Stichprobe,
- die Klärung organisatorischer und technischer Fragen (welche Tests am Schluss verwendet werden, Ein- / Ausschlusskriterien, etc.) und
- die Berücksichtigung der entstehenden Kosten.

Durchführung (Erhebung, Datenerfassung): Die Erhebung dient der Gewinnung des statistischen Datenmaterials. Zu unterscheiden ist zwischen Primärdaten (Untersuchungen, bei denen die Daten eigens für den Untersuchungszweck erhoben werden) und Sekundärdaten (vorhandenes Datenmaterial, das etwa für andere Zwecke bereits gesammelt worden ist). Primärstatistiken können genau auf das jeweilige Untersuchungsziel abgestellt werden, sind jedoch in der Regel auch teurer als

1. Schritt: **Studienplanung**	Festlegung des Untersuchungsziels, Stichprobenplanung
2. Schritt: **Durchführung**	Schriftliche / mündliche Befragung, Beobachtung, Experiment, automatische Erfassung
3. Schritt: **Datenmanagement**	Dateneingabe (Datenmatrix, Verkodierung), Data Cleaning
4. Schritt: **Analyse der Daten**	
a) Beschreibung der Stichprobe (deskriptive Statistik)	Berechnung von Lage- und Streuungsmaßen, Beschreibung des Zusammenhangs zweier Merkmale, graphische Darstellungen
b) Schluss auf die Grundgesamtheit (schließende Statistik)	Durchführung von statistischen Tests, Berechnung von Konfidenzintervallen
5. Schritt: **Präsentation und Interpretation**	Ableitung von Kernaussagen aus der Analyse der Daten

Abb. 1.1: Vorgehensweise bei statistischen Untersuchungen

Sekundärstatistiken. Bei einer Primärstatistik wird zwischen Voll- und Teilerhebung unterschieden. Beispiele von Vollerhebungen sind

- die Wahl der Klassensprecher oder die Abstimmung in der Klasse über das Ziel der Klassenfahrt;
- eine Volkszählung, also die Erhebung statistischer Daten bei der gesamten Bevölkerung eines Landes.

Die wichtigsten Gründe für eine Teilerhebung sind Kostenersparnis, Zeitgewinn und die praktische Unmöglichkeit von Vollerhebungen (wie zum Beispiel die zerstörende Prüfung). Ein Beispiel für die praktische Unmöglichkeit ist die Untersuchung der Wasserqualität eines Badesees. Eine Vollerhebung ist hier unmöglich, denn dazu müsste der See leergepumpt und die gesamte Wassermenge geprüft werden. Dies könnte kein Labor bewältigen, zudem würde das Leerpumpen das Biotop des Sees zerstören. Da die Volkszählung nur alle zehn Jahre stattfinden soll, ist zwischenzeitlich die Veränderung in der Bevölkerung wenigstens tendenziell zu erfassen. Diese

Erfassung findet in einer Teilerhebung statt, der so genannte Mikrozensus. Dabei werden aus allen privaten Haushalten jedes Jahr 1 % der Haushalte zufällig und mit einem Fragebogen zur Auskunft verpflichtet.

Bei Teilerhebungen werden zwei Arten von Auswahlverfahren unterschieden: Zum einen gibt es Verfahren, die auf dem Zufallsprinzip beruhen (die Zufallsauswahlverfahren / Zufallsstichprobe), zum anderen gibt es Verfahren der bewussten Auswahl. Die beiden bekanntesten Methoden der bewussten Auswahl sind das Abschneide- und das Quotenauswahlverfahren. Beim Quotenauswahlverfahren wird zum Beispiel nur darauf geachtet, dass die Charakteristika der interessierenden Gesamtheit in der Teilerhebung übereinstimmen. Die Anzahlen (Kontingente) beziehungsweise Anteile (Quoten) werden den Interviewern vorgegeben. Im Rahmen der Quoten, die den „repräsentativen Bevölkerungsquerschnitt" definieren sollen, können sich die Interviewer die zu befragenden interessierenden Personen willkürlich aussuchen.

Bei der primärstatistischen Untersuchung lassen sich folgende Erhebungsarten unterscheiden:

- Schriftliche Befragung: Der Vorteil des Fragebogens liegt vor allem in den geringen Kosten und der Zeit zur Vorbereitung. Falls jedoch kein Auskunftszwang besteht, kommt unter Umständen nur ein kleiner Teil der Fragebögen zurück, worunter die Repräsentativität der Ergebnisse leidet. Nachteilig sind beispielsweise auch der relativ lange Erhebungszeitraum (Rücklaufzeit), die Qualität der Antworten oder dass die Emotionen der Befragten bei der Beantwortung nicht feststellbar sind.
- Mündliche Befragung: Das Interview ist eine relativ teure Erhebungsart, wird jedoch bei intensiver Schulung der Interviewer und sorgfältiger Abfassung des Fragebogens zu guten Ergebnissen mit hochwertiger Aussagekraft führen. Sehr wichtig ist, dass keine Beeinflussung durch den Interviewer stattfindet. Alternativ zur persönlichen Befragung bietet sich ein telefonisches Interview an.
- Beobachtung: Diese Erhebungsart bringt exakte Ergebnisse, ist jedoch in den Wirtschaftswissenschaften relativ selten bis kaum anwendbar. Beispiele sind Verkehrszählung oder Messung der Wartezeit von Kunden vor der Ladenkasse eines Supermarktes.
- Experiment: Diese Erhebungsart findet vor allem in den Naturwissenschaften, in der Medizin und in der Psychologie Verwendung. Eine Anwendungsmöglichkeit in den Wirtschaftswissenschaften ist der so genannte Produkttest, bei dem mittels Experiment die subjektiven Wirkungen der zu untersuchenden Waren auf bestimmte Testpersonen eruiert werden (zum Beispiel für ein neues Produkt vor dessen Markteinführung). Weitere Beispiele sind das Registrieren des Verhaltens von Versuchspersonen in hypothetischen Entscheidungssituationen oder die Messung der Schlafdauer bei Verabreichung verschiedener Schlafmittel. Ein

anderer Einsatz findet sich auch bei Qualitätssicherungen in Produktionsbetrieben oder im Bereich von Lebensmitteluntersuchungen.

- Automatische Erfassung: Die Erhebung erfolgt im Augenblick der Entstehung der Daten. Beispielsweise werden die Verlaufsdaten in einem computergestützten Warenwirtschaftssystem durch Scannen der Waren an der Kasse automatisch erfasst (Kundenkarten). Weiterhin wäre etwa an die Messung der tageszeitlichen Auslastung eines Telefonnetzes oder eines städtischen Elektrizitätswerkes zu denken – oder zum Beispiel an die Logfiles einer Homepage. Aber auch der elektronische Zähler an Türen und Transportbändern oder Maut-Kontrollbrücken über Autobahnen zählt zur automatischen Erfassung.

Datenmanagement (Datenkontrolle und -aufbereitung): Dieser Bereich beschäftigt sich mit der Qualität der Eingabe, der Datenerfassung, Verkodierung (Verschlüsselung) und der Vorgehensweise mit „Ausreißern“ (das heißt stark von der Norm abweichende Werte, welche die Auswertung stark beeinflussen). Bei der Qualität der Eingabe geht es zunächst um sachliche Richtigkeit (Plausibilitätskontrolle), auch Prüfungen zur Vollzähligkeit und Vollständigkeit werden durchgeführt.

Das erklärte Ziel dieses Schrittes ist die Umwandlung des durch die Erhebung gewonnenen Urmaterials zu Aussagen über die zugrunde liegende Datenstruktur. Gegebenenfalls sind auch Transformationen der Daten notwendig.

Analyse (Datenauswertung und -analyse): Hier wird die konzentrierte Darstellung der Daten in Tabellen und Schaubildern (deskriptive Statistik) oder durch eventuelle statistische Tests oder Konfidenzintervalle (schließende Statistik, induktive Statistik, analytische Statistik) betrachtet.

Präsentation, Interpretation und Diskussion der Ergebnisse: In diesem Schritt werden die Ergebnisse aus der Analyse in Kernaussagen dargestellt und komprimiert. Vor allem bei der Interpretation sollte der Statistiker auf die Mithilfe von Experten der jeweiligen Fachdiziplin zurückgreifen.

Eines ist auf jeden Fall festzuhalten: in allen fünf Schritten des statistischen Arbeitens können Fehler passieren. Reichliche Erfahrung in der Arbeit mit Daten kann zwar davor schützen, aber gefeit ist man nicht!

1.3 Merkmalsträger, Merkmal, Merkmalsausprägung, Grundgesamtheit, Stichprobe

Ein **Merkmalsträger** (statistische Einheit) ist die kleinste Einheit, an der interessierende Eigenschaften direkt beobachtet werden. Daher werden Merkmalsträger auch häufig Beobachtungseinheiten (Untersuchungseinheit, Erhebungseinheit) genannt. Beispiele von Beobachtungseinheiten sind Personen, Haushalte, Krankenhäuser, aber auch Tiere, Pflanzen oder überhaupt beliebige Objekte. Jene Eigenschaften, die für die Beobachtungseinheiten erhoben werden (gemessen im Sinne von Zuordnung von Zahlen zu Beobachtungseinheiten), werden als **Merkmale**, manchmal auch Variable bezeichnet. Von der Beobachtungseinheit Person können das Geschlecht, die Körpergröße und das Körpergewicht, von der Beobachtungseinheit Haushalt das Einkommen und die Anzahl der Personen oder aber von der Beobachtungseinheit Krankenhaus die Anzahl der Betten oder des Pflegepersonals als Merkmale betrachtet werden.

Merkmale sind durch ihre **Merkmalsausprägungen**, auch kurz nur Ausprägungen, charakterisiert. Das Merkmal „Geschlecht“ hat die möglichen Ausprägungen männlich und weiblich, das Merkmal „Körpergröße“ die möglichen Ausprägungen 172 cm, 184 cm, etc., das Merkmal „Körpergewicht“ die möglichen Ausprägungen 50 kg, 75 kg, 100 kg. Die Merkmalsausprägungen müssen also nicht unbedingt Zahlen sein. Nebenbei wird deutlich, dass Merkmale eine Maßeinheit besitzen können.

Tabelle 1.1 zeigt weitere Beispiele von Merkmalsträgern, Merkmalen und Merkmalsausprägungen.

Tab. 1.1: Beispiele für die Verwendung der Begriffe Merkmalsträger, Merkmal und Merkmalsausprägung

Merkmalsträger	**Merkmal**	**Merkmalsausprägung**
Unternehmung	Umsatz	4,5 Millionen Euro
Person	Körpergröße	176 cm
Umsatz	Sparte	Haushaltsgeräte, Lebensmittel, Möbel
Krankenhaus	Bettenanzahl	200
Betrieb	Standort	Wien, Berlin, Zürich
Pkw	Katalysator	ja, nein

Für die statistische Analyse ist es notwendig, Merkmale hinsichtlich ihrer Eigenschaften zu klassifizieren.

Die **Grundgesamtheit** ist eine Menge von Beobachtungseinheiten, für die vom Untersuchungsziel her eine Frage geklärt werden soll. Es ist unerlässlich, die Frage was ich wann und wo untersuchen will, klar zu beantworten. Daher muss die Grundgesamtheit zeitlich, räumlich und sachlich eindeutig abgegrenzt werden. So ist zum Beispiel die folgende Aussage unvollständig: „81 % der Bevölkerung sind wahlberechtigt.“ Zwar geht aus dieser Information eine sachliche Angabe zur Wahlberechtigung einer Grundgesamtheit „Bevölkerung“ hervor, dennoch fehlen die Angaben über die Merkmale „Raum“ und „Zeit“. Die vollständige, korrekte Angabe lautet: „2009 waren in Wien 81 % der Bevölkerung wahlberechtigt.“ Ein weiteres Beispiel ist die Anzahl der in das Handelsregister eingetragenen Betriebe (sachliche Abgrenzung) der Stadt Wien (räumlich) per 31.12.2009 (zeitlich).

Die Festlegung der Grundgesamtheit muss immer angegeben werden und gut durchdacht sein. Zum Beispiel: Was ist die Grundgesamtheit von dem Untersuchungsziel „prozentueller Anteil an Arbeitslosen in Deutschland“? Hier stehen verschiedene Varianten zur Verfügung:

1. Arbeitsfähige Bevölkerung zwischen 17 und 65, die in Deutschland lebt
2. Arbeitsfähige Bevölkerung zwischen 17 und 65, die deutsch ist
3. Gesamtbevölkerung

Abbildung 1.2 zeigt den Zusammenhang der Begriffe:

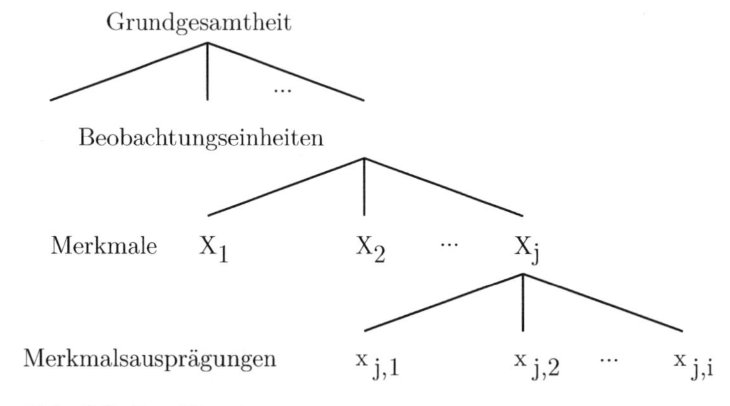

Abb. 1.2: Begriffssystem

Werden die Daten aller Merkmalsausprägungen einer Grundgesamtheit erhoben, so wird von einer Vollerhebung gesprochen. Wird hingegen nur eine Teilmenge der Grundgesamtheit untersucht, handelt es sich um eine Teilerhebung. Diese Teilmenge aus einer Grundgesamtheit wird **Stichprobe** genannt. Die Anzahl der Merkmalsträger in einer Stichprobe ist der Stichprobenumfang.

Bei Teilerhebungen werden zwei Arten von Auswahlverfahren unterschieden: Zum einen gibt es Verfahren, die auf dem Zufallsprinzip beruhen (die Zufallsauswahlverfahren / Zufallsstichproben), zum anderen gibt es Verfahren der bewussten Auswahl wie etwa das Quotenauswahlverfahren oder das Abschneideverfahren. Bei dem Abschneideverfahren werden nur die Merkmalsträger mit den größten Beiträgen zu den untersuchten Merkmalen in die Auswahl einbezogen. So verfährt das Statistische Bundesamt beispielsweise bei der kurzfristigen Berichterstattung im produzierenden Gewerbe; nur Betriebe mit einer gewissen Mindestanzahl von Beschäftigten werden in die monatliche Erhebung einbezogen. Leider ist noch eine dritte Variante üblich, nämlich die der willkürlichen Auswahl.

Bei den Zufallsauswahlverfahren besitzen sämtliche Merkmalsträger der Grundgesamtheit bestimmt Chancen (Wahrscheinlichkeiten), in die Stichprobe zu gelangen.

Einfache Zufallsstichprobe: Das einfachste Verfahren ist die uneingeschränkte Zufallsauswahl (einfache Zufallsstichprobe), bei der jeder Merkmalsträger die gleiche Chance (Wahrscheinlichkeit) besitzt, gezogen zu werden. Theoretisch kann eine einfache Zufallsstichprobe erzeugt werden, indem alle Merkmalsträger der Grundgesamtheit durchnummeriert werden und anschließend unter Verwendung von Zufallszahlen die Stichprobe gebildet wird. Diese Vorgehensweise kann jedoch in praktischen Untersuchungen oft nicht identisch umgesetzt werden. Allerdings sollte die konkrete Bildung von Stichproben diesem Gedanken möglichst nahekommen, damit für die Untersuchung tatsächlich von einer Zufallsstichprobe ausgegangen werden kann.

Beispiel 1.1
Ein Interviewer wird auf die Straße geschickt, um dort aufs Geradewohl die Passanten zu befragen. Es ergibt sich eine systematische Verzerrung, da nicht alle Personen mit gleicher Chance auf der Straße anzutreffen sind (Hausfrauen, Berufstätige, Rentner, ...). Eine weitere einseitige Auslegung erfolgt aufgrund der Gegend, in der die Passanten angesprochen werden (Kloster, Schule, Fabrik, ...). Selbst unter der Annahme, dass der Interviewer gezielt in ausgewählte Wohnungen geschickt werden würde, um die Befragungen durchzuführen, wäre mit Sicherheit eine Verzerrung zu erwarten, da die Personen nicht mit gleicher Chance zu Hause anzutreffen sind. ■

Beispiel 1.2
Eine Zeitung veranstaltet unter ihren Lesern eine Umfrage über den mutmaßlichen Ausgang der nächsten Wahlen. Es ist kaum zu hoffen, dass sie auf diesem Wege ein annähernd allgemeingültiges Bild bekommt, denn der Leserkreis jeder Zeitung hat typische Ausprägungen und unterscheidet sich in seiner Zusammensetzung charakteristisch von jener der Gesamtbevölkerung. Dazu kommt, dass jene Personen, die solche Rundfragen tatsächlich beantworten, erneut eine einseitige Auslese darstellen, sodass das Ergebnis einer solchen Befragung keine reale Repräsentanz für den Leserkreis der betreffenden Zeitung darstellt. ■

Geschichtete Stichprobe (stratifizierte Zufallsstichprobe): Dabei wird die Grundgesamtheit in einander nicht überlappende Schichten zerlegt und anschließend aus jeder dieser Schichten eine einfache Zufallsstichprobe gezogen. Je mehr das Schichtungsmerkmal mit dem eigentlich interessierenden Merkmal in Zusammenhang steht, desto genauer werden die angestrebten Schätzungen gegenüber den Ergebnissen einer einfachen Zufallsstichprobe. Die Stratifikation, also die Einteilung der Grundgesamtheit in Schichten, enthält zwei Teilprobleme:

1. die Festlegung der Anzahl der Schichten und
2. die Festlegung der Schichtabgrenzung.

Ziel ist es, die beiden Teilprobleme so zu lösen, dass die Schätzungen in Bezug zur einfachen Zufallsstichprobe genauer werden.

Beispiel 1.3
Soll eine Befragung innerhalb des Militärs stattfinden und ist man speziell an Frauen interessiert, so sollte die Grundgesamtheit nach dem Merkmal „Geschlecht" geschichtet sein. Ansonsten müsste eine sehr große einfache Zufallsstichprobe aus den Soldaten gezogen werden, um wenigstens einige Frauen in der Stichprobe zu haben. Anders bei den Pflegeberufen, die einen eindeutigen Frauenüberhang aufweisen. Die Problematik, dass in den Pflegeberufen bei wissenschaftlichen Studien nur Frauen inkludiert sind (Männer werden schon in der Studienplanung ausgeschlossen), zeigt das Problem sehr deutlich! ■

Klumpenstichprobe: Eine solche Stichprobe kann dann erhoben werden, wenn sich eine Grundgesamtheit von vornherein aus einzelnen „Klumpen" von Merkmalsträgern zusammensetzt. Ein typisches Beispiel ist die Grundgesamtheit der in Deutschland auf Freiland gehaltenden Rinder, die sich aus Herden zusammensetzt. Voraussetzung ist, dass sich die einzelnen Klumpen, in diesem Beispiel die Herden, bezüglich des interessierenden Merkmals nicht wesentlich unterscheiden. Jeder Klumpen sollte also die Grundgesamtheit gut abbilden. Unter diesen Voraussetzungen werden für eine Klumpenstichprobe einige Klumpen komplett erfasst. Diese Klumpen sollen aus allen Klumpen zufällig ausgewählt werden, wenn diese Möglichkeit besteht. Ein anderes Beispiel ist die Befragung ganzer Häuserblocks oder von Schulklassen. Zuerst werden die zu befragenden Schulklassen per Zufallsauswahl bestimmt. Dann werden alle in den Schulklassen enthaltenen Schüler befragt.

Unter einer repräsentativen Stichprobe ist zu verstehen, dass die Auswahl der Teilmenge der Grundgesamtheit so vorzunehmen ist, dass aus dem Ergebnis der Teilerhebung möglichst exakt und sicher auf die Verhältnisse der Grundgesamtheit geschlossen werden kann. Dies ist dann der Fall, wenn in der Teilerhebung die interessierenden Merkmale im gleichen Anteilsverhältnis enthalten sind, das heißt, wenn die Stichprobe zwar ein verkleinertes, aber sonst wirklichkeitsgetreues Abbild der Grundgesamtheit darstellt.

Zusammenfassend lässt sich sagen, dass die Repräsentativität einer Teilerhebung dann vorliegt, wenn sie in bestimmten Merkmalen eine ähnliche Struktur aufweist wie die Grundgesamtheit.

1.4 Deskriptive, explorative und schließende Statistik

Mit der **deskriptiven Statistik** wird versucht, die in einem Datensatz enthaltene Information durch bestimmte Kennzahlen und graphische Darstellungen zu veranschaulichen. Meistens liegt kein Interesse an bestimmten Messwerten einzelner Beobachtungseinheiten (= Merkmalsträger) vor (zum Beispiel Alter von Person 3), sondern vielmehr an Maßzahlen, die die gesamte Stichprobe (= Teilmenge der Grundgesamtheit) beschreiben (zum Beispiel mittleres Alter von Personen). Resultate der deskriptiven Analyse dienen oft als Grundlage für die Planung weiterer wissenschaftlicher Studien. Die deskriptive Statistik beschränkt sich ausschließlich auf die Beschreibung des vorliegenden Datenmaterials. Das heißt, eine zunächst unüberschaubare Datenmenge durch möglichst wenige Zahlen (Maßzahlen) zu beschreiben. Die Verfahren der deskriptiven Statistik haben das Ziel, erhobene Daten so darzustellen, dass ihre bezüglich der aktuellen Fragestellung wesentlichen Eigenschaften veranschaulicht werden können. Zu diesem Zweck werden die Daten in Tabellen, graphischen Darstellungen und mit Hilfe statistischer Maßzahlen zusammengefasst. Im Gegensatz dazu versucht die schließende Statistik (Inferenzstatistik) ausgehend von den Daten der Stichprobe auf die zugrunde liegende Grundgesamtheit zu verallgemeinern (siehe Abb. 1.3). Die Inferenzstatistik hat zum Ziel, mit der statistischen Auswertung Schlussfolgerungen zu ermöglichen, die valide (gültig) sind.

Beispiel 1.4
Angenommen, es soll eine Erhebung über das aktuelle Einkommen der Landwirte, die einen Hof bestimmter Größe bewirtschaften, durchgeführt werden. Eine geeignete Stichprobe wird gezogen und als Resultat ist unter anderem das durchschnittliche aktuelle Einkommen der zufällig ausgewählten und befragten Landwirte zu erhalten. Gewünscht ist aber eine Aussage über das durchschnittliche Einkommen aller Landwirte, also auch über das Einkommen jener Landwirte, die gar nicht befragt worden sind. Hierin liegt eine wesentliche Aufgabe der schließenden Statistik. ■

Beispiel 1.5
Beispielsweise wird behauptet, dass weniger als die Hälfte der Bürger die Steuerpolitik der gegenwärtigen Bundesregierung gutheißen. Dies ist die Hypothese (Vermutung), die zu prüfen ist. In einer für die Bürger gesteuerten Befragung könnte sich nun als statistischer Befund ergeben, dass 53 % der Befragten die Steuerpolitik der Regierung unterstützen. Zu entscheiden ist, ob sich der Befund in der Stichprobe wesentlich von der zu prüfenden Hypothese unterscheidet oder ob der Unterschied als zufällig zustande gekommen beurteilt werden kann. Als Entscheidungshilfe wird ein der Problemstellung und Datenlage adäquates statistisches Modell gewählt. ■

Methoden der beschreibenden Statistik sind wichtige Werkzeuge im Rahmen explorativer (Hypothesen generierender) Datenanalysen.

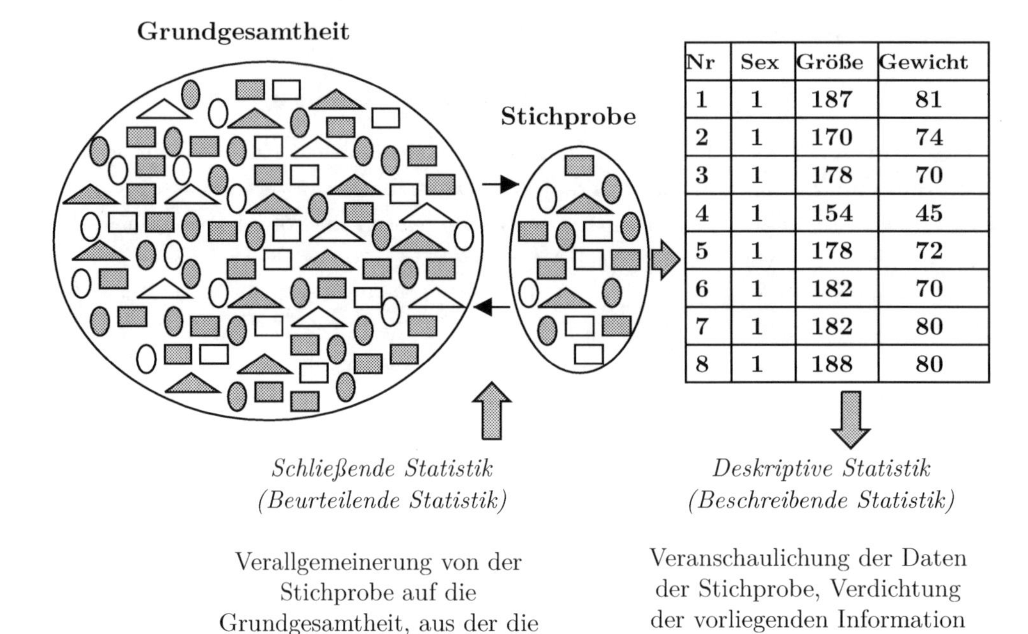

Nr	Sex	Größe	Gewicht
1	1	187	81
2	1	170	74
3	1	178	70
4	1	154	45
5	1	178	72
6	1	182	70
7	1	182	80
8	1	188	80

Abb. 1.3: Zusammenhänge zwischen der deskriptiven und der schließenden Statistik

Explorative Datenanalysen dienen der Beschreibung gegebener Daten oder der Suche nach unbekannten Strukturen in komplexen Datenmengen. Mit ihrer Hilfe können Hypothesen (Vermutungen) über untersuchte Merkmale gewonnen werden.

Die explorative Datenanalyse geht über die reine beschreibende Statistik hinaus. In der explorativen Untersuchung ist es zusätzlich möglich, nach unbekannten Strukturen in komplexen Datenmengen zu suchen und auf diesem Weg Hypothesen zu finden, wenn die eigentliche Forschungsfrage noch nicht genau definiert ist oder noch kein geeignetes statistisches Modell bestimmt werden konnte.

Inferenzstatistische Verfahren der Datenanalyse gehen von statistischen Modellen und Hypothesen aus. Auf der Grundlage der Wahrscheinlichkeitstheorie können Hypothesen über Eigenschaften der untersuchten Grundgesamtheit widerlegt oder nicht widerlegt werden, wobei alle Aussagen nur mit vorgegebenen Wahrscheinlichkeiten getroffen werden können. Inferenzstatistische Methoden sind die Grundlage konfirmatorischer (Hypothesen prüfender) Datenanalysen.

Konfirmatorische Datenanalysen dienen zur Entscheidung für vor der Untersuchung aufgestellte Hypothesen (Annahmen) auf der Grundlage von inferenzstatistischen Methoden.

Der grundsätzliche Unterschied, aber auch der oft fließende Übergang zwischen explorativer und konfirmatorischer Datenanalyse soll an folgendem Beispiel veranschaulicht werden.

Beispiel 1.6
In einem industriell wenig erschlossenen Gebiet wurde ein großes Zulieferwerk der Autoindustrie errichtet, dessen Abwässer in die benachtbarten Flüsse gelangen. Es gibt keine inhaltlich begründeten Vermutungen, wie sich die Abwässer auf den Nitratgehalt der Flüsse auswirken. Mit Methoden der beschreibenden Statistik wird im Rahmen einer explorativen Datenanalyse der mittlere Nitratgehalt an unterschiedlichen Messstellen ermittelt. Dabei wird festgestellt, dass sich der Nitratgehalt nach der Errichtung des Werks mehr als verdreifacht hat. Ergebnis der explorativen Vorgehensweise ist damit die Hypothese, dass sich der durchschnittliche Nitratgehalt im Ergebnis der Veränderungen der Umwelt verdreifacht hat. Diese Hypothese kann nun im Rahmen einer konfirmatorischen Untersuchung geprüft werden. Dazu müssen neue Daten erhoben werden, zum Beispiel an anderen Flüssen, an anderen Messpunkten oder in angemessen großen zeitlichem Abstand zur ersten Messung. Im Ergebnis dieser Untersuchung kann die vor dieser Messung aufgestellte Hypothese widerlegt oder nicht widerlegt werden.

Dabei ist streng zu beachten, dass nur eine vor der Untersuchung aufgestellte Hypothese beurteilt werden kann. So wäre es denkbar, dass im Rahmen der zweiten Untersuchung festgestellt wird, dass sich der Nitratgehalt der Flüsse sogar verzehnfacht hat. Da diese deutlich höhere Nitratbelastung aber nicht vor der Untersuchung angenommen wurde, kann die erhöhte Belastung mit dieser Untersuchung nicht nachgewiesen werden. Gewissermaßen als wichtiges „Nebenprodukt“ der konfirmatorischen Datenanalyse hat sich eine neue Hypothese ergeben, die nun erneut unter Verwendung neu erhobener Daten bestätigt werden muss. ■

Dieses Beispiel macht deutlich, dass explorative und konfirmatorische Datenanalysen oft keine starren Grenzen aufweisen, sondern ineinander übergehen können.

Die explorative Haltung entspricht mehr der üblichen wissenschaftlichen Forschungsarbeit, die offen für neue, nicht vorausgeahnte Erkenntnisse sein sollte.

1.5 Datenmatrix und Kodierung

Mit der Definition von „Messen“ als Zuordnung von Zahlen zu Beobachtungseinheiten ist auch ein Merkmal wie Geschlecht messbar – dies ist der Vorgang des Kodierens (Verschlüsseln). Hierbei werden zum Zwecke der Datenverarbeitung dem Merkmal, wie zum Beispiel Geschlecht, statt den Merkmalsausprägungen „weiblich“ und „männlich“ der Einfachheit halber (ganzzahlige) Werte zugewiesen, selbst wenn die Ausprägungen selbst, wie beim Beispiel des Geschlechts, nicht Zahlen sind. Bei der Kodierung sollen die Werte der Merkmale eingetragen werden. Wichtig ist, dass innerhalb eines Merkmals für alle Merkmalsträger (zum Beispiel Person, Krankenhaus) die gleiche Maßeinheit verwendet wird. Bei der praktischen Arbeit empfiehlt es sich, eine „rangerhaltende“ Kodierung der Merkmalsausprägungen vorzunehmen. So sollte zum Beispiel beim Merkmal Hotelkategorie ein Stern mit 1 kodiert werden, zwei Sterne mit 2, drei Sterne mit 3 etc. Stattdessen ist die Zuteilung beim Geschlecht willkürlich; so wird Männern zum Beispiel die Zahl 1 und Frauen die Zahl 2 zugeordnet. Die Zahlenzuordnung könnte natürlich auch umgekehrt vorgenommen werden: den Frauen die 1 und den Männern die 2 oder den Männern die Zahl 433 und den Frauen die Zahl 4711. Ein Facharbeiter erzielt zum Beispiel in einem bestimmten Jahr ein Bruttoeinkommen in Höhe von 62551 Einheiten, ein Universitätsprofessor hat die Telefonnummer 62551. Numerisch sind die Zahlen gleich, aber ihre Bedeutungen sind sehr verschieden. Dies ist der Grund dafür, dass mit den gleichen zwei Zahlen nicht sinnvoll die gleichen Rechenoperationen durchgeführt werden können. Mit der Telefonnummer kann überhaupt nicht gerechnet werden, sie könnte lediglich in eine andere Nummer abgeändert werden. Das Jahreseinkommen des Facharbeiters jedoch kann beispielsweise in eine andere Währung umgerechnet, versteuert oder um Abzüge für die Systeme der sozialen Sicherheit verringert werden. Oder es kann eingehen in eine Rechenprozedur, in der etwa ein Durchschnittseinkommen erzielt wird.

Die Kodierung für gleiche Antwortkategorien soll für alle Merkmale gleich sein (zum Beispiel immer 0 = nein, 1 = ja).

Merkmale, die dadurch entstehen, dass sich die Merkmalsausprägungen aus Kategorien ergeben, wie zum Beispiel die Hotelkategorie oder die Güteklasse von Obst, sind **kategoriale Merkmale**. Kategoriale (beziehungsweise kategorielle) Merkmale benötigen bei der statistischen Auswertung immer Codes, auch wenn diese durch Zahlen angegeben werden können, wie zum Beispiel die Schulnoten. Andere Merkmale, die durch Zählen, Messen oder Wiegen entstehen, werden **Messmerkmale** genannt. Diese benötigen keine Kodierung, da das Ergebnis der Messung immer einer Zahl entspricht, welche auch entsprechend interpretiert werden kann. Wichtig bei den Messvariablen (auch metrische Variablen oder metrische Merkmale genannt) ist, dass einige davon keine fixe Maßeinheit besitzen: Diese muss immer angegeben werden. Die Einteilung der Merkmale in metrische und kategoriale reicht für die Erstellung der Kodierung vollkommen aus. Eine weit genauere Klassifizierung des Merkmals ergibt sich anhand des Skalenniveaus (Nominal-, Ordinal-, Intervall-, Verhältnis- oder Absolutskala, siehe Abschn. 1.6).

Nun wird die Struktur der Datenmatrix behandelt, dazu dient der folgende Ausschnitt eines Fragebogens. Die Variablennamen werden in eckigen Klammern [ ] dargestellt, die Verkodierung in runden Klammern ( ).

Die Variablennamen müssen in der ersten Zeile der Datenmatrix stehen. Idealerweise erhalten die Variablen nur Buchstaben von A-Z, Ziffern von 0-9 und Underline _. Das erste Zeichen sollte ein Buchstabe sein. Sollte zum Beispiel das Körpergewicht zu unterschiedlichen Zeitpunkten gemessen worden sein, darf trotzdem der Variablenname nur einmal verwendet werden. Abgesehen von dieser ersten Zeile darf die Tabelle nur Datenwerte enthalten. Die Beobachtungseinheiten stehen in den Zeilen, die Variablen in den Spalten einer einzigen Tabelle. Die erste Variable soll die eindeutige Beobachtungseinheiten-Kennung erhalten, wie zum Beispiel „laufende Nummer“ („Nr“). Nun stellt sich die Frage, wie mit Merkmalen umgegangen werden soll, die nicht angege-

Fragebogenausschnitt:

Geben Sie bitte Ihr Geschlecht an: [Geschlecht]

□ weiblich (= 1) □ männlich (=2)

Wie viel wiegen Sie? [Gewicht]

|__|__|__| kg

Welchen Familienstand haben Sie? [Familienstand]

□ ledig (=1)

□ verheiratet (=2)

□ verwitwet (=3)

□ geschieden (=4)

Wie schätzen Sie die wirtschaftliche Situation ein? [Einschätzung]

sehr negativ						sehr positiv
□	□	□	□	□	□	□
(7)	(6)	(5)	(4)	(3)	(2)	(1)

Trinken Sie Alkohol? [Alkoholkonsum]

kein Alkohol	mäßig	häufig	sehr häufig
□	□	□	□
(1)	(2)	(3)	(4)

ben werden, so genannte „fehlende Werte". Hier haben sich unterschiedliche Vorgehensweisen entwickelt, etwa dass die entsprechende Zelle leer gelassen oder spezifische Codes für fehlende Werte vergeben werden. In den Zellen dürfen nur Zahlen stehen und keine Maßeinheiten. Zur Datenmatrix muss ein Beiblatt erstellt werden, das Bedeutung und Kodierung der Merkmale erklärt, der so genannte **Codeplan**.

Die Datenmatrix für obigen Ausschnitt des Fragebogens hat die Struktur wie in Tab. 1.2.

Die erste Beobachtungsperson hat also auf ihrem Fragebogen angegeben, dass sie weiblichen Geschlechts ist, ein Körpergewicht von 61 kg und den Familienstand verheiratet aufweist. Die Einschätzung der wirtschaftlichen Situation beurteilt sie mit 5 und sie trinkt keinen Alkohol. Die zweite Beobachtungsperson ist männlich mit einem Körpergewicht von 80 kg und dem Familienstand verheiratet, die Einschätzung der wirtschaftlichen Situation wird von ihr sehr negativ gesehen und die Person trinkt mäßig Alkohol.

Tab. 1.2: Ausschnitt aus einer Datenmatrix

Nr	Geschlecht	Gewicht	Familienstand	Einschätzung	Alkoholkonsum
1	1	61	2	5	1
2	2	80	2	7	2
3	1	70	3	6	1

Der Codeplan ist der erste Schritt bei der Planung der Dokumentation und enthält von allen Messgrößen (Merkmalen)

- die genaue Bezeichnung und Bedeutung,
- einen „Kurznamen", der aus Übersichtlichkeitsgründen zu empfehlen ist,
- den Datentyp (ganze Zahl, reelle Zahl, Datum, Zeichenkette usw.),
- ob es sich um eine Messvariable oder um eine kategoriale Variable handelt, und bei letzterem, ob eine Ordnung bei den Merkmalsausprägungen gegeben ist,
- den möglichen zulässigen Wertebereich sowie gegebenenfalls weitere Kriterien für Plausibilitätskontrollen,
- Angaben über die Kodierung fehlender Werte,
- die eventuelle Tabelle der zu verwendenden Codes kategorieller Merkmale einschließlich der Bedeutung der Codes beziehungsweise gegebenenfalls der Angabe des zu verwendenden Codesystems und
- die Vorgaben zu den Antwortmöglichkeiten für Merkmale mit Mehrfachauswahl.

Mit den Festlegungen im Kodierungsplan eng verbunden ist die Auswahl der Messmethode. Für zum Beispiel klinische Messgrößen wie die Visusmessung stehen mehrere Messverfahren (zum Beispiel Snellen-Visus, log-Mar-Visus) zur Verfügung, die sich hinsichtlich ihrer Eigenschaften erheblich voneinander unterscheiden können.

Die Aufstellung des Codeplans ist Teil der Studienplanung und erfolgt im Allgemeinen im Anschluss an die Festlegung aller Messgrößen, die im Rahmen der Studie erhoben werden sollen.

Die Werte einer Datenmatrix sollten, bevor eine Analyse beginnt, einer Plausibilitätsprüfung unterzogen werden. Darunter ist die Überprüfung von Ergebnissen mit anderen verfügbaren Angaben aus parallel oder früher erstellten Befunden beziehungsweise Fragebögen zu verstehen. Bei kategoriellen Merkmalen wird empfohlen, anhand des Codeplans zu untersuchen, ob die in der Datenmatrix vorhandenen Merkmalsausprägungen auch im Codeplan vorhanden sind. Dies kann mit Hilfe von Tabellen (den so genannten Häufigkeitstabellen) geschehen. Darüber hinaus sollen auch zwei kategorielle Merkmale gleichzeitig in einer Tabelle (der so genannten Kreuztabelle) dargestellt werden, um absurde Merkmalskombinationen (zum Beispiel schwangere Männer) aufzudecken. Außerdem sollte kontrolliert werden, ob die laufende Nummer jeweils nur einmal vorhanden beziehungsweise nur einmal eingegeben ist.

Die Plausibilitätsprüfung metrischer Merkmale erfolgt über die Berechnung deskriptiver Maßzahlen (wie arithmetisches Mittel, Standardabweichung, Minimum, Maximum). Eine eventuelle Trennung nach Subgruppen könnte ebenfalls hilfreich sein, um Fehler aufzudecken. Anhand der berechneten Maßzahlen kann festgestellt werden, ob die Werte innerhalb des Wertebereichs liegen und ob die fehlenden Werte entweder direkt kodiert oder frei gelassen wurden. Liegt der Verdacht nahe, dass Minimum und Maximum nicht plausibel sind, so sollten die jeweils fünf höchsten und fünf niedrigsten Merkmalsausprägungen bestimmt werden. Alternativ eignet sich auch eine graphische Darstellung der Daten.

Enthält eine Datenmatrix Datumsvariablen, so sollten der zeitlich gesehen erste und der letzte Datumswert kontrolliert werden. Ebenso ist die Betrachtung von Differenzen zwischen Datumsvariablen sinnvoll (zum Beispiel bei einer medizinischen Fragestellung die Differenz zwischen Aufnahme- und Entlassungsdatum).

1.6 Einteilung von Merkmalen

Welches statistische Verfahren in einem konkreten Fall am besten zur Beschreibung eines bestimmten Merkmals geeignet ist, hängt hauptsächlich von der Skala (Messniveau) ab, mit der die Messung der Ausprägungen erfolgt. Als Beispiel: Vier Personen mit der Körpergröße 160 cm, 170 cm, 180 cm und 190 cm haben den Mittelwert Größe 175 cm. Bei vier Personen mit den Geschlechtern 1, 1, 1 und 2 macht dagegen die Aussage „Das mittlere Geschlecht ist 1,25“ keinen Sinn. Es wird zwischen verschiedenen Skalenniveaus unterschieden. Dies soll am nachfolgenden Beispiel veranschaulicht werden: Von vier Personen A, B, C und D wird das Merkmal „Körpergewicht in kg“ betrachtet. Die folgenden Merkmalsausprägungen liegen vor:

A: 50 kg
B: 75 kg
C: 75 kg
D: 100 kg

Die Personen B und C werden als gleich schwer bezeichnet, da sie die gleiche Merkmalsausprägung haben. Ferner lässt sich sagen, dass Person A leichter ist als etwa Person B, da nämlich $50\,\text{kg} < 75\,\text{kg}$ ist. Der Ordnung der Zahlen kommt also ebenfalls eine Bedeutung zu.

Diese Ordnungsrelation ist nicht bei allen Merkmalen gegeben. Beim Merkmal „Geschlecht“ etwa ergibt sie keinen Sinn. Zwar ist die Zahl 1 kleiner als die Zahl 2, eine Übertragung dieser Relation auf die Beziehungen zwischen den Geschlechtern ist aber sinnlos. Entsprechendes gilt auch für solche Merkmale wie zum Beispiel Familienstand oder Religionszugehörigkeit.

Es lässt sich feststellen, dass die Person B verglichen mit Person A um genau so viel schwerer ist wie die Person D im Vergleich zu B, nämlich um 25 kg. Auch der Differenz zwischen zwei Merkmalsausprägungen kommt hier eine Bedeutung zu. Wird hingegen das Merkmal „Schulnote“ betrachtet, so hat zwar die Ordnungsrelation praktische Relevanz, die Differenzen hingegen bekommen keine Bedeutung. Die Differenzen zwischen zwei benachbarten Messzahlen sind zwar gleich (nämlich 1), damit soll jedoch nicht impliziert sein, dass zum Beispiel die Differenz zwischen einem Schüler mit einer sehr guten Leistungsbeurteilung und einem anderen Schüler mit einer als gerade noch genügend bewerteten Leistung der Differenz zwischen einem guten Schüler und einem Fünferkandidaten gleichgesetzt ist.

Um noch einmal auf das Merkmal „Körpergewicht“ zurückzukommen, so lässt sich sagen, dass Person D doppelt so schwer ist wie Person A: Neben den Differenzen zweier Merkmalsausprägungen kommt auch dem Verhältnis zweier Merkmalsausprägungen Bedeutung zu. Dies ist der Fall bei Merkmalen wie Alter oder Körpergröße. Das Gemeinsame dieser Merkmale ist, dass sie einen absoluten Nullpunkt haben: Kommt einem Merkmal der Differenzbildung Bedeutung zu und hat es einen absoluten Nullpunkt, so hat auch das Verhältnis zweier Merkmalsausprägungen praktische Relevanz.

Ein gegensätzliches Beispiel ist der Intelligenzquotient (IQ). Die Differenz zweier IQs hat zwar Relevanz, doch gemäß der Konstruktion des IQ stimmt es nicht, dass eine Person mit dem IQ 140 doppelt so intelligent ist wie eine mit dem IQ 70.

Ähnliches gilt für das Merkmal „Einschätzung der wirtschaftlichen Situation“, gemessen auf einer Skala von 1 (sehr positiv) bis 7 (sehr negativ). Die Aussage, dass eine Person mit dem Punktwert 6 doppelt so unzufrieden ist wie eine Person mit dem Punktwert 3, kann nicht getroffen werden. Bei den letztgenannten Merkmalen fehlt der absolute Nullpunkt; dessen Lage ist nicht genau auszumachen.

Beim Körpergewicht ist die Maßeinheit nicht zwingend kg, sondern es sind auch andere Einheiten denkbar. Es gibt jedoch Merkmale, die von einer Maßeinheit unabhängig sind, zum Beispiel „Anzahl der Kinder“. Diese Eigenschaft wird auch als Vorhandensein einer absoluten Einheit beschrieben.

Zusammenfassend ist festzustellen, dass folgende Eigenschaften von Merkmalsausprägungen relevant sind:

1. Gleichheit beziehungsweise Ungleichheit
2. Ordnung
3. Gleichheit von Differenzen
4. Gleichheit von Verhältnissen (Quotient)
5. Absolute Einheit

Je nachdem, welche praktische Bedeutung diese fünf Eigenschaften haben, werden sie wie folgt zugeordnet: Nominal-, Ordinal-, Intervall-, Verhältnis- oder Absolutskala. Den genauen Zusammenhang gibt Tab. 1.3 wieder.

Tab. 1.3: Zusammenhang der verschiedenen Skalen

Skala	**relevante Eigenschaft**
nominal	Gleichheit beziehungsweise Ungleichheit (Eigenschaft 1)
ordinal	wie Nominal und zusätzlich Ordnung (Eigenschaften 1 bis 2)
Intervall	wie Ordinal und zusätzlich Gleichheit von Differenzen (Eigenschaften 1 bis 3)
Verhältnis	wie Intervall und zusätzlich Gleichheit von Verhältnissen (Eigenschaften 1 bis 4)
absolut	wie Verhältnis und zusätzlich absolute Einheit (Eigenschaften 1 bis 5)

Die fünf wichtigsten Skalenniveaus werden nun bezüglich ihrer Charakteristika betrachtet.

Nominalskala (lateinisch nomen = Name): Die Merkmalsausprägungen entsprechen begrifflichen Kategorien. Es ist nicht möglich, die Ausprägungen eines solchen Merkmals nach einer Größer-Kleiner-Relation (Ordnungsrelation) anzuordnen. Möglich ist lediglich die Feststellung der Häufigkeit des Auftretens der einzelnen Kategorien. Hat ein Merkmal nur zwei mögliche Ausprägungen, so wird von einem dichotomen (auch alternativen, zweiwertigen oder binären, ansonsten polytomen oder mehrwertigen) Merkmal gesprochen und die speziellen Nominalskalen sind Alternativskalen. Das Merkmal „Geschlecht“ und der „Familienstand“ sind nominale Merkmale. Typische Beispiele für Nominalskalen sind Berufe, Nationalitäten, Aussagen über Flächennutzung (landwirtschaftliche Fläche, Verkehrsfläche, Industriegebiet, ...) oder Automarken.

Ordinalskala (lateinisch ordinare = ordnen; auch Rangskala): Die Merkmalsausprägungen dieser Skala lassen eine Größer-Kleiner-Relation zu. Die Abstände zwischen zwei Merkmalsausprägungen haben keine inhaltliche Bedeutung. Zur Häufigkeitsinformation wie bei der Nominalskala kommt noch die Ranginformation hinzu. Ordinalskalen sind zum Beispiel bei der Charakterisierung von Gemeindegrößen durch Begriffe wie „Großstadt“ oder „Dorf“ anzutreffen. Hier wird klar differenziert, welcher Begriff eine größere Gemeinde beschreibt, die Unterschiede zwischen aufeinander folgenden Klassen sind jedoch nicht sinnvoll vergleichbar: Die Abweichung der Einwohnerzahl zwischen einer Millionen- und einer Großstadt ist sicherlich größer als die zwischen einer Kleinstadt und einem Dorf. Weitere Beispiele von Ordinalskalen sind reine Rangskalen, wie sie etwa im Sport, bei Handelsklassen für Waren oder in Bezug auf Waldschäden zu finden sind.

Intervallskala: Neben der Rangordnung einzelner Merkmalsausprägungen lassen sich die Abstände zwischen den einzelnen Merkmalsausprägungen interpretieren. Es existiert allerdings ein willkürlich gesetzter Nullpunkt. Ein bekanntes Beispiel ist die Temperaturmessung in °C:Steigt die Temperatur von 10 °Celsius auf 20 °Celsius, so hat sie sich nicht verdoppelt. Die Berechnung $20/10 = 2$ ist hier somit nicht sinnvoll.

Verhältnisskala (Ratioskala, Rationalskala, Proportionalskala): Die Merkmalsausprägungen haben einen natürlichen Nullpunkt und es gelten die Eigenschaften der Intervallskala. Das Berechnen von Verhältniszahlen ist möglich und sinnvoll: Steigt beispielsweise der Marktpreis eines Artikels von 3 Euro auf 6 Euro je Stück, so hat er sich verdoppelt. Beispiele sind das Körpergewicht, die Körpergröße und das Alter. Verfahren zur Analyse von Merkmalen mit dem Skalenniveau einer Verhältnisskala können neben den Häufigkeits- und Ranginformationen der Daten auch arithmetische Operationen mit den Daten (Addition, Subtraktion, Produkt- und Quotientenbildung) durchführen und deren Ergebnisse benutzen.

Absolutskala: Die höchste Anforderung an das Skalenniveau eines Merkmals stellt die Absolutskala dar. Sie unterscheidet sich von der Verhältnisskala dadurch, dass über den Nullpunkt hinaus eine Einheit zwingend vorgeschrieben ist. Während beispielsweise die Länge eines Stabes in mehreren Maßeinheiten (m, dm, cm) angegeben werden kann, ist für das Kindermaß eines Haushalts die Anzahl als Maßgröße zwingend vorgeschrieben. Jede Transformation einer Absolutskala verfälscht deren Informationsgehalt.

Intervall-, Verhältnis- und Absolutskala werden oft in dem Oberbegriff **metrische Skala** (Kardinalskala, griechisch metron = Maß) zusammengefasst. Je mehr Eigenschaften von Merksmalsausprägungen (Gleichheit / Ungleichheit, Ordnung, Gleichheit von Differenzen, Gleichheit von Verhältnissen, absolute Einheit) vorliegen, desto höher ist der Informationsgehalt. In Bezug auf den Informationsgehalt sollten die Fragen zum Beispiel eines Fragebogens so gestellt werden, dass das Merkmal mindestens intervallskaliert ist.

Folgendes Beispiel soll dies veranschaulichen: „Rauchen Sie?“

Beispiel 1.7
Die Frage „Rauchen Sie?“ hat als Merkmalsausprägungen die zwei Möglichkeiten „ja“ oder „nein“, es handelt sich daher um eine nominale Skala, in diesem Falle sogar um ein dichotomes Merkmal. Die gleiche Information ist auch bei der folgenden Frage zu erhalten: „Wie viele Zigaretten rauchen Sie pro Tag?“ Die Merkmalsausprägungen sind nun eine Verhältnisskala, mögliche Merkmalsausprägungen 0, 1, 2, 3, etc. Mittels dieser Fragestellung kann obige Frage „Rauchen Sie?“ (Merkmalsausprägungen 0 = „nein“, alle anderen Merkmalsausprägungen „ja“) und zusätzlich noch die Frage der mittleren Zigarettenanzahl pro Tag (falls Raucher) beantwortet werden. Bei der Erhöhung der Information sollte darauf geachtet werden, dass im Allgemeinen auch der Aufwand der Methodik steigt (bei der Befragung zum Rauchen war dies nicht der Fall). ■

Neben der Einteilung von Merkmalen nach verschiedenen Skalenniveaus können diese in stetige und diskrete Merkmale getrennt werden. Ein Merkmal heißt **stetig**, wenn beim Messen (im engeren umgangssprachlichen Sinn) dieses Merkmals prinzipiell jede reelle Zahl innerhalb des Messintervalls als Merkmalsausprägung auftreten kann; andere Merkmale heißen diskret.

Diskrete Merkmale kommen durch Zählen zustande und können nur eine begrenzte Anzahl möglicher Merkmalsausprägungen annehmen (keine „Zwischenwerte"). Merkmale auf dem Nominal- und Ordinalniveau sind immer diskret.

Eine weitere Klassifizierung besteht in der Einteilung in quantitative und qualitative Merkmale. Unter **quantitativen Merkmalen** sind (im engeren umgangssprachlichen Sinn) messbare Merkmale wie Körpergröße, Körpergewicht oder abzählbare Merkmale wie Kinderzahl zu verstehen. Eine andere Bezeichnung für quantitative und qualitative Merkmale ist zahlenmäßig beziehungsweise artmäßig. Dabei wird ein artmäßiges Merkmal nicht allein durch die Zuordnung einer Zahl zu einem zahlenmäßigen. Artmäßige oder **qualitative Merkmale** werden aufgrund einer Alternative (zum Beispiel ja – nein, männlich – weiblich) oder im Allgemeinen durch verschiedene Attribute (zum Beispiel ledig – verheiratet – verwitwet – geschieden) beschrieben. Jedoch auch Merkmalsausprägungen, die im Wesentlichen nur durch die Intensität unterschieden werden, sind artmäßig. Das bekannteste Beispiel liefert die Notenskala: „sehr gut", „gut", „befriedigend", „genügend" und „nicht genügend". Hier ist eine eindeutige Ordnung (Reihenfolge) vorgegeben, ganz zum Unterschied des Merkmals „Beruf", dessen einzelne Ausprägungen (Tischler, Schneider, Verkäufer usw.) gleichwertig sind.

Selbst unter den zahlenmäßigen Merkmalen gibt es eine Vielzahl von Beispielen, die im Grunde lediglich eine Ordnung zum Ausdruck bringen (wie etwa Dioptrie: aufgefasst als Maß für die Sehschärfe des Auges).

Qualitative Merkmale werden auf dem Nominal- beziehungsweise Ordinalniveau gemessen, quantitative mit Intervall-, Verhältnisniveau beziehungsweise Absolutniveau.

Die Tab. 1.4 stellt zusammenfassend die beschriebene Merkmalseinteilung dar.

Tab. 1.4: Einteilung von Merkmalen

Merkmal		zusätzlicher Informationsgehalt der Skala
qualitativ	quantitativ	
Nominalskala		Unterscheidung
Ordinalskala		Rangfolge
	Intervallskala	Abstände
	Verhältnisskala	Verhältnisse
	Absolutskala	absolute Einheit

Ein Merkmal heißt **häufbar**, wenn an derselben Beobachtungseinheit mehrere Merkmalsausprägungen des betreffenden Merkmals vorkommen können. So ist beispielsweise der erlernte Beruf häufbar, da eine Person sowohl Koch als auch Industriekaufmann erlernt haben könnte. Weitere häufbare Merkmale sind Unfallursache (zum Beispiel überhöhte Geschwindigkeit und Trunkenheit am Steuer) oder Krankheit (zum Beispiel Lungenentzündung und Kreislaufschwäche). Bei einem häufbaren Merkmal müssen bei der Datenerhebung „Mehrfachantworten" zugelassen werden.

2 Statistische Maßzahlen

Übersicht

2.1 Quantile, speziell Median, Quartile und Perzentile

Für die Bestimmung von Quantilen ist mindestens das Skalenniveau einer Ordinalskala notwendig. Bei einer Ordinalskala können die Merkmalsausprägungen in eine natürliche Reihenfolge gebracht werden, wie dies zum Beispiel bei der Güteklasse von Obst möglich ist.

Die **Urliste** ist das direkte Ergebnis einer Datenerhebung, also die ursprüngliche Aufzeichnung der Beobachtungs- oder Messwerte. Die Urliste wird mit

$$x_1, x_2, x_3, \ldots, x_n$$

bezeichnet, wobei n für die Anzahl der Beobachtungen (Stichprobenumfang) steht.

Werden die Merkmalsausprägungen der Größe nach sortiert, so erhält man die **geordnete Stichprobe** (**Rangliste**). $x_{[1]}$ bezeichnet den kleinsten Wert, $x_{[2]}$ den zweitkleinsten, bis schließlich $x_{[n]}$ den größten Wert definiert. $x_{[k]}$ heißt die $k$te Ordnungsgröße.

Anhand einer Rangliste können für vorliegende Merkmalsausprägungen Quantile bestimmt werden.

Ein **p-Quantil** (Q_p; manchmal auch noch als „Fraktil" bezeichnet) ist jener Beobachtungswert, der größer oder gleich als mindestens $100 \cdot p$ % der Werte und zugleich kleiner oder gleich als $100 \cdot (1 - p)$ % der Werte ist.

Beispiel 2.1
Das 0,5-Quantil ist somit der Beobachtungswert, der größer oder gleich 50 % der beobachteten Werte und zugleich kleiner oder gleich als 50 % der Werte ist. Das 0,5-Quantil wird auch Median ($\tilde{x}$) oder 2. Quartil genannt, das 0,25-Quantil wird 1. Quartil oder unteres Quartil (Q_1) und das 0,75-Quantil 3. Quartil oder oberes Quartil (Q_3) genannt.

Das untere (obere) Quartil teilt die Rangliste im Verhältnis 1 : 3 (3 : 1). Der Median wird auch häufig Zentralwert genannt oder der Wert „in der Mitte". Er definiert die „Mitte" der Rangreihe (geordnete Stichprobe).

Wie der Name andeutet, bilden Quartile Schnittpunkte zwischen den Vierteln einer Verteilung (lateinisch quartarius = Viertel, quartus = der Vierte). ■

Die gebräuchlichste Berechnungsvariante von Quantilen lässt sich folgendermaßen beschreiben: Wird das p-Quantil aus einer Reihe von n Messwerten gesucht, so muss zunächst die Rangliste dieser n Messwerte erstellt werden. Danach wird das Produkt aus n und p gebildet und das p-Quantil nach einer der folgenden Regeln bestimmt.

Ist $n \cdot p$ keine ganze Zahl:	Ist $n \cdot p$ eine ganze Zahl:
Runde $n \cdot p$ auf die nächste größere Zahl. Die daraus resultierende Zahl gibt direkt die Stelle an, wo sich das p-Quantil in der Rangreihe finden lässt.	Diese Zahl gibt die Stelle an, die zunächst in der Rangreihe gesucht werden muss. Der Mittelwert aus dem so gefundenen Wert und dem darauf folgenden Wert ist das gesucht p-Quantil.

Quantile gehören zu den Lagemaßen (Lokalisationsmaße). Mit Hilfe von Lagemaßen kann angegeben werden, in welchen Bereichen der Messskala die Beobachtungseinheiten zu liegen kommen. Die Lagemaße geben die zentrale Tendenz der Daten wieder.

Beispiel 2.2
Aus den Körpergrößen von 24 Frauen ergab sich die folgende Rangliste:

153	154	158	159	159	160	161	161	162	163	165	166
167	168	170	174	174	175	176	178	178	179	181	182

Um den Median zu berechnen, wird das Produkt aus $n = 24$ und $p = 0,5$ gebildet; das Ergebnis lautet 12 ($= 24 \cdot 0,5$). 12 ist eine ganze Zahl, daher ergibt sich der Median $\tilde{x}$ aus dem Mittel aus $x_{[12]} = 166$ und $x_{[13]} = 167$, also zu 166,5 ($= (166 + 167)/2$). Das untere Quartil Q_1 errechnet sich aus dem Produkt von $n = 24$ und $p = 0,25$ und liefert 6, eine ganze Zahl. Daher bestimmt sich das untere Quartil Q_1 zu 160,5 ($= (x_{[6]} + x_{[7]})/2 = (160 + 161)/2$) und das obere Quartil Q_3 ergibt sich aus dem Mittel von $x_{[18]} = 175$ und $x_{[19]} = 176$, also 175,5. ■

Wie Beispiel 2.2 zeigt, gibt es bei der Berechnung mit einem geraden Stichprobenumfang n kein einzelnes mittleres Element, sondern zwei. Laut der Definition des Medians wären sowohl die Werte der beiden mittleren Merkmalsausprägungen als auch alle Werte dazwischen ein Median, als Konvention hat sich aber im Allgemeinen der Mittelwert aus den beiden Werten herauskristallisiert. Ist jedoch der Stichprobenumfang n ungerade, so liegt der Median genau in der Mitte der Rangliste.

Der Median kann auch direkt bei ordinalskalierten Merkmalen, die anhand einer Häufigkeitstabelle vorliegen, berechnet werden. In einem Fragebogen zur Krankheitsverarbeitung sollten 160 Patienten auf einer Fünferskala angeben, inwieweit sie aktive Anstrengungen zur Lösung ihrer gesundheitlichen Probleme unternehmen. Die entsprechenden Häufigkeiten sind in Tab. 2.1 wiedergegeben.

Tab. 2.1: Absolute und kumulierte Häufigkeiten bei 160 Patienten zur Lösung gesundheitlicher Probleme

Anstrengung zur Lösung gesundheitlicher Probleme	absolute Häufigkeit	kumulierte absolute Häufigkeit
gar nicht	12	12
wenig	25	37
mittelmäßig	23	60
ziemlich	53	113
sehr stark	47	160

Der Begriff **absolute Häufigkeit** ist gleichbedeutend mit dem „umgangssprachlichen“ Begriff Anzahl. Die absolute Häufigkeit ist die Zählung, wie oft zum Beispiel von den 160 Patienten diese Frage nach ihrer Anstrengung zur Lösung gesundheitlicher Probleme mit „wenig“ beantwortet wurde. Laut der Tab. 2.1 waren dies 25 Personen. Die **kumulierte Häufigkeit** (auch Summenhäufigkeit) berechnet sich als Summe der absoluten Häufigkeiten der Merkmalsausprägungen von der kleinsten bis zur jeweiligen Merkmalsausprägung. So ergibt sich die kumulierte absolute Häufigkeit für „mittelmäßig“ aus der Summe von 12, 25 und 23, also zu 60. Es ist darauf zu achten, dass bei der Häufigkeitstabelle die Merkmalsausprägungen der Rangliste entsprechend geordnet sind.

Nach den erläuterten Regeln zur Bestimmung des Medians ergibt sich bei der vorliegenden Frage an die 160 Patienten „ziemlich“. Bei insgesamt 160 Werten liegt der Median nämlich zwischen dem 80. und 81. Ranglistenelement. Die kumulierte absolute Häufigkeit zeigt an, dass sowohl der 80. als auch der 81. Wert „ziemlich“ ist, womit auch der Median diese Merkmalsausprägung annimmt.

Quartile teilen die Merkmalsausprägungen in vier gleich große Teile (in Bezug auf den Umfang der Merkmalsausprägungen); die Abb. 2.1 veranschaulicht diese Tatsache.

Die **Dezile** (lateinisch, dt. „Zehntelwerte“) zerlegen die Rangliste in zehn gleich große Teile (bezüglich Umfang). Das 1. Dezil (unteres Dezil) gibt an, welcher Wert die unteren 10 % von den oberen 90 % der Rangliste trennt, das 2. Dezil, welcher Wert die unteren

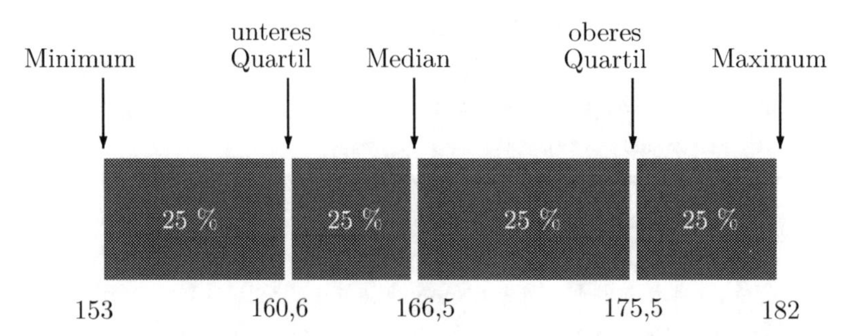

Abb. 2.1: Vierteilung der Körpergröße von Frauen ($n = 24$)

20 % von den oberen 80 % der Rangliste trennt, ... und das 9. Dezil (oberes Dezil) gibt an, welcher Wert die unteren 90 % von den oberen 10 % der Rangliste trennt.

Beispiel 2.3
Anhand des Beispiels 2.2 werden nun die Dezile berechnet. Das erste (oder unteres) Dezil (D_1) ergibt sich aus $24 \cdot 0,1 = 2,4$, also die Stelle 3, das untere Dezil ist daher $x_{[3]} = 158$. Das neunte (oder oberes) Dezil (D_9) ergibt sich aus $24 \cdot 0,9 = 21,6$, also die Stelle 22, das obere Dezil ist daher $x_{[22]} = 179$. Alle Dezile sind gegeben durch 158; 159; 161; 163; 166,5; 170; 174; 178; 179. ■

Durch **Perzentile** (lateinisch, dt. „Hundertstelwerte"), auch Prozentränge genannt, wird die Rangliste in hundert gleich große Teile zerlegt. Perzentile teilen die Rangliste also in 1 %-Segmente auf. Daher können Perzentile als p-Quantile betrachtet werden, bei denen $100 \cdot p$ eine ganze Zahl ist. So entspricht das $Q_{0.95}$ dem Perzentil P_{95}: Unterhalb dieses Punktes liegen 95 % aller Merkmalsausprägungen der Rangliste.

2.2 Modus, Median, arithmetisches Mittel

Der Modalwert ist besonders zur Beschreibung der Lage nominalskalierter Merkmale, wie zum Beispiel dem Familienstand, geeignet. Er gibt die zentrale Tendenz an.

Als **Modalwert** (Modus) x_M einer Menge von Messwerten wird der am häufigsten auftretende Wert bezeichnet. Wenn zwei oder mehr Werte am häufigsten vorkommen, gibt es mehrere Modalwerte.

Der Modalwert kann ebenfalls zur Beschreibung der Lage ordinalskalierter (nur die Ordnung der Merkmalsausprägungen spielt eine Rolle) beziehungsweise metrischskalierter Merkmale (jene Merkmale, die durch Messen, Zählen oder Wiegen bestimmt werden können) eingesetzt werden.

Allerdings ist bei unklassifizierten metrischen Merkmalen die Angabe des Modalwerts oft wenig sinnvoll. Wenn die einzelnen Merkmalsausprägungen nur in geringer Anzahl vorliegen, wird als Modalwert x_M der mittlere Wert der am häufigsten auftretenden Klasse beziehungsweise den am häufigsten auftretenden Klassen verwendet (siehe dazu Beispiel 2.7). Unter einer Klassifizierung (von lateinischen classis, dt. Klasse) ist das Zusammenfassen von Merkmalsausprägungen zu Klassen zu verstehen.

Beispiel 2.4

Tabelle 2.2 zeigt die Häufigkeitstabelle einer Studie, bei welcher der Familienstand abgefragt wurde (Stichprobenumfang $n = 97$).

Tab. 2.2: Häufigkeitstabelle für das Merkmal „Familienstand"

Familienstand	**absolute Häufigkeit**	**relative Häufigkeit**	**prozentuelle Häufigkeit**
ledig	28	0,289	28,9 %
verheiratet	43	0,443	44,3 %
verwitwet	11	0,113	11,3 %
geschieden	15	0,155	15,5 %
gesamt	97	1	100 %

Die „absolute Häufigkeit" ergibt sich aus der Anzahl, wie oft die entsprechende Merkmalsausprägung des Merkmals Familienstand vorkommt. So kam zum Beispiel bei den 97 Befragten 11-mal verwitwet und 15-mal geschieden vor. Die „**relative Häufigkeit**" (der Anteil) ergibt sich mittels Division der absoluten Häufigkeiten durch den Stichprobenumfang n. So ist zum Beispiel die relative Häufigkeit von ledig $28/97 = 0{,}289$. Die **prozentuelle Häufigkeit** ergibt sich aus der relativen Häufigkeit multipliziert mit 100. Die Unterschiedlichkeit der einzelnen Häufigkeiten wird anschließend nochmals verdeutlicht.

Es wurden 97 Personen nach dem Familienstand gefragt. Bei der Auszählung wurde festgestellt, dass 28 Personen in die Klasse „ledig" fallen.

- Die absolute Häufigkeit von ledig ist daher 28.
- Die relative Häufigkeit dieser Klasse ist 28 zu 97 $(28/97) = 0{,}289$.

Das heißt, 28,9 % (die prozentuelle Häufigkeit) der Befragten sind ledig. Die relative Häufigkeit ist die absolute Häufigkeit von ledig „relativ" zur Anzahl der befragten Personen.

■

Die n Beobachtungswerte $x_1, x_2, x_3, \ldots, x_n$ werden Urliste eines metrisch skalierten Merkmals genannt, also Merkmale, die zähl-, wieg- beziehungsweise messbar sind. n wird auch der Stichprobenumfang (Anzahl der Beobachtungen) genannt.

Das **arithmetische Mittel** $\bar{x}$, ein Lagemaß, welches die zentrale Tendenz angibt, ist gegeben durch:

$$\bar{x} = \frac{1}{n} \cdot (x_1 + x_2 + x_3 + \cdots + x_n)$$

Die dem arithmetischen Mittel zugrunde liegende Idee ist, dass als Stellvertreter aller aufgetretenen Daten jene Zahl gewählt wird, die sich bei einer gleichmäßigen Aufteilung der Summe aller Daten (genannt die Merkmalssumme) auf die Beobachtungseinheiten ergeben würde. Das arithmetische Mittel der Einkommen ist also jenes, das auf jeden Einzelnen fallen würde, wenn das gesamte Einkommen aller Personen gleichmäßig auf alle Personen aufgeteilt werden würde.

Beispiel 2.5
Im Beispiel der Körpergröße von Frauen ($n = 24$) lautete die Urliste:

167	170	178	154	176	162	182	166	153	165	161	175
159	168	159	158	179	174	181	174	163	160	161	178

Das arithmetische Mittel ergibt sich demnach zu

$$\bar{x} = \frac{1}{24} \cdot (167 + 170 + 154 + 176 + 162 + \cdots + 161 + 178) = 167{,}6$$

■

Das arithmetische Mittel ist empfindlich gegenüber extremen Werten (Ausreißern) und daher für mehrgipfelige und sehr schiefe Histogramme nicht geeignet (vergleiche Abschn. 4.3).

Im Falle diskreter Merkmale hat das arithmetische Mittel möglicherweise keine Entsprechung in der Wirklichkeit (zum Beispiel durchschnittliche Kinderzahl einer Frau von 1,75).

Der Median (der Wert in der „Mitte“) ist unempfindlich gegenüber Ausreißern (der Median ist sozusagen robust), jedoch für mehrgipfelige Histogramme ungeeignet.

Beispiel 2.6
Als Beispiel für die Empfindlichkeit des arithmetischen Mittels in Bezug auf Ausreißer im Vergleich zum Median wird das Beispiel 2.5 der Körpergrößen von Frauen ($n = 24$) betrachtet:

Rangliste:	153	154	158	159	159	160	161	161	162	163	165	166
	167	168	170	174	174	175	176	178	178	179	181	182

Der Median $\tilde{x}$, der Wert in der Mitte, ergibt sich aus dem Mittel des 12. und 13. Ranglistenelements, in diesem Beispiel aus $x_{[12]} = 166$ und $x_{[13]} = 167$, also zu 166,5; das arithmetische Mittel war 167,6.

Ist nun bei der Übertragung der Daten ein Fehler entstanden und wurde etwa 253 statt 153 notiert, so ändert sich der Median $\tilde{x}$ zu 167,5, das arithmetische Mittel $\bar{x}$ ändert sich jedoch auf 171,8. ■

Beispiel 2.7
Soll aus dem Beispiel 2.6 der Modalwert x_M für das unklassifizierte metrische Merkmal „Körpergröße“ berechnet werden, so wäre jener Wert, der am häufigsten vorkommt, nicht eindeutig. Die Werte 159, 161, 174 und 178 kommen jeweils zweimal vor, sind also alle der Modalwert x_M. Als Grundlage für die Klasseneinteilung dient meist die Rangliste der Merkmalsausprägungen.

Um eine Klassifikation vorzunehmen, müssen zunächst sinnvolle Klassengrenzen beziehungsweise Wertebereiche für die einzelnen Klassen festgelegt werden. Dies geschieht zumeist durch die Angabe von Intervallen. Hierbei wird eine mathematische Kurzschreibweise angewendet: Statt 4,01 bis 6,00 wird lediglich $(4; 6]$ geschrieben. Durch diese spezielle Verwendung von runden und eckigen Klammern ist klar festgelegt, in welche Klasse ein Wert fällt, der genau der Klassengrenze entspricht. Eine runde Klammer gibt an, dass dieser Wert gerade nicht mehr zu dieser Klasse gehört. Eine eckige Klammer schließt den Wert in die Klasse ein. Das Ergebnis der Klasseneinteilung kann mit Hilfe einer Tabelle, welche die Klassenhäufigkeiten angibt, dargestellt werden.

Als Faustregel für die Anzahl der Klassen hat sich die Berechnungsmethode der Quadratwurzel des Stichprobenumfangs n durchgesetzt, also $\approx \sqrt{n}$.

In unserem Beispiel ist $n = 24$, damit ergibt sich eine Klassenanzahl von 5. Die Breite der Klasse kann mit Hilfe der Differenz des größten und des kleinsten Wertes, also $x_{[n]} - x_{[1]}$ berechnet werden. Diese Größe wird auch Spannweite (Range) R genannt und ist ein so genannter Streuungsparameter, vergleiche auch Abschn. 2.4 und Abschn. 2.5. In unserem Beispiel ergibt sich die Spannweite $R = 182 - 153 = 29$. Die Klassenbreite ergibt sich nun aus der Spannweite dividiert durch die Anzahl der Klassen, demnach zu 29/5, also etwa 6.

Aufgrund dieser Informationen lässt sich eine sinnvolle Klassifizierung der Körpergröße von Frauen ($n = 24$) bestimmen, nämlich die folgenden Klassen.

(152; 158] (158; 164] (164; 170] (170; 176] (176; 182]

Anhand dieser Klasseneinteilung des unklassifizierten metrischen Merkmals der Körpergröße von Frauen ergibt sich, dass die häufigsten Werte in der Klasse (158; 164] liegen; Die Klassenhäufigkeit beträgt 7. Der Modalwert x_M ist die Klasse (158; 164] beziehungsweise der mittlere Wert dieser Klasse, also $x_M = 161$. ■

2.3 Arithmetisches, geometrisches, harmonisches Mittel

Trotz seines breiten Anwendungsbereichs gibt das arithmetische Mittel $\bar{x}$, umgangssprachlich oft „Durchschnitt“ genannt, bei bestimmten Merkmalen aus sachlogischen Gründen nicht den richtigen Durchschnitt an. Dies ist dann der Fall, wenn relative

Änderungen als Merkmalsausprägung von Interesse sind, wie dies bei zeitabhängigen Messzahlen der Fall ist. Zeitabhängige Messzahlen sind zu erhalten, indem zwei Beobachtungen mit unterschiedlichem Zeitbezug, aber für dasselbe Merkmal ins Verhältnis gesetzt werden. Das **geometrische Mittel** $\bar{x}_g$ wird berechnet, wenn eine durchschnittliche relative Änderung berechnet werden soll. Die relative Änderung kann als Quotient von End- und Anfangswert eines Zeitraums dargestellt werden beziehungsweise es wird der Endwert über das Intervall durch das Produkt von Anfangswert und den bis zum Endzeitpunkt angefallenen n relativen Änderungen beschrieben. In solchen Fällen wird die n-te Wurzel aus dem Produkt all dieser n Werte $(x_1, x_2, x_3, \ldots, x_n)$ gebildet, wobei vorausgesetzt wird, dass alle Werte positiv sind ($x_i > 0$ für $1 \leq i \leq n$) – also ist dies nur bei verhältnisorientierten Merkmalen sinnvoll.

$$\bar{x}_g = \sqrt[n]{x_1 \cdot x_2 \cdot x_3 \cdots x_n}$$

Wenn die Definition des geometrischen Mittels hoch n genommen wird

$$\bar{x}_g^n = x_1 \cdot x_2 \cdot x_3 \cdots x_n$$

$$1 = \frac{x_1}{\bar{x}_g} \cdot \frac{x_2}{\bar{x}_g} \cdot \frac{x_3}{\bar{x}_g} \cdots \frac{x_n}{\bar{x}_g}$$

sehen wir, dass das geometrische Mittel in einer besonderen Weise „zentral" ist: Die n Quotienten $\frac{x_i}{\bar{x}_g}$, von denen einige kleiner als Eins, andere größer als Eins sind, multiplizieren sich gerade zu Eins auf. Wegen dieser Eigenschaft ist das geometrische Mittel eher geeignet, Quotienten, Prozente und Wachstumsraten zu ermitteln, wenn das arithmetische Mittel versagen würde. Aus der Definition des geometrischen Mittels ergibt sich durch Logarithmieren:

$$\ln \bar{x}_g = \frac{1}{n} \sum_{i=1}^{n} \ln x_i$$

Das geometrische Mittel entspricht also dem arithmetischen Mittel der Logarithmen.

Das geometrische Mittel $\bar{x}_g$ findet zum Beispiel bei „durchschnittlichen" Gehaltserhöhungen, Steigerung des Bruttosozialprodukts oder bei Durchschnittsverzinsungen Anwendung. Das geometrische Mittel ist immer kleiner oder gleich dem arithmetischen Mittel.

Zur Veranschaulichung der Anwendungsfelder des arithmetischen Mittels und des geometrischen Mittels dient nachfolgendes Beispiel.

Beispiel 2.8

Tabelle 2.3 zeigt die Umsatzsteigerung einer Boutique seit ihrer Eröffnung im Jahre 2005.

Die Fragen nach der durchschnittlichen Umsatzhöhe und der durchschnittlichen Umsatzsteigerung sollen beantwortet werden. Die durchschnittliche Umsatzhöhe wird nach dem arithmetischen Mittel $\bar{x}$ zu

$$\bar{x} = \frac{1}{5} \cdot (300.000 + 315.000 + 378.000 + 415.800 + 478.170) = 377.394$$

errechnet.

Tab. 2.3: Umsatzentwicklung einer Boutique für die Jahre 2005 bis 2009 in 1000 Euro

Jahr	Umsatz in 1000 Euro
2005	300,00
2006	315,00
2007	378,00
2008	415,80
2009	478,17

Die Frage nach der durchschnittlichen Umsatzsteigerung kann nur mit dem geometrischen Mittel beantwortet werden. Der Umsatz der Boutique lag im Jahr

2005 bei 300.000 Euro; er wurde im Jahr

2006 um 5 % auf $300000 \cdot 1{,}05 = 315.000$ Euro,

2007 um 20 % auf $300000 \cdot 1{,}05 \cdot 1{,}20 = 378.000$ Euro,

2008 um 10 % auf $300000 \cdot 1{,}05 \cdot 1{,}20 \cdot 1{,}10 = 415.800$ Euro,

2009 um 15 % auf $300000 \cdot 1{,}05 \cdot 1{,}20 \cdot 1{,}10 \cdot 1{,}15 = 478.170$ Euro gesteigert.

Die Tab. 2.4 zeigt die relativen Umsatzänderungen:

Tab. 2.4: Relative Umsatzänderung einer Boutique für die Jahre 2005 bis 2009

Jahr	Umsatz in 1000 Euro	relative Umsatzänderung
2005	300,00	-
2006	315,00	1,05
2007	378,00	1,20
2008	415,80	1,10
2009	478,17	1,15

Die Gesamtsteigerung des Umsatzes von 2005 bis 2009 wird bestimmt durch das Produkt $x_1 \cdot x_2 \cdot x_3 \cdot x_4 = 1{,}05 \cdot 1{,}20 \cdot 1{,}10 \cdot 1{,}15$. Aus diesem Grund ist es wenig sinnvoll, das arithmetische Mittel, das auf einer Summe basiert, zur Berechnung der durchschnittlichen Umsatzsteigung heranzuziehen. Für die Boutique ergibt sich ($n = 4$):

$$\bar{x}_g = \sqrt[4]{1{,}05 \cdot 1{,}20 \cdot 1{,}10 \cdot 1{,}15} = 1{,}1236$$

Das heißt, die durchschnittliche relative Umsatzsteigerung von 1,1236 ist gleich einer durchschnittlichen Umsatzsteigerung von 12,36 %. Das Beispiel zeigt, dass nicht die Wachstumsraten (zum Beispiel 20 %) verwenden werden dürfen, sondern stattdessen die entsprechenden Wachstumsfaktoren (1,20 = 1 + 20 %). Umgekehrt ist dann vom erhaltenden Ergebnis wieder 1 abzuziehen und der Wert 0,1236 mit seiner Äquivalenz 12,36 % anzugeben. Eine durchschnittliche Umsatzsteigerung von 12,36 % bedeutet, dass die Boutique den Umsatz 478170 im Jahr 2009 erreichen würde, wenn im Jahr 2005 der Umsatz 300000 ist und die Umsatzsteigerung pro Jahr genau 12,36 % beträgt.

In diesem Fall kann jedoch die durchschnittliche Umsatzsteigerung leichter durch die vierte Wurzel des Quotienten aus Endwert und Anfangswert berechnet werden. Sie ergibt sich zu

$$\bar{x}_g = \sqrt[4]{\frac{478170}{300000}} = 1{,}1236.$$

Achtung: Angenommen, es ergibt sich aufgrund einer Prognose im Jahr 2010 ein Umsatzrückgang von 15 % (dies ist ein Minus von 15 %), dann wäre die relative Änderung von 2009 auf 2010: 0,85. Bei einem Umsatzwachstum von 200 % im Jahr 2010 wäre die relative Änderung von 2004 auf 2005: 3. ■

Beispiel 2.9

Im Laufe von vier Jahren betrug der Kurs für eine Aktie jeweils zu Jahresbeginn 500, 600, 400 und 700 Euro. Eine Person tätigte zu diesen Kursen zu jedem Jahresbeginn Aktienkäufe. Berechnen Sie den durchschnittlichen Kaufkurs (pro Aktie), falls

1. jeweils 100 Stück

2. jeweils für den gleichen Betrag von 84.000 Euro

Aktien gekauft werden. Durch welche Mittelwertbildung kann der jeweilige durchschnittliche Kaufkurs berechnet werden?

Bei 1. ergibt sich die Mittelwertsbildung folgendermaßen:

$$\begin{aligned}\bar{x} &= \frac{1}{400} \cdot (100 \cdot 500 + 100 \cdot 600 + 100 \cdot 400 + 100 \cdot 700)\\ &= \frac{1}{4} \cdot (500 + 600 + 400 + 700)\\ &= 550 \text{ Euro}\end{aligned}$$

550 Euro lautet das arithmetische Mittel der vier Einzelkurse.

Bei 2. ergibt sich der Gesamtbetrag zu $4 \cdot 84.000 = 336.000$. Die Anzahl der gekauften Aktien ist

$$\frac{84.000}{500} + \frac{84.000}{600} + \frac{84.000}{400} + \frac{84.000}{700} = 168 + 140 + 210 + 120 = 638.$$

Der durchschnittliche Kaufkurs ist daher

$$\frac{336.000}{638} = 526{,}65 \text{ Euro pro Aktie.}$$

Dieser Wert wäre auch durch folgende Berechnung zu erhalten gewesen:

$$526{,}65 = \frac{4}{\frac{1}{500} + \frac{1}{600} + \frac{1}{400} + \frac{1}{700}}$$

526,65 Euro ist das harmonische Mittel der vier Einzelkurse. ■

Das harmonische Mittel $\bar{x}_h$ ist ein geeignetes Lagemaß für Größen, die durch einen Bezug auf eine Einheit definiert sind (das heißt, die Zählervariable in den Einzelwerten ist konstant), zum Beispiel von Geschwindigkeiten (Strecke pro Zeiteinheit) oder Ernteerträgen (Gewicht oder Volumen pro Flächeneinheit). Das harmonische Mittel $\bar{x}_h$ darf nur für Merkmale berechnet werden, bei denen mindestens die Quotienten zweier Merkmalsausprägungen sinnvoll interpretiert werden können, das Merkmal muss also mindestens auf einer Verhältnisskala vorliegen.

Eine komplizierte physikalische Dimension liegt vor, wenn diese beispielsweise der Quotient mehrerer physikalischer Maßeinheiten ist (zum Beispiel [1/h], [km/h], [Euro/kg]). Solche Quotienten zweier Merkmale werden Verhältniszahlen genannt. Einfache physikalische Dimensionen (zum Beispiel [1], [km], [kg], [Euro]) lassen sich als komplizierte Dimensionen auffassen, wenn diese durch die leere Dimension [1] dividiert werden (zum Beispiel [1/1], [km/1], [kg/1], [Euro/1]). Stimmen die Dimensionen der Nenner mit denen der absoluten Häufigkeiten überein, ist das arithmetische Mittel zu bilden. Liegt diese Gleichwertigkeit nicht vor, sondern stimmen die Dimensionen des Zählers mit denen der absoluten Häufigkeiten überein, ist das harmonische Mittel aussagekräftiger.

Das **harmonische Mittel** $\bar{x}_h$ ist definiert als der reziproke Wert des arithmetischen Mittels der reziproken Werte der einzelnen Merkmalsausprägungen:

$$\bar{x}_h = \frac{1}{\frac{1}{n} \cdot \left(\frac{1}{x_1} + \frac{1}{x_2} + \frac{1}{x_3} + \cdots + \frac{1}{x_n}\right)}$$

Mit dieser Formel ist das harmonische Mittel $\bar{x}_h$ zunächst nur für von Null verschiedene Zahlen x_i definiert. Geht aber einer der Werte x_i gegen null, so existiert der Grenzwert des harmonischen Mittels und ist ebenfalls gleich null. Daher ist es sinnvoll, das harmonische Mittel als Null zu definieren, wenn mindestens eine der zu mittelnden Größen gleich null ist.

Das harmonische Mittel $\bar{x}_h$ ist immer kleiner gleich dem geometrischen Mittel $\bar{x}_g$, und dieses war kleiner gleich dem arithmetischen Mittel $\bar{x}$. Falls wir das Minimum aller Merkmalsausprägungen $\min(x_1, x_2, x_3, \ldots, x_n)$ und das Maximum aller Merkmalsausprägungen $\max(x_1, x_2, x_3, \ldots, x_n)$ betrachten, ergibt sich die Ungleichung:

$$\min(x_1, x_2, x_3, \ldots, x_n) \leq \bar{x}_h \leq \bar{x}_g \leq \bar{x} \leq \max(x_1, x_2, x_3, \ldots, x_n)$$

Im Falle von $n = 2$ lässt sich das harmonische Mittel indirekt berechnen als:

$$\bar{x}_h = \frac{\bar{x}_g^2}{\bar{x}}$$

Beispiel 2.10

In den vier Abteilungen eines Kaufhauses werden die in der Tab. 2.5 angegebenen monatlichen Umsätze erzielt.

Tab. 2.5: Monatliche Umsätze von vier Abteilungen eines Kaufhauses

Abteilung	Umsatz (in Euro)	Umsatz pro m^2 Verkaufsfläche
1	71400	175
2	68425	250
3	86275	850
4	38675	250

Wie groß ist der durchschnittliche Umsatz pro m^2 Verkaufsfläche?

Aus der Angabe geht hervor, dass die Bedingungen für das harmonische Mittel $\bar{x}_h$ erfüllt sind, jedoch sind die Umsätze nicht gleich. Dies muss daher zusätzlich berücksichtigt werden, indem ein so genanntes gewichtetes harmonisches Mittel berechnet wird. Dazu ist der Gesamtumsatz aller vier Abteilungen zu ermitteln, dieser ergibt sich zu 264775. Die Umsätze der einzelnen Abteilungen sind nun zu diesem Gesamtumsatz in Beziehung zu setzen.

$$\bar{x}_h = \frac{1}{\frac{71400}{264775} \cdot \frac{1}{175} + \frac{68425}{264775} \cdot \frac{1}{250} + \frac{86275}{264775} \cdot \frac{1}{850} + \frac{38675}{264775} \cdot \frac{1}{250}} = 282{,}31$$

Die Antwort auf den durchschnittlichen Umsatz pro m^2 Verkaufsfläche lautet somit 282,31 Euro. ■

Die zwei Beispiele sollen die Unterscheidung der Verwendung von arithmetischem Mittel $\bar{x}$ und harmonischem Mittel $\bar{x}_h$ vertiefen:

1. Ein Pkw bewegt sich eine Stunde mit 80 km/h, eine zweite Stunde mit 120 km/h vorwärts. Berechnen Sie die Durchschnittsgeschwindigkeit.
2. Ein Pkw bewegt sich 80 km mit 80 km/h und weitere 120 km mit 120 km/h vorwärts. Berechnen Sie die Durchschnittsgeschwindigkeit.

Bei Beispiel 1 stimmen die Nennerdimensionen der absoluten Häufigkeiten [h] mit jenen des Merkmals Geschwindigkeit [km/h] überein, das arithmetische Mittel $\bar{x}$ ist zur Berechnung der Durchschnittsgeschwindigkeit anzuwenden. Diese ergibt sich daher als $\bar{x} = (80 + 120)/2 = 100$ km/h. Bei Beispiel 2 stimmen die Zählerdimensionen der absoluten Häufigkeiten [km] mit jenen des Merkmals Geschwindigkeit [km/h] überein, das harmonische Mittel $\bar{x}_h$ ist zur Berechnung der Durchschnittsgeschwindigkeit anzuwenden. Diese ergibt sich daher als:

$$\bar{x}_h = \frac{1}{\frac{80}{200} \cdot \frac{1}{80} + \frac{120}{200} \frac{1}{120}} = 100$$

Die Durchschnittsgeschwindigkeit beträgt 100 km/h.

2.4 Bedeutung und Einteilung der Streuungsmaße

Der Satz „Im Mittel war der Teich 1 Meter tief und trotzdem ist die Kuh ersoffen“ beschreibt das Problem zwar drastisch, aber treffend.

Unter **Streuung** (auch Dispersion) werden verschiedene Maßzahlen zusammengefasst, die zur Beschreibung der Streubreite von Merkmalsausprägungen oder der unterschiedlichen Variabilität der Messwerte um einen Lageparameter (wie zum Beispiel das arithmetische Mittel $\bar{x}$ oder der Median $\tilde{x}$) dienen.

Die verschiedenen Berechnungsmethoden unterscheiden sich prinzipiell durch ihre Beeinflussbarkeit beziehungsweise Empfindlichkeit gegenüber Ausreißern. Die Bedeutung der Streuung veranschaulichen folgende Beispiele.

Beispiel 2.11
Beim Bau von Staudämmen wird für Grenzwerte nicht die durchschnittliche Niederschlagsmenge berücksichtigt: Wo für gewöhnlich viele Niederschläge fallen, hat sich sozusagen von selbst eine Regulierung ergeben. Die Belastung durch Überschwemmungen tritt dort auf, wo starke Unregelmäßigkeiten bestehen, also die Niederschlagsmenge stark streut. ■

Beispiel 2.12
Im Allgemeinen wird die Eignung eines Arbeiters für eine bestimmte Arbeit anhand der Durchschnittszeit beurteilt, die er für deren Verrichtung braucht. Wenn es sich jedoch um einen Arbeitsvorgang handelt, der in einem bestimmten Rhythmus erledigt werden soll (beispielsweise eine Tätigkeit am Fließband), ist die Streuung von Bedeutung. Eine zu große Streuung der Einzelzeiten könnte selbst bei guter Durchschnittszeit zu Störungen führen. ■

Beispiel 2.13
Sehr deutlich wird die Streuung durch folgendes Beispiel illustriert: Der Kongressabgeordnete John Jennings führte am 6. Juni 1946 vor dem Amerikanischen Kongress aus, dass die durchschnittliche Tiefe des Tombigbee River zu gewissen Zeiten nur 1 Fuß betrage. „Mit anderen Worten, der Fluss kann von der Mündung bis zur Quelle durchwatet werden.“ Trotz einer Durchschnittstiefe von 1 Fuß kann ein Fluss dennoch in Wirklichkeit an manchen Stellen sehr tief sein: Die durchschnittliche Tiefe hat letztendlich keine Aussagekraft darüber, ob ein Fluss durchwatet werden kann. ■

Beispiel 2.14
Angenommen, Sie gehen in den Sommerferien ins Reisebüro und erhalten ein Last-Minute-Angebot nach Dakar. Die durchschnittliche Regenmenge für Dakar (Senegal) und Wien (Österreich) lautet:

- Niederschlag in Dakar: 501,4 mm pro Jahr (ergibt durchschnittlich 41,8 mm pro Monat);

- Niederschlag in Wien: 644,7 mm pro Jahr (ergibt durchschnittlich 53,7 mm pro Monat).

Reicht Ihnen diese Information?

Tabelle 2.6 zeigt den durchschnittlichen monatlichen Niederschlag in Wien und Dakar.

Tab. 2.6: Durchschnittliche Regenmenge in Wien und Dakar

Stadt	Jan	Feb	Mär	Apr	Mai	Jun	Jul	Aug	Sep	Okt	Nov	Dez
Wien	37,5	36,8	45	51,7	68	70,8	75,6	66,6	48,7	49,4	48,4	46,2
Dakar	1	1,5	0,1	0,1	0,8	13,4	75,2	215,3	145,2	42,3	2,5	4

Die graphische Darstellung der Werte kann mit einem gruppierten Säulendiagramm erfolgen. In einem solchen werden die Werte mehrerer Datenreihen jeweils nebeneinander dargestellt, wobei auf der x-Achse senkrecht stehende Säulen (Rechtecke mit bedeutungsloser Breite) die jeweiligen Werte repräsentieren.

Das gruppierte Säulendiagramm in Abb. 2.2 verdeutlicht diesen Umstand.

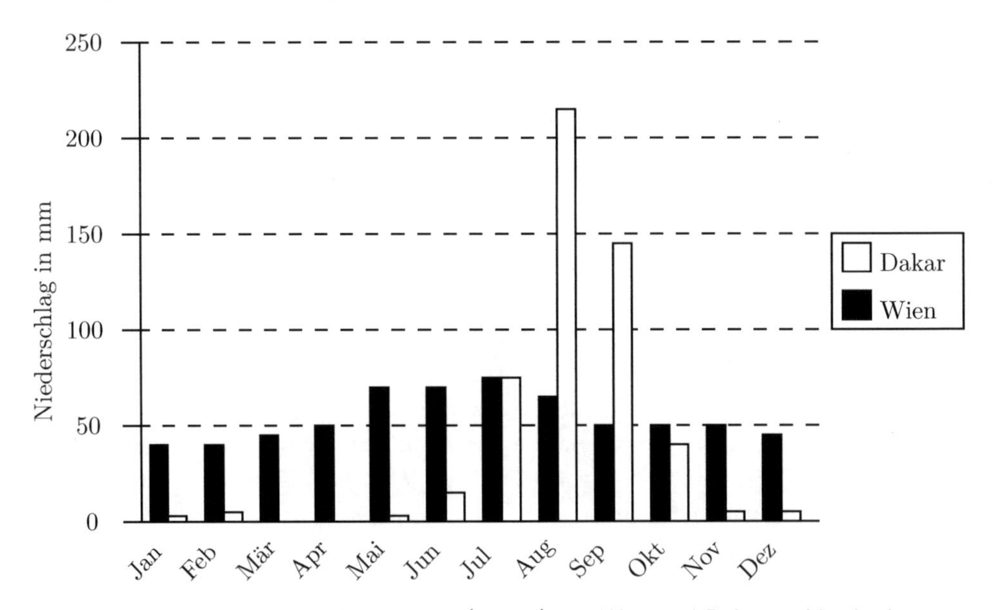

Abb. 2.2: Monatliche Niederschlagsmenge (in mm) von Wien und Dakar im Vergleich

Dieses Beispiel in Bezug auf Niederschlagsmengen hat gezeigt, dass – obwohl der durchschnittliche Niederschlag in Wien viel höher ist als in Dakar – die Regenmenge von Wien sich über das gesamte Jahr verteilt, in Dakar jedoch nur während weniger Monate mit Niederschlag zu rechnen ist. ■

Die Abb. 2.3 zeigt sechs Histogramme, die alle das gleiche arithmetische Mittel $\bar{x}$ („Durchschnitt") haben. Klar erkenntlich streut jedes unterschiedlich. Bei Histogrammen werden nicht die einzelnen Messwerte betrachtet, sondern es wird zuvor eine Klassierung der Daten vorgenommen. Dabei werden überlappungsfreie Klassen gebildet, die den gesamten Merkmalsausprägungsbereich abdecken. Die Häufigkeiten (Anzahlen) der einzelnen Klassen können nun in einer Art Säulendiagramm dargestellt werden. Da die einzelnen Klassen mit ihren Grenzen unmittelbar aneinanderstoßen, werden die Säulen ohne Abstand gezeichnet.

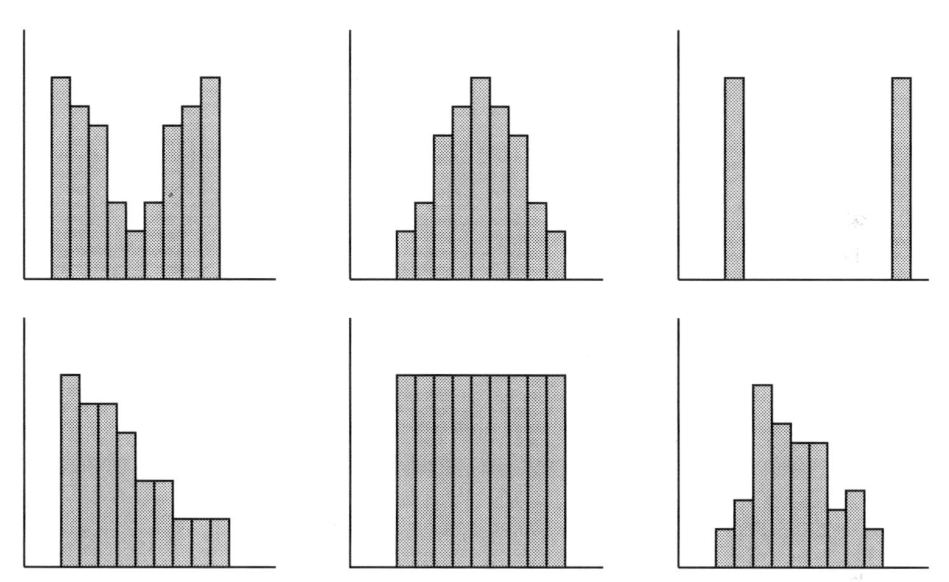

Abb. 2.3: Histogramme mit gleichem arithmetischen Mittel und unterschiedlichen Streuungsmaßen

Zur weiteren Beschreibung eines Merkmals dienen Streuungsmaße (Dispersionsmaße). Ist die zentrale Tendenz (zum Beispiel der Modalwert x_M, der Median $\tilde{x}$, das arithmetische Mittel $\bar{x}$, das geometrische Mittel $\bar{x}_g$, das harmonische Mittel $\bar{x}_h$) von Merkmalsausprägungen bekannt, so ist im Allgemeinen auch interessant, in welchem Ausmaß die einzelnen Werte um das Zentrum der Merkmalsausprägungen streuen. Streuungsmaße sind häufig Maßzahlen zur Risikoschätzung, zum Beispiel bei Wertpapieren.

Ist die Streuung nur eines Merkmals zu beurteilen, so werden üblicherweise **absolute Streuungsmaße** verwendet. Oft interessiert jedoch nicht die Dispersion (Streuung) selbst, sondern die Relation der Streuung zu einem anderen Maß (beispielsweise Lagemaß). In diesem Fall werden relative Streuungsmaße verwendet. Diese werden vor allem benötigt, wenn niveaumäßig verschiedene Merkmale oder Merkmale mit unterschiedlichen Maßeinheiten verglichen werden sollen. Relative Streuungsmaße sind dimensionslos. In Abb. 2.4 werden die unterschiedlichen Streuungsmaße zusammengefasst.

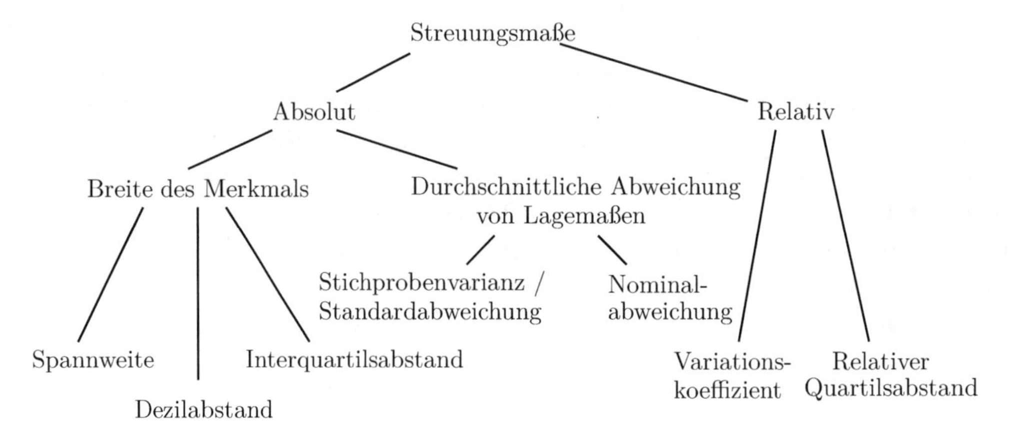

Abb. 2.4: Einteilung der Streuungsmaße

Die dort vorgestellten absoluten Streuungsmaße bleiben gleich, falls ein konstanter Wert zu allen Merkmalsausprägungen addiert wird. Wird mit einem konstanten Faktor multipliziert, dann werden auch die meisten absoluten Streuungsmaße mit diesem Faktor multipliziert (mit Ausnahme der Stichprobenvarianz). Die abgebildeten vorgestellten absoluten und relative Streuungsmaße verlangen fast alle eine Messgröße (metrisches Merkmal) – mit Ausnahme der Nominalabweichung, die schon ab einer Nominalskala (Merkmalsausprägungen können nicht in eine „natürliche" Ordnung gebracht werden) angewendet werden kann.

Die Tab. 2.7 fasst die wichtigsten absoluten Streuungsmaße und ihre Eigenschaften zusammen.

Tab. 2.7: Übersicht und Eigenschaften der absoluten Streuungsmaße

absolutes Streuungsmaß:	**Skala mindestens:**	**Berechnung über:**	**Auswirkung von Extremwerten:**
Nominalabweichung	Nominalskala	eine Merkmalsausprägung	keine
Spannweite	Intervallskala	zwei Merkmalsausprägungen	große
Dezilabstand	Intervallskala	zwei bis vier Merkmalsausprägungen	geringe
Interquartilsabstand	Intervallskala	zwei bis vier Merkmalsausprägungen	geringe
Stichprobenvarianz	Intervallskala	alle Merkmalsausprägungen	große
Standardabweichung	Intervallskala	alle Merkmalsausprägungen	große

2.5 Absolute Streuungsmaße

Im Folgenden werden absolute Streuungsmaße betrachtet. Als einfach zu bestimmende Streuungsmaße bietet sich der Interquartilsabstand IQR (Quartilsdistanz) oder die Spannweite R (Range, Variationsbreite) an.

Die **Spannweite** R wird durch die Differenz zwischen größtem und kleinstem Wert aller vorliegenden Beobachtungen errechnet.

Die Spannweite kommt zur Anwendung, wenn die Extremwerte von besonderem Interesse sind (zum Beispiel bei Börsenkursen oder Warenpreisen). Bei Qualitätskontrollen von Produktionsprozessen werden oft ganze Serien von kleinen Stichproben gezogen. In diesem Fall wird zumeist die Spannweite berechnet und die aufeinander folgenden Spannweiten der jeweiligen Stichproben direkt verglichen, um eventuelle Veränderungen der Maschineneinstellungen festzustellen.

Beispiel 2.15
Ein sehr typisches Beispiel für diese Form der Angabe ist die Wettervorhersage. Dort heißt es beispielsweise, dass die Höchstwerte zwischen 20 und 24 °C liegen. Sehr oft sind Angaben der Art „Tageshöchstwerte bis 24 °C und nächtliche Tiefstwerte bis zu 8 °C" zu finden.

Ein weiterer Bereich, in dem die Angaben von Minimum und Maximum Standard sind, ist die Börse. Dort werden üblicherweise zum Beispiel Höchst- und Tiefstwerte für einen Tag, aber auch für größere Zeiträume (zum Beispiel 52 Wochen) veröffentlicht. ■

Die Angabe von Minimum und Maximum hat allerdings den Nachteil, vollständig auf jeweils einen einzigen Ausreißer zu reagieren.

Der **Interquartilsabstand** IQR ist der Abstand der zentralen 50 % der Rangliste (geordnete Datenreihe), daher wird er auch I_{50} genannt. Zur Berechnung wird die Rangliste in vier gleich große Teile zerlegt, die so genannten Quartile. Der Interquartilsabstand IQR ist die Differenz zwischen dem oberen Quartil Q_3 und dem unteren Quartil Q_1. Das untere Quartil Q_1 ist als derjenige Wert definiert, unter dem mindestens 1/4 und über dem mindestens 3/4 der Werte der Rangliste liegen. Entsprechend liegen unter dem oberen Quartil Q_3 mindestens 3/4 der Werte der Rangliste und mindestens 1/4 der Werte darunter. Der Interquartilsabstand ergibt sich bei Berechnung der Spannweite nach Abschneiden von 25 % der größten und 25 % der kleinsten Werte.

Der **mittlere Quartilsabstand** (**Semiquartilsabstand**) SQR ergibt sich aus dem Interquartilsabstand dividiert durch 2. Die Bezeichnung „mittlerer Quartilsabstand" rührt daher, dass SQR als arithmetisches Mittel aus einer „oberen Streuung" $Q_3 - \tilde{x}$ und einer „unteren Streuung" $\tilde{x} - Q_1$ aufgefasst werden kann.

Der Semiquartilsabstand SQR drückt den durchschnittlichen Abstand des Medians $\tilde{x}$ von den Quartilen Q_1 beziehungsweise Q_3 aus. Bei einem symmetrischen Merkmal, bei dem der Modalwert x_M, der Median $\tilde{x}$ und das arithmetische Mittel $\bar{x}$ annähernd gleich groß sind, befinden sich 50 % aller Merkmalsausprägungen innerhalb eines Semiquartilsabstands vom Median (vergleichen Sie dazu auch die FECHNER'sche Lageregel in Abschn. 4.3).

Der **Dezilabstand** DR ist die Differenz zwischen dem oberen Dezil D_9 und dem unteren Dezil D_1, er ergibt sich daher durch die Berechnung der Spannweite nach Abschneiden von 10 % der größten und 10 % der kleinsten Werte.

Die **Spannweite** R gibt jenen Bereich (bzw. die Länge) an, in dem die gesamten Merkmalsausprägungen liegen: Der Interquartilsabstand IQR ist jener Bereich, in dem die zentralen 50 % der Merkmalsausprägungen liegen, und der Dezilabstand DR ist jener Bereich, in dem die zentralen 80 % der Merkmalsausprägungen liegen.

Beispiel 2.16

Bei der durchschnittlichen monatlichen Niederschlagsmenge in Wien und Dakar sind folgende Werte wie in Tab. 2.8 gegeben.

Tab. 2.8: Durchschnittliche Regenmenge in Wien und Dakar

Stadt	Jan	Feb	Mär	Apr	Mai	Jun	Jul	Aug	Sep	Okt	Nov	Dez
Wien	37,5	36,8	45	51,7	68	70,8	75,6	66,6	48,7	49,4	48,4	46,2
Dakar	1	1,5	0,1	0,1	0,8	13,4	75,2	215,3	145,2	42,3	2,5	4

Die Rangliste bei Wien ergibt sich zu: $x_{[1]} = 36{,}8$; $x_{[2]} = 37{,}5$; $x_{[3]} = 45$; $x_{[4]} = 46{,}2$; $x_{[5]} = 48{,}4$; $x_{[6]} = 48{,}7$; $x_{[7]} = 49{,}4$; $x_{[8]} = 51{,}7$; $x_{[9]} = 66{,}6$; $x_{[10]} = 68$; $x_{[11]} = 70{,}8$; $x_{[12]} = 75{,}6$

Die Spannweite R ergibt sich zu:

$$R = x_{[n]} - x_{[1]} = 75{,}6 - 36{,}8 = 38{,}8$$

Das untere Quartil Q_1 ergibt sich aus dem arithmetischen Mittel aus dem 3. und 4. Ranglistenelement, also zu $Q_1 = \frac{x_{[3]}+x_{[4]}}{2} = \frac{45+46{,}2}{2} = 45{,}6$, und der obere Quartil Q_3 ergibt sich aus dem arithmetischen Mittel aus dem 9. und dem 10. Ranglistenelement, also zu $Q_3 = \frac{x_{[9]}+x_{[10]}}{2} = \frac{66{,}6+68}{2} = 67{,}3$. Daraus ergibt sich der Interquartilsabstand IQR:

$$IQR = Q_3 - Q_1 = 67{,}3 - 45{,}6 = 21{,}7$$

Das 1. Dezil ergibt sich aus dem 2. Ranglistenelement, also $D_1 = x_{[2]} = 37{,}5$, und das 9. Dezil ergibt sich aus dem 11. Ranglistenelement, also $D_9 = x_{[11]} = 70{,}8$. Daraus ergibt sich der Dezilabstand DR:

$$DR = D_9 - D_1 = 70{,}8 - 37{,}5 = 33{,}3$$

Im Gegensatz ergeben sich bei Dakar die folgenden Streuungsmaße:

$$R = 215{,}3 - 0{,}1 = 215{,}2$$
$$IQR = 58{,}75 - 0{,}9 = 57{,}85$$
$$DR = 145{,}2 - 0{,}1 = 145{,}1$$

■

Die **Stichprobenvarianz** s^2 ist das Mittel (dividiert durch $n-1$) der quadratischen Abweichungen der Merkmalsausprägungen von ihrem arithmetischen Mittel $\bar{x}$. Die Stichprobenvarianz s^2 ist gegeben durch:

$$s^2 = \frac{1}{n-1} \cdot \left[(x_1 - \bar{x})^2 + (x_2 - \bar{x})^2 + (x_3 - \bar{x})^2 + \cdots + (x_n - \bar{x})^2\right]$$

Ein anschauliches Bild dieser Maßzahl vermittelt die Abb. 2.5. x_i wie auch $\bar{x}$ werden entlang der x- und y-Achse abgetragen. Ein Hilfskoordinatensystem ist im arithmetischen Mittelwertpaar $(\bar{x}, \bar{x})$ zentriert. Die Abstände der x_i vom Hilfskoordinatensystem entsprechen $(x_i - \bar{x})$, für die Flächen zwischen den Punkten (x_i, x_i) und dem Hilfskoordinatensystem gilt $F_i := (x_i - \bar{x}) \cdot (x_i - \bar{x}) = (x_i - \bar{x})^2$. Die Stichprobenvarianz ergibt sich dann als durchschnittliche Flächengröße: $s^2 = \frac{1}{n-1} \cdot (F_1 + F_2 + F_3 + \cdots + F_n)$.

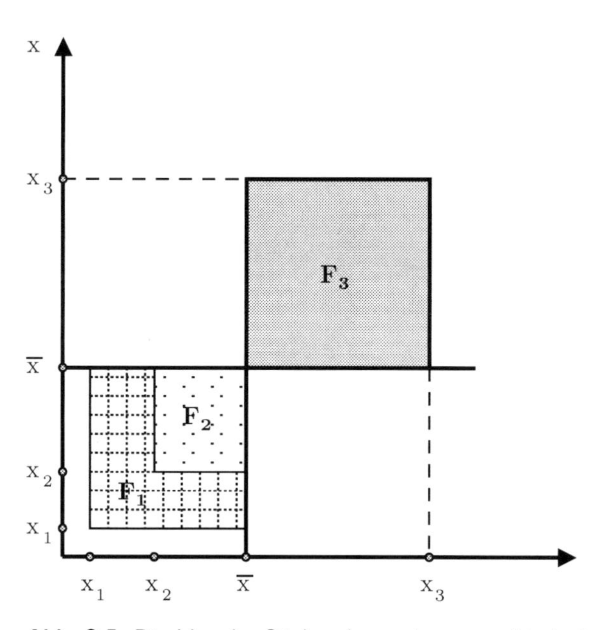

Abb. 2.5: Die Idee der Stichprobenvarianz, graphisch dargestellt

Die Standardabweichung s ist durch die Quadratwurzel der Stichprobenvarianz s^2 gegeben. Die Standardabweichung entspricht eher dem anschaulichen Begriff der „Streuung" als die Stichprobenvarianz: Bei Verdreifachung jedes Einzelwertes vom arithmetischen Mittel verdreifacht sich ebenso die Standardabweichung, währenddessen sich die Stichprobenvarianz verneunfacht (3^2). Die Standardabweichung hat die gleiche Dimension wie die Ursprungswerte; haben diese die Bezeichnung cm, so gilt dies ebenfalls für die Standardabweichung, die Stichprobenvarianz hingegen erhält die Bezeichnung cm^2.

Eine übliche Anwendungsmöglichkeit mit arithmetischem Mittel $\bar{x}$ und Standardabweichung s ist folgendermaßen gegeben. In vielen „schönen" (normalverteilten, siehe Abschnitt 7.2) Daten gilt, dass

- etwa 2/3 der Daten im Bereich $(\bar{x} - s, \bar{x} + s)$ liegen,
- etwa 95 % der Daten im Bereich $(\bar{x} - 2s, \bar{x} + 2s)$ und
- etwa 99 % der Daten im Bereich $(\bar{x} - 3s, \bar{x} + 3s)$.

Allgemeiner gilt aber nur, dass bei „beliebigen" (nicht normalverteilten) Daten mindestens 75 % im Bereich $(\bar{x} - 2s, \bar{x} + 2s)$ und mindestens 90 % im Bereich $(\bar{x} - 3s, \bar{x} + 3s)$ liegen. Die Intervalle $\bar{x} \pm s$, $\bar{x} \pm 2s$ und $\bar{x} \pm 3s$ werden als einfache, zweifache respektive dreifache Standardbereiche bezeichnet.

Beispiel 2.17

Für den Niederschlag in Wien sollen nun die Stichprobenvarianz und die Standardabweichung mit Hilfe der Tab. 2.9 berechnet werden. Das arithmetische Mittel ergibt sich zu $\bar{x} = \frac{644{,}7}{12} = 53{,}725$.

Die Stichprobenvarianz s^2 ergibt sich aus der Division von 1898,4825 und 11, also zu $s^2 = \frac{1898{,}4825}{11} = 172{,}59$. Die Standardabweichung s ist die Wurzel aus 172,59, also $s = \sqrt{172,59} = 13{,}14$.

Für den Niederschlag in Dakar ergibt sich das arithmetische Mittel $\bar{x} = \frac{501{,}4}{12} = 41{,}7833$. Die Stichprobenvarianz s^2 ergibt sich aus der Division von 54137,0167 und 11, also zu $s^2 = \frac{54137{,}0167}{11} = 4921{,}55$. Die Standardabweichung s ist die Wurzel aus 4921,55, also $s = \sqrt{4921{,}55} = 70{,}15$. ■

Als Streuungsmaß für den Mittelwert von n Beobachtungen wird oft der **Standardfehler des Mittelwertes** $s_{\bar{x}}$ (Standarderror of the Mean, kurz **SEM** oder auch nur Standardfehler genannt) angegeben. Dieser Wert ist mittels Division der Standardabweichung durch die Quadratwurzel des Stichprobenumfangs zu finden:

$$s_{\bar{x}} = \frac{s}{\sqrt{n}}$$

Der SEM ist bei der Konstruktion statistischer Tests und der Berechnung von Konfidenzintervallen (Vertrauensintervallen, siehe Abschn. 6.3) von Bedeutung.

Der Vergleich zwischen Standardabweichung s und Standardfehler SEM ist in der Tab. 2.10 wiedergegeben.

Tab. 2.9: Berechnungstabelle für die Stichprobenvarianz am Beispiel Niederschlag in Wien

Monat	**Niederschlag**	**Differenz zum arithmetischen Mittel**	**quadratische Abweichung zum arithmetischen Mittel**
i	x_i	$x_i - \bar{x}$	$(x_i - \bar{x})^2$
Jan	36,8	$-16,925$	$286,455625$
Feb	37,5	$-16,225$	$263,250625$
Mär	45	$-8,725$	$76,125625$
Apr	46,2	$-7,525$	$56,625625$
Mai	48,4	$-5,325$	$28,355625$
Jun	48,7	$-5,025$	$25,250625$
Jul	49,4	$-4,325$	$18,705625$
Aug	51,7	$-2,025$	$4,100625$
Sep	66,6	$12,875$	$165,765625$
Okt	68	$14,275$	$203,775625$
Nov	70,8	$17,075$	$291,555625$
Dez	75,6	$21,875$	$478,515625$
Summe	644,7	0	$1898,4825$

Tab. 2.10: Vergleich zwischen Standardabweichung und Standardfehler

Standardabweichung	**Standardfehler**
ist eine Aussage über die Streuung einer Urliste	ist eine Aussage über die „Genauigkeit" des arithmetischen Mittels
hängt zum Beispiel von der biologischen Variabilität ab	hängt von der Messgenauigkeit ab
ist durch den Stichprobenumfang nur wenig beeinflussbar	steht in direktem Verhältnis zum Stichprobenumfang

2.6 Dimensionslose Streuungsmaße: Nominalabweichung und relative Streuungsmaße

Für nominal- und ordinalskalierte Merkmale kann direkt die Häufigkeitstabelle als Variabilitätsmaß verwendet werden. Es ist jedoch beim Vergleich zweier Häufigkeitstabellen schwierig zu entscheiden, wo eine größere Variabilität vorliegt.

Ein Streuungsmaß für nominal- und ordinalskalierte Merkmale ist die Nominalabweichung.

Die **Nominalabweichung** beschreibt den Anteil der Merkmalswerte, die nicht der häufigsten Merkmalsausprägung (Modalwert x_M oder Modus) entsprechen. Oder anders ausgedrückt: den Anteil der Merkmalsausprägungen, die nicht in der Modalausprägung liegen. Die Nominalabweichung ist die „durchschnittliche" Abweichung vom Modus.

Die Idee der Nominalabweichung lautet, dass die Streuung minimal ist, wenn eine Merkmalsausprägung zu 100 % vorliegt, und maximal, wenn alle Merkmalsausprägungen gleich groß sind. Die Nominalabweichung nimmt Werte zwischen 0 (es handelt sich um ein konstantes Merkmal) und $1 - \frac{1}{n}$ (falls jede Merkmalsausprägung genau ein einziges Mal vorkommt) an. Bei minimaler Variabilität ist der Wert 0, bei maximaler $1 - \frac{1}{n}$.

Beispiel 2.18

Tabelle 2.11 zeigt die Häufigkeitstabelle einer Studie, bei welcher der Familienstand abgefragt wurde (Stichprobenumfang $n = 97$).

Tab. 2.11: Häufigkeitstabelle für das Merkmal „Familienstand"

Familienstand	absolute Häufigkeit	relative Häufigkeit	prozentuelle Häufigkeit
ledig	28	0,289	28,9 %
verheiratet	43	0,443	44,3 %
verwitwet	11	0,113	11,3 %
geschieden	15	0,155	15,5 %
gesamt	97	1	100 %

Die absoluten Häufigkeiten sind umgangssprachlich die Anzahlen, die relativen Häufigkeiten die Anteile und die prozentuellen Häufigkeiten die prozentmäßige Aufteilung. Der Modalwert x_M ergibt sich daher zu x_M = verheiratet, die relative Häufigkeit von „verheiratet" ist 0,443. Die Nominalabweichung als Anteil der Merkmalsausprägungen, die nicht dem Modalwert entsprechen, ist daher $1 - 0{,}443 = 0{,}557$. ■

Die Nominalabweichungen lassen sich auch zwischen zwei Merkmalen vergleichen (unabhängig von der Anzahl der Merkmalsausprägungen!). Die Stichprobenvarianz und die Standardabweichung sind vom arithmetischen Mittel der Urliste abhängig. Bei Daten mit einem arithmetischen Mittel von zum Beispiel 1000 wird sich die Standardabweichung in einer anderen Dimension bewegen als bei Daten mit einem arithmetischen Mittel von 0,01. Deshalb sind Standardabweichungen von Daten aus unterschiedlichen Stichproben nicht unmittelbar untereinander vergleichbar.

Relative Streuungsmaße sind definiert als Quotient eines absoluten Streuungsmaßes zu einem geeigneten Lagemaß, wobei beide Maße dieselbe Dimension besitzen. Ein relatives Streuungsmaß hat selbst keine Dimension.

Relative Streuungsmaße eignen sich zum Vergleich der Streuung von

- Merkmalen mit verschiedenen Dimensionen, wie zum Beispiel bei Körpergrößen und Gewicht,
- Merkmalen, die sich in ihrer Messeinheit unterscheiden, wie zum Beispiel der in Euro oder in Millionen Euro gemessene Umsatz eines Unternehmens,
- Datensätzen, deren Messniveau und damit auch Lageparameter stark differieren, wie das zum Beispiel bei Inlandsprodukt- und Zinsdaten der Fall ist,
- Merkmalen, deren Merkmalsausprägungen von Natur aus nur positive Werte annehmen können.

Die gebräuchlichsten relativen Streuungsmaße sind der **relative Quartilsabstand** (Quartilsdispersionskoeffizient) und der **Variationskoeffizient**. Nach Division des Interquartilsabstands IQR durch den Median $\tilde{x}$ ist der relative Quartilsabstand Q_{rel} zu erhalten:

$$Q_{\text{rel}} = \frac{IQR}{\tilde{x}} \cdot 100\,\%$$

Der relative Quartilsabstand Q_{rel} wird zum Beispiel beim Vergleich der Streuung der Preise unterschiedlicher Gebrauchsgüter verwendet. Der Quartilsdispersionskoeffizient $v_{0,25}$ kann auch als Quotient des Streuungsmaßes $\frac{1}{2}IQR$ – also der mittleren Quartilsdistanz – und des Lagemaßes $\frac{1}{2}(Q_3 + Q_1)$ berechnet werden, er ergibt sich dann zu:

$$v_{0,25} = \frac{\frac{1}{2}(Q_3 - Q_1)}{\frac{1}{2}(Q_3 + Q_1)} = \frac{Q_3 - Q_1}{Q_3 + Q_1}$$

Der Variationskoeffizient v ist ein auf das arithmetische Mittel bezogenes, dimensionsloses Streuungsmaß. Er eignet sich insbesondere zum Vergleich der relativen Genauigkeit von verschiedenen Messreihen.

$$v = \frac{s}{\bar{x}} \cdot 100\,\%$$

Der Variationskoeffizient v ist im Gegensatz zum relativen Quartilsabstand Q_{rel} empfindlich gegenüber Extremwerten.

Relative Streuungsmaße können zum fairen Vergleich der Streuung von verschiedenen Merkmalen herangezogen werden. Dieser Vergleich ist besonders dann wirksam, wenn erwartet wird, dass sich normalerweise die Streuung etwa proportional zum Mittelwert verändert. Die beiden folgenden Beispiele werden dies verdeutlichen.

Beispiel 2.19

Wenn sich jemand dafür interessiert, ob sich Unregelmäßigkeiten des Wachstums im Kindesalter später wieder ausgleichen, könnte er zunächst auf den Gedanken kommen, die Standardabweichung einer gleichaltrigen Gruppe von – etwa zehnjährigen – Kindern mit der Standardabweichung einer Gruppe von gleichaltrigen erwachsenen Personen zu vergleichen. Es ist hier jedoch unmittelbar einzusehen, dass in beiden Gruppen eine Reduktion auf die Durchschnittsgröße angebracht ist, da die absolute Variationsbreite der Kindergrößen wegen ihres kleineren Durchschnitts von vornherein die Tendenz aufweisen wird, kleiner zu sein. ∎

Beispiel 2.20
Eine Buchhandlung beabsichtigt auf einem der beiden Absatzmärkte Graz oder Wien tätig zu werden. Den Ausschlag für die Standortentscheidung soll die Sicherheit des zu erwartenden Absatzes geben. Das Unternehmen analysiert den jährlichen Buchumsatz in beiden Städten und ermittelt für den Absatzmarkt Wien eine größere Standardabweichung vom mittleren Buchumsatz. Allerdings ist der Buchumsatz in der Stadt Wien fast 50 % höher. Der Unternehmensleitung ist klar, dass eine größere Standardabweichung für eine Stadt auch durch den absolut höheren Absatz verursacht sein kann. Die Standardabweichung allein ist für sie kein ausreichendes Absatzsicherheitskriterium. Deshalb bezieht sie die Standardabweichung auf den mittleren Umsatz, um so die prozentuelle Abweichung von diesem der Entscheidung zugrunde legen zu können. ■

Beispiel 2.21
Die monatliche Preiserhebung ergab in fünf Geschäften $i = 1, 2, \dots 5$ eines Erhebungsortes folgende Preise für Schinken x_i und Schweinefleisch y_i pro 1 kg (Tab. 2.12):

Tab. 2.12: Preise von Schinken und Schweinefleisch in fünf Geschäften

	Preise in Euro				
x_i	12,5	13,4	12,6	12,9	13,1
y_i	7,8	7,9	7,6	7,4	7,3

Tabelle 2.13 zeigt die Ergebnisse der arithmetischen Mittel und Standardabweichungen.

Tab. 2.13: Arithmetisches Mittel und Standardabweichung von Schinken und Schweinefleisch

Merkmal	arithmetisches Mittel	Stichprobenvarianz	Standardabweichung
1 kg Schinken	12,9	0,135	0,367
1 kg Schweinefleisch	7,6	0,065	0,255

Somit ergibt sich für die Variationskoeffizienten:

$$v_x = \frac{s_x}{\bar{x}} \cdot 100\,\% = \frac{0{,}367}{12{,}9} \cdot 100\,\% = 2{,}85\,\%$$
$$v_y = \frac{s_y}{\bar{y}} \cdot 100\,\% = \frac{0{,}255}{7{,}6} \cdot 100\,\% = 3{,}35\,\%$$

Es gilt $s_x > s_y$, jedoch $v_x < v_y$, das heißt, die relative Streuung der Schinkenpreise ist trotz größerer Standardabweichung geringer als die relative Streuung der Schweinefleischpreise. ■

3 Statistische Maßzahlen für den Zusammenhang

Übersicht

3.1 Kontingenzkoeffizient nach Pearson und Cramer

Die **Kontingenztabelle** (oder Kontingenztafel) ist eine systematische Darstellung der Merkmalsausprägungskombinationen zweier kategorieller Merkmale. Eine Kontingenztabelle besteht aus den Zellen, die sich aus der Kreuzung von Zeilen und Spalten ergeben. Bei dieser Art der Tabellenkonstruktion wird auch von Kreuztabulierung gesprochen, die Tabelle wird ebenso als Kreuztabelle bezeichnet. Die Merkmalsausprägungen der beiden Merkmale werden in Zeilen beziehungsweise Spalten der Tabelle zugeordnet. Konvention ist, dass bei gerichteten Beziehungen die Merkmalsausprägung der unabhängigen Variablen (die Ursache) X den Spalten und die der abhängigen Variablen (die Folge) Y den Zeilen zugeordnet werden.

Die Merkmalsausprägungen von X werden mit j indiziert, wobei der Index j von $j = 1,2,\ldots,m$ läuft. Der Buchstabe m steht für die Anzahl der Spalten und ist so groß wie die Anzahl der Merkmalsausprägungen von X. Die Merkmalsausprägungen von Y werden mit i indiziert, wobei i von $i = 1,2,\ldots,k$ läuft. Hier steht k für die Anzahl der Zeilen und ist so groß wie die Anzahl der Merkmalsausprägungen von Y. Für jede Merkmalsausprägungskombination von i und j liegt damit eine eigene Zelle vor. In den Zellen stehen die Häufigkeiten B_{ij}, mit denen die Merkmalsausprägungskombination $(x_j; y_i)$ bei den Merkmalsträgern aufgetreten ist. Die Zellenhäufigkeiten B_{ij} werden auch die beobachteten Häufigkeiten genannt. Das bedeutet, es werden Häufigkeiten für mehrere mit durch „und" (Konjunktion) verknüpfte Merkmale dargestellt. Diese Häufigkeiten werden ergänzt durch deren Randsummen (Zeilensumme und Spaltensumme), die die so genannten Randhäufigkeiten bilden. Die Summierung der Häufigkeiten in den einzelnen Spalten ergibt die Spaltensumme, entsprechend ergibt die Summierung der Häufigkeiten der einzelnen Zeilen die Zeilensummen. Werden die Zellenhäufigkeiten über alle Zellen aufsummiert, ist das Ergebnis der Stichprobenumfang n, der die Anzahl der Merkmalsträger ist. Der Stichprobenumfang n ist auch zu erhalten, wenn die Summe der Spaltensummen über alle Spalten oder die Summe der Zeilensummen über alle Zeilen hinweg berechnet wird. Die Größe (oder auch das Format) einer Kontingenztabelle besteht aus der Angabe der kombinierten Anzahl von Zeilen und Spalten $k \times m$ (sprich: k kreuz m).

Der Zusammenhang zwischen nominalen Merkmalen wird **Kontingenz** genannt, daher heißen die berechneten Kennzahlen Kontingenzkoeffizenten. Handelt es sich um ordinale Merkmale, so wird der Zusammenhang **Assoziation** genannt.

Beispiel 3.1

Die Kontingenztafel mit den beobachteten Häufigkeiten B_{ij} von Geschlecht und monatlichen Ausgaben für Kosmetika (in Euro) wird in Tab. 3.1 betrachtet. Dabei steht i für die Merkmalsausprägung von Geschlecht (Zeilen) und j steht für die Merkmalsausprägung der monatlichen Ausgaben für Kosmetika (Spalten). Daher ist $B_{13} = 14$ und $B_{22} = 17$.

Tab. 3.1: Kontingenztafel für Geschlecht und monatliche Ausgaben für Kosmetika

	monatliche Ausgaben für Kosmetika (in Euro)			
Geschlecht	unter 25	25–50	über 50	Summe
weiblich	5	5	14	24
männlich	47	17	9	73
Summe	52	22	23	97

Anhand der 2×3-Tafel (Tab. 3.1) ist zu erkennen, dass ein Zusammenhang zwischen dem Geschlecht und den monatlichen Ausgaben für Kosmetika derart besteht, dass Frauen tendenziell mehr Geld für Kosmetika ausgeben als Männer: Bei den Männern kommen 64,4 % ($= \frac{47}{73} \cdot 100\,\%$) mit weniger als 25 Euro monatlich aus, nur 20,8 % ($= \frac{5}{24} \cdot 100\,\%$) der Frauen gelingt dies. Lediglich 12,3 % ($= \frac{9}{73} \cdot 100\,\%$) der Männer geben mehr als 50 Euro monatlich für Kosmetika aus, immerhin 58,3 % ($= \frac{14}{24} \cdot 100\,\%$) der Frauen schaffen das sehr wohl. Noch deutlicher wäre dieser Zusammenhang, wenn beispielsweise alle Männer mit weniger als 25 Euro auskämen, alle Frauen hingegen mehr als 50 Euro aufwenden würden – oder umgekehrt. Bestünde hingegen überhaupt kein Zusammenhang zwischen Geschlecht und Höhe der Ausgaben für Kosmetika, so müssten sich die Nennungen bei Männern und Frauen anteilsmäßig gleich auf die drei Kategorien verteilen, etwa so, wie die Tab. 3.2 zeigt.

Tab. 3.2: Beispielhafte anteilsmäßige Verteilung der Nennungen bei Männern und Frauen

	monatliche Ausgaben für Kosmetika (in Euro)			
Geschlecht	unter 25	25–50	über 50	Summe
weiblich	2	12	10	24
männlich	6	37	30	73
Summe	8	49	40	97

In diesem Fall sind es – entsprechend den Spaltensummen – jeweils etwa 9 % der Männer wie auch der Frauen, die monatlich weniger als 25 Euro investieren, etwa 50 %, die zwischen 25 und 50 Euro bezahlen, sowie 41 %, die mehr als 50 Euro für Kosmetika ausgeben. Die prozentuelle Verteilung zwischen Männern und Frauen entspricht in jeder Spalte etwa dem Verhältnis 24 : 73 der Zeilensummen. ■

Die **stochastische Unabhängigkeit** (auch **statistische Unabhängigkeit**) bedeutet, dass sich die Merkmale gegenseitig nicht beeinflussen. Aus den Randverteilungen (Zeilen- und Spaltensummen) lassen sich für den Fall der Unabhängigkeit der Merkmale (theoretisch) die zu erwartenden Werte E_{ij} ermitteln:

$$E_{ij} = \frac{\text{Zeilensumme}}{n} \cdot \text{Spaltensumme}$$

Gibt es einen Zusammenhang zwischen den Merkmalen, so wird dieser umso größer sein, je deutlicher die tatsächlich beobachteten B_{ij} von den für den Fall der Unabhängigkeit ermittelten Werten E_{ij} abweichen.

Da diese Differenz $B_{ij} - E_{ij}$ sowohl positive als auch negative Werte annehmen kann, wird anstelle der Differenz deren Quadrat verwendet. Dieses Quadrat der Differenzen wird im Verhältnis zum erwarteten Wert E_{ij} betrachtet (Normierung).

Die Summe der normierten Quadratabstände wird als **quadratische Kontingenz** χ^2 (Chi^2) bezeichnet und gilt als ein Maß für die Stärke des Zusammenhangs zwischen zwei (qualitativen) Merkmalen. Bei einer $k \times m$-Kontingenztafel ergibt sich χ^2 aus der Summe von $k \cdot m$ normierten quadratischen Differenzen:

$$\chi^2 = \text{Summe über alle Felder } \frac{(\text{beobachtete Häufigkeit} - \text{erwartete Häufigkeit})^2}{\text{erwartete Häufigkeit}}$$

$$= \sum_{\text{alle Felder}} \frac{(B_{ij} - E_{ij})^2}{E_{ij}}$$

Die quadratische Kontingenz χ^2 ist der quadratische Abstand zwischen beobachteten B_{ij} und erwarteten Zellenhäufigkeiten E_{ij} in Relation zu den erwarteten Häufigkeiten E_{ij}.

Beispiel 3.2

Wird die gegebene Kontingenztafel im Beispiel 3.1 um die erwarteten Häufigkeiten E_{ij} erweitert, so stellt sich die Tabelle wie in Tab. 3.3.

Tab. 3.3: Beobachtete / erwartete Häufigkeiten von Geschlecht und monatliche Ausgaben für Kosmetika

Geschlecht	monatliche Ausgaben für Kosmetika (in Euro) unter 25	25–50	über 50	Summe
weiblich	5 / 12,9	5 / 5,4	14 / 5,7	24
männlich	47 / 39,1	17 / 16,6	9 / 17,3	73
Summe	52	22	23	97

Die quadratische Kontingenz χ^2 ergibt sich somit zu:

$$\chi^2 = \frac{(5-12{,}9)^2}{12{,}9} + \frac{(5-5{,}4)^2}{5{,}4} + \frac{(14-5{,}7)^2}{5{,}7} + \frac{(47-39{,}1)^2}{39{,}1} + \frac{(17-16{,}6)^2}{16{,}6} + \\ + \frac{(9-17{,}3)^2}{17{,}3} = 22{,}5$$

■

χ^2 hat im Falle der völligen Unabhängigkeit den Wert null, da alle Differenzen $B_{ij} - E_{ij}$ verschwinden. Trotzdem ist χ^2 als Maß für den Zusammenhang zweier (qualitativer) Merkmale schwer zu bewerten, da χ^2 im Falle einer Abhängigkeit der Merkmale unbegrenzt große Werte annehmen kann. Wären im Beispiel 3.1 etwa 194 Personen ($= 2 \cdot 97$) mit gleicher Verteilung untersucht worden, so hätte χ^2 einen doppelt so hohen Wert angenommen.

Das heißt, χ^2 hängt vom Stichprobenumfang n ab. Diesen Nachteil weist der **Kontingenzkoeffizient C nach** Pearson nicht auf.

Der Kontingenzkoeffizient C nach Pearson

$$C = \sqrt{\frac{\chi^2}{n + \chi^2}}$$

ist ein Zusammenhangsmaß zweier (qualitativer) Merkmale.

Bei völliger Unabhängigkeit ist $C = 0$, im Falle eines Zusammenhangs zwischen den Merkmalen geht C mit wachsendem χ^2 asymptotisch gegen den Wert 1, somit gilt: $0 \leq C < 1$.

C lässt sich auch mit Hilfe der mittleren quadratischen Kontingenz $\phi^2 = \frac{\chi^2}{n}$ berechnen und ergibt sich zu:

$$C = \sqrt{\frac{\phi^2}{1 + \phi^2}}$$

Als Schönheitsfehler ist lediglich zu bemerken, dass C den Wert 1 nie ganz erreicht. So kann zunächst nicht genau gesagt werden, wie weit C von einer völligen Abhängigkeit entfernt ist. Dieser Mangel lässt sich durch Normierung mit dem größtmöglichen Kontingenzkoeffizienten $C_{\max}$ beheben.

Der Maximalwert von C (C_{max}) hängt nicht von n, dem Stichprobenumfang, sondern von der Tabellengröße (also von der Zeilenzahl k und der Spaltenzahl m) ab. Diese Abhängigkeit von k und m erschwert den Vergleich von Kontingenztabellen, die aus unterschiedlich großen Tabellen berechnet werden – insbesondere von der Anzahl der Merkmalsausprägungen des Merkmals, das weniger Merkmalsausprägungen aufweist. Wenn mit i der kleinere der beiden Werte k und m bezeichnet wird, dann ergibt sich C_{max} zu:

$$C_{\text{max}} = \sqrt{\frac{i-1}{i}}, \text{ wobei } i = \min(k; m)$$

Der Ausdruck C_{max} ist am kleinsten bei einer Vierfeldertafel, und zwar $\sqrt{1/2} = 0{,}707$, und strebt gegen Eins mit wachsender Tafelgröße.

Dividieren wir den Kontingenzkoeffizienten C durch C_{max}, so erhalten wir schließlich den **korrigierten (oder normierten) Kontingenzkoeffizienten** C_{korr}:

$$C_{\text{korr}} = \frac{C}{C_{\text{max}}}, \text{ dabei gilt: } C_{\text{max}} = \sqrt{\frac{i-1}{i}} \text{ mit } i = \min(k; m)$$

Für diesen korrigierten Kontingenzkoeffizient C_{korr} gilt $0 \leq C_{\text{korr}} \leq 1$, er schöpft also das gewünschte Normierungsintervall $[0; 1]$ aus.

Beispiel 3.3

Aufgrund des Beispiels 3.2, für das eine 2×3-Tafel und ein Stichprobenumfang $n = 97$ vorliegt, hat sich χ^2 zu 22,5 ergeben. Der Kontingenzkoeffizient C nach PEARSON und C_{korr} berechnen sich demnach wie folgt:

$$C = \sqrt{\frac{\chi^2}{\chi^2 + n}} = \sqrt{\frac{22{,}5}{22{,}5 + 97}} = 0{,}434$$

$$C_{\text{max}} = \sqrt{\frac{i-1}{i}} = \sqrt{\frac{2-1}{2}} = 0{,}707, \text{ da } i = \min(2; 3) = 2$$

und C_{korr} zu:

$$C_{\text{korr}} = \frac{C}{C_{\text{max}}} = \frac{0{,}434}{0{,}707} = 0{,}61$$

■

Betrachten wir nochmals die quadratische Kontingenz χ^2. Wir haben festgestellt, dass χ^2 vom Stichprobenumfang n abhängig ist. Zusätzlich ist die quadratische Kontingenz noch von der Tabellengröße $k \times m$ abhängig, ganz allgemein:

$$0 \leq \chi^2 \leq n \cdot (i-1) \text{ mit } i = \min(k; m)$$

Daher lässt eine alternative Normierung der χ^2-Größe einen weiteren Kontingenzkoeffizienten definieren.

Der **Kontingenzkoeffizient nach** Cramer V ist definiert durch:

$$V = \sqrt{\frac{\chi^2}{n \cdot (i-1)}} \text{ mit } i = \min(k; m)$$

Cramer V liefert unabhängig von der Größe der Kontingenztafel Werte zwischen 0 und 1, das heißt $0 \leq V \leq 1$. Der Kontingenzkoeffizient geht auf Harald Cramér (1893–1985), einen schwedischen Mathematiker und Statistiker, zurück.

Cramer V bedarf keiner Korrektur und kann wie C_{korr} interpretiert werden. Umso größer V ist, desto stärker ist der (statistische) Zusammenhang. Als „willkürliche" Faustregel zur verbalen Interpretation der Grade des Zusammenhangs ist Abb. 3.1 angegeben.

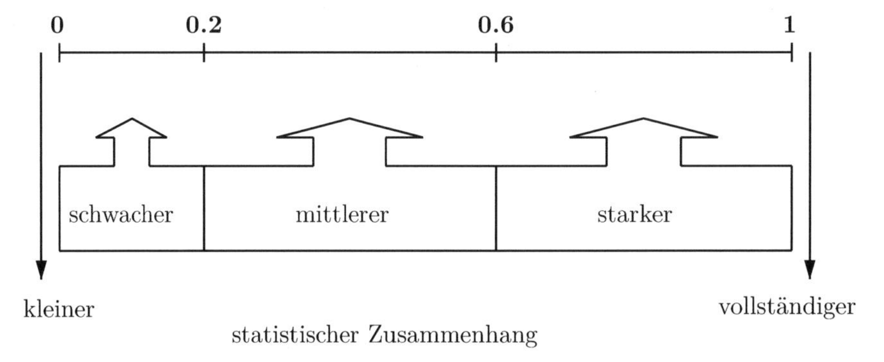

Abb. 3.1: Interpretationsmaßstäbe für die Kontingenzmaße C_{korr} und V

Beispiel 3.4

Aufgrund des Beispiels 3.2 ergibt sich bei einer 2×3-Tafel, dass $i = \min(k; m) = 2$ ist. Cramer V ergibt sich daher zu:

$$V = \sqrt{\frac{\chi^2}{n \cdot (i-1)}} = \sqrt{\frac{22{,}5}{97 \cdot (2-1)}} = \sqrt{\frac{22{,}5}{97}} = 0{,}48$$

Da $V = 0{,}48$, ergibt sich nach dem Interpretationsmaßstab in Abb. 3.1, dass ein mittlerer Zusammenhang vorliegt. ■

Für den Kontingenzkoeffizienten C_{korr} und für Cramer V gilt:

- Sie haben einen Wertebereich von 0 bis 1 und können für unterschiedliche Kontingenztabellen mit unterschiedlichem Stichprobenumfang verglichen werden.
- Sie sind genau dann 0, wenn die beiden (qualitativen) Merkmale unabhängig sind.
- Sie sind genau dann 1, wenn eine der folgenden Bedingungen für die zugehörige $k \times m$-Kontingenztafel erfüllt ist:
  a) Es gilt $k < m$ und in jeder Spalte sind die Häufigkeiten in genau einem Feld konzentriert.

b) Es gilt $k = m$ und in jeder Zeile sowie in jeder Spalte sind die Häufigkeiten in genau einem Feld konzentriert.

c) Es gilt $k > m$ und in jeder Zeile sind die Häufigkeiten in genau einem Feld konzentriert.

3.2 Vierfelderkorrelation ϕ, Yule's Q und Cohen's κ

Im Folgenden werden wir den Zusammenhang zwischen zwei dichotomen Merkmalen, also solchen, die jeweils nur zwei Merkmalsausprägungen aufweisen, analysieren. Eine Kreuztabelle für zwei dichotome Merkmale X und Y hat nur vier Felder, sie wird Vierfeldertafel genannt und besitzt eine spezielle Notation, in der die Zelleninhalte mit kleinen Buchstaben bezeichnet werden. X und Y haben jeweils genau zwei Merkmalsausprägungen x_1, x_2 beziehungsweise y_1, y_2. Tabelle 3.4 zeigt die Notation einer **Vierfeldertafel**.

Tab. 3.4: Notation einer Vierfeldertafel

	Y		
X	y_1	y_2	Summe
x_1	a	b	$a+b$
x_2	c	d	$c+d$
Summe	$a+c$	$b+d$	$a+b+c+d$

Aus Tab. 3.4 können wir sehen, dass die Vierfeldertafel noch die Randsummen (Zeilen- und Spaltensummen) aufzeigt. Sie gibt also an:

- die Gesamthäufigkeit der Merkmalsausprägung x_1 $(a+b)$
- die Gesamthäufigkeit der Merkmalsausprägung x_2 $(c+d)$
- die Gesamthäufigkeit der Merkmalsausprägung y_1 $(a+c)$
- die Gesamthäufigkeit der Merkmalsausprägung y_2 $(b+d)$
- die Gesamtzahl aller Merkmalsträger, den Stichprobenumfang n $(a+b+c+d)$

Zwei dichotome Merkmale X und Y heißen **vollständig abhängig**, wenn bei geeigneter Anordnung der Merkmalsausprägungen nur die Diagonalfelder (a und d) der Vierfeldertafel besetzt sind.

Die Definition für „vollständig abhängig" lässt sich auch auf quadratische Kontingenztabellen verallgemeinern, in denen die beiden Merkmale jeweils die gleiche Anzahl von Merkmalsausprägungen besitzen.

Beispiel 3.5
Wir betrachten zwei dichotome Merkmale X und Y. Die linke Seite der Tab. 3.5 zeigt eine vollständige Abhängigkeit, die rechte Unabhängigkeit.

■

Tab. 3.5: Vollständige Abhängigkeit beziehungsweise Unabhängigkeit zweier dichotomer Merkmale

	Y		Summe
X	70	0	70
	0	30	30
Summe	70	30	100

	Y		Summe
X	49	21	70
	21	9	30
Summe	70	30	100

Der **Phi-Koeffizient** (Vierfelderkoeffizient, Vierfelderkorrelation) wird bei Vierfeldertafeln in der folgenden Form angegeben:

$$\phi = \frac{ad - bc}{\sqrt{(a+b)\cdot(a+c)\cdot(b+d)\cdot(c+d)}}$$

ϕ kann auch negative Werte annehmen. Das Vorzeichen des Vierfelderkoeffizienten ϕ hängt nur von der Anordnung der Zeilen und Spalten ab. Es gilt $-1 \leq \phi \leq 1$.

Für Vierfeldertafeln lässt sich aus der Formel für CRAMERs V der Phi-Koeffizient (ϕ)(Vierfelderkorrelation) ableiten:

$$\phi = \sqrt{\frac{\chi^2}{n}}$$

Dabei ist χ^2/n die mittlere quadratische Kontingenz und χ^2 die quadratische Kontingenz.

Beispiel 3.6

Die Vierfeldertafel zu den beiden Merkmalen Geschlecht und Beschäftigungsstatus wird in Tab. 3.6 dargestellt.

Tab. 3.6: Vierfeldertafel Beschäftigungsstatus und Geschlecht

	Beschäftigungsstatus		
Geschlecht	**arbeitslos**	**erwerbstätig**	**Summe**
weiblich	8 (a)	16 (b)	24
männlich	31 (c)	42 (d)	73
Summe	39	58	97

Der Vierfelderkoeffizient ϕ zwischen Beschäftigungsstatus und Geschlecht ergibt sich folgendermaßen:

$$\begin{aligned}\phi &= \frac{ad - bc}{\sqrt{(a+b)\cdot(a+c)\cdot(b+d)\cdot(c+d)}}\\ &= \frac{8\cdot 42 - 16\cdot 31}{\sqrt{(8+16)\cdot(8+31)\cdot(16+42)\cdot(31+42)}}\\ &= -0{,}08\end{aligned}$$

Das heißt, es gibt anhand der Vierfelderkorrelation keinen Zusammenhang zwischen Beschäftigungsstatus und Geschlecht. ■

Wenn für den Zusammenhang zwischen zwei dichotomen Merkmalen anstelle der Vierfelderkorrelation die Korrelation nach BRAVAIS/PEARSON r (vergleiche Abschn. 3.4) oder der Rangkorrelationskoeffizient nach SPEARMAN r_s (vergleiche Abschn. 3.6) berechnet wird, ist für alle drei Korrelationskoeffizienten derselbe Wert zu erhalten.

Die Extremwerte $+1$ beziehungsweise -1, also die größte Abhängigkeit, werden bei alleiniger Besetzung der Haupt- oder Nebendiagonale angenommen (schematisch werden die Zellenhäufigkeiten der Vierfeldertafel in Abb. 3.2 dargestellt).

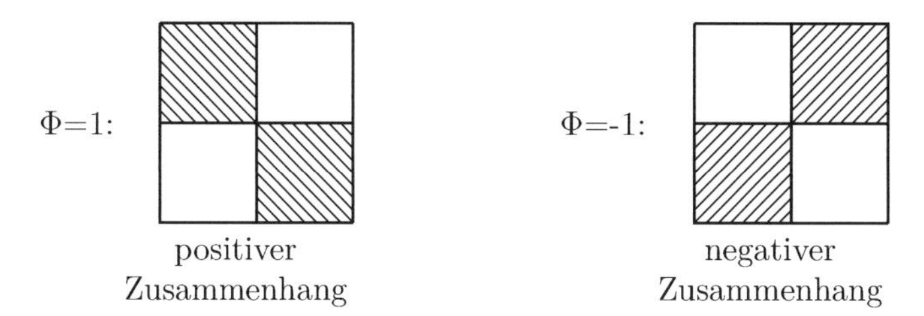

Abb. 3.2: Extremwerte $+1$ beziehungsweise -1 von ϕ, schematisch anhand der Vierfeldertafel dargestellt

Der **Q-Koeffizient von** YULE (der Buchstabe Q wurde von George Udny YULE (1871–1951) zu Ehren des belgischen Statistikers Adoplhe QUETELET (1796–1874) als Bezeichnung gewählt) ist ein Zusammenhangsmaß für dichotome Merkmale. Er wird auch YULE'scher Assoziationskoeffizient A_{XY} genannt, wobei die Abhängigkeit zwischen dem Merkmal X und Y berechnet werden soll. Für eine Vierfeldertafel wird er berechnet, indem die Differenz aus dem Produkt der ersten Hauptdiagonalen mit der zweiten Hauptdiagonalen (Kreuzprodukt) durch die Summe dieser beiden Produkte dividiert wird:

$$Q = \frac{a \cdot d - b \cdot c}{a \cdot d + b \cdot c}$$

Der Assoziationskoeffizient nach YULE liegt zwischen dem Bereich -1 und $+1$, bei $Q = 0$ liegt Unabhängigkeit vor. Das Konstruktionsprinzip beruht auf der Beziehung zwischen konkordanten und diskordanten Paaren einer Merkmalsausprägung. Es ist ein Spezialfall von GOODMAN's und KRUSKAL's γ bei einer Vierfeldertafel (siehe Abschn. 3.6).

Bei den vorgestellten Assoziationsmaßen ϕ und Q werden die Größenordnungen wie folgt interpretiert:

- Werte zwischen $-0{,}2$ und $0{,}2$ gelten als schwach,
- Werte zwischen $-0{,}6$ und $-0{,}2$ beziehungsweise $0{,}2$ und $0{,}6$ als mittelstark und
- Werte, die kleiner als $-0{,}6$ beziehungsweise größer als $0{,}6$ sind, als starke Zusammenhänge.

Bei der Interpretation des Assoziationskoeffizienten wird im Allgemeinen nur der absolute Wert des Koeffizienten berücksichtigt, nicht aber das Vorzeichen. Dies ist dadurch begründet, dass für nominale Merkmale keine natürliche Ordnung der Merkmalsausprägungen gegeben ist und durch einfaches Vertauschen der Zeilen oder Spalten in der Kontingenztafel ein Wechsel des Vorzeichens erreicht werden kann. Nur für Vierfeldertafeln, deren beiden Merkmalen eine Ordnung der Merkmalsausprägung gegeben ist, wird das Vorzeichen in der Interpretation einbezogen.

Zwei bemerkenswerte Tatsachen unterscheiden Q von ϕ:

1. Die Werte $Q = \pm 1$ werden angenommen, wenn auch nur ein Tabellenfeld nicht besetzt ist. Schematisch wird dies in Abb. 3.3 dargestellt.

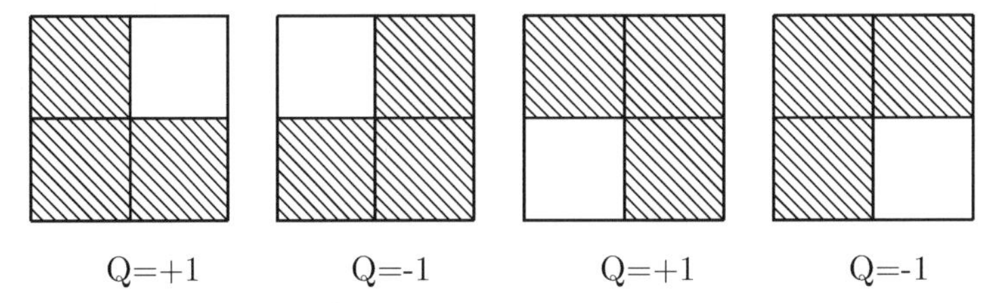

Abb. 3.3: Extremwerte von Q, schematisch dargestellt

   Aufgrund dieser Schwäche überzeichnet YULE's Q die Stärke des Zusammenhangs.

2. Q ist invariant (unveränderlich) gegenüber der Multiplikation von Zeilen oder Spalten mit beliebigen, nicht verschwindenden Konstanten. Die Maßzahl ϕ hingegen wird durch solche Veränderungen beeinflusst. Schematisch zeigt sich das in Abb. 3.4.

60	30
20	90

$Q = 0{,}800$
$\phi = 0{,}696$

60	3
20	9

$Q = 0{,}800$
$\phi = 0{,}362$

6	3
20	90

$Q = 0{,}800$
$\phi = 0{,}310$

Abb. 3.4: Q ist invariant gegenüber der Multiplikation von Zeilen oder Spalten

Beispiel 3.7

Der Assoziationskoeffizient Q nach YULE berechnet sich für die beiden dichotomen Merkmale Beschäftigungsstatus und Geschlecht aus Beispiel 3.6 folgendermaßen:

$$Q = \frac{a \cdot d - b \cdot c}{a \cdot d + b \cdot c} = \frac{8 \cdot 42 - 16 \cdot 31}{8 \cdot 42 + 16 \cdot 31} = -0{,}19$$

YULE's Q ist in der Nähe von Null, in diesem Beispiel kann von einem schwachen Zusammenhang gesprochen werden. ■

COHEN's **Kappa-Koeffizient** (Jacob COHEN, 1923–1998) kann nur für quadratische Kreuztabellen $k \times k$ berechnet werden, in denen dieselbe Kodierung für das Zeilen- und Spaltenmerkmal verwendet wurde. Im typischen Anwendungsfall wurden Merkmalsträger durch zwei Beurteiler begutachtet. κ (Kappa) gibt dann den Grad der Übereinstimmung zwischen den beiden Beurteilungen an. Sind Beobachtungsurteile entsprechend aufgeschlüsselt, lässt sich eine sehr einfache Kennzahl für die Beobachterübereinstimmung p_0 berechnen: Anzahl der Übereinstimmungen (Summe der Diagonalfelder), dividiert durch die Anzahl der beobachteten Merkmalsträger n.

Nun hat dieses anschauliche Maß einen schwerwiegenden Nachteil. Es berücksichtigt nicht die Tatsache, dass auch bei zufälliger Klassifizierung einige Beobachtungen übereinstimmen. Dieser Prozentsatz ist umso höher, je weniger Kategorien verwendet werden.

Dem Anteil p_0 steht der folgende Anteil der zufällig zu erwarteten Übereinstimmungen einer $k \times k$-Tafel gegenüber:

$$p_e = \sum_k \frac{E_{ii}}{n}$$

Die E_{ii}-Werte werden nach der Regel Zeilensumme $(i) \cdot$ Spaltensumme $(i)/n$ bestimmt. Ein E_{ii}-Wert gibt an, wie viele Urteilsübereinstimmungen in Kategorie i zu erwarten wären, wenn die beiden Urteiler rein zufällig urteilen würden beziehungsweise wenn die Urteile stochastisch unabhängig wären.

Mit p_0 und p_e wird der κ-Koeffizient definiert durch

$$\kappa = \frac{p_0 - p_e}{1 - p_e}$$

und wird folgendermaßen interpretiert:

- Der Zähler ist die Differenz aus der beobachteten Übereinstimmung und der unter Zufälligkeit zu erwarteten Übereinstimmung. Dies ist damit ein Maß für die über die Zufälligkeit hinausgehende Übereinstimmung der Beobachter.
- Die Eins im Nenner stellt den maximal möglichen Anteil für Übereinstimmung dar, nämlich wenn alle Beobachtungen auf der Diagonale der Kontingenztafel liegen und sämtliche Nebendiagonalen nur Nullen erhalten.
- Der Kappa-Koeffizient ist 1, wenn alle Objekte übereinstimmend beurteilt werden ($p_0 = 1$). Der Kappa-Koeffizient ist 0, wenn die übereinstimmenden Urteile der Zufallserwartung entsprechen ($p_0 = p_e$).
- Bei negativen Kappa-Werten liegt p_0 unter der Zufallserwartung. Der höchste negative Wert beträgt $-1/(k-1)$ bei der $k \times k$-Tafel. Der Wert -1 kann theoretisch nur für Vierfeldertafeln erzielt werden.

Schließlich sei noch angemerkt, dass Übereinstimmung nicht gleichbedeutend ist mit Kontingenz. Eine hohe Übereinstimmung impliziert eine hohe Kontingenz, aber der umgekehrte Fall trifft nicht notwendigerweise zu. Für die Interpretation von κ können beispielsweise die folgenden Richtwerte aus Tab. 3.7 verwendet werden:

Tab. 3.7: Richtwerte zur Interpretation von κ

Werte von κ	Stärke der Übereinstimmung
$< 0{,}2$	Schwach
0,21–0,40	Leicht
0,41–0,60	Mittelmäßig
0,61–0,80	Gut
0,81–1,00	Sehr gut

3.3 Epidemiologische Maßzahlen

In der Epidemiologie (griechisch, dt. Lehre über das Volk) werden Krankheiten und die damit in Zusammenhang stehenden Einflüsse untersucht. Im Unterschied zur medizinischen Individualbetrachtung (hier wird die Krankheit eines einzelnen Patienten diagnostiziert und behandelt) beschäftigt sich die Epidemiologie mit dem Krankheitsbegriff innerhalb einer ganzen Bevölkerungsgruppe. Spezielle epidemiologische Maßzahlen verhelfen zur deskriptiven Beschreibung der Erkrankungshäufigkeiten innerhalb einer Bevölkerung.

Der Anteil kranker Menschen zu einem bestimmten Zeitpunkt wird (Punkt-) **Prävalenz** genannt; diese wird stets hinsichtlich einer bestimmten Bevölkerung angegeben. Die Prävalenz wird als Prozent oder Quotient angegeben.

Beispiel 3.8
Die Prävalenz von Aids bei Österreichern zwischen 15 und 49 Jahren im Jahre 2001 lag bei 0,2 %, in Botswana (15- bis 49-Jährige Ende 2001) bei ca. 30 %, bei Suchtgiftabhängigen in Wien im Jahr 1990 bei ca. 27 %. ■

Sowohl eine genaue Beschreibung der betrachteten Bevölkerungsgruppe als auch der genaue Zeitpunkt sind zur Angabe der Prävalenz wesentlich.

Statt die Prävalenz P einer Erkrankung zu nennen, wird häufig die **Chance** (**Odds**) der Erkrankung angegeben:

$$\text{Odds} = \frac{P}{1-P}$$

Odds ist der Anteil (die Anzahl) der Erkrankten, dividiert durch den Anteil (die Anzahl) der nicht erkrankten Menschen.

So wie sich die Chance aus der Prävalenz bestimmt, kann umgekehrt die Prävalenz aus der Chance berechnet werden:

$$P = \frac{\text{Odds}}{1+\text{Odds}}$$

Das Odds liegt zwischen Null und unendlich. Beträgt die Prävalenz nahezu null, so stimmt das Odds approximativ mit der Prävalenz überein, liegt die Prävalenz jedoch nahe bei Eins, so nimmt das Odds sehr große Werte an. Die Tab. 3.8 zeigt die Abhängigkeit von Odds und Prävalenz.

Tab. 3.8: Vergleich zwischen Prävalenz und Odds

Prävalenz	Odds	Prävalenz	Odds	Prävalenz	Odds
0,01 (1 %)	0,010	0,3 (30 %)	0,43	0,7 (70 %)	2,33
0,05 (5 %)	0,053	0,4 (40 %)	0,67	0,8 (80 %)	4,00
0,1 (10 %)	0,11	0,5 (50 %)	1,00	0,9 (90 %)	9,00
0,2 (20 %)	0,25	0,6 (60 %)	1,50	0,95 (95 %)	19,00

Beispiel 3.9

Aufgrund der in Beispiel 3.8 angegebenen Werte ergibt sich für einen Suchtgiftabhängigen in Wien im Jahre 1990:

$$\text{Odds} = \frac{P}{1-P} = \frac{0{,}27}{0{,}63} = 0{,}43$$

Das heißt, die Chance auf das Vorliegen von Aids lag bei 0,43 : 1 (gesprochen: 0,43 zu 1). Für einen Österreicher zwischen 15 und 49 Jahren im Jahre 2001 hingegen ergab sich ein Odds = 0,002/0,998 = 0,002004, das heißt, die Chance auf Aids lag bei ungefähr 0,002 : 1. Hier ist die Prävalenz so gering, dass die Odds praktisch gleich der Prävalenz sind. ■

Die **kumulative Inzidenz** (Risiko) CI gibt die Wahrscheinlichkeit (in %) an, dass eine zufällig ausgewählte gesunde Person innerhalb eines bestimmten Zeitraums (zum Beispiel innerhalb eines Jahres) neu erkrankt.

$$CI = 100 \cdot \frac{\text{Anzahl der im Zeitraum neu Erkrankten}}{\text{Anzahl der Gesunden in der Population zu Beginn des Zeitraums}}$$

Beispiel 3.10

Im Jahr 2001 gab es innerhalb der gesamten österreichischen Bevölkerung 70 Neuerkrankungen an Aids. Bei einer geschätzten Anzahl von 8.075.000 gesunden Einwohnern ergibt sich somit eine kumulative Inzidenz CI von:

$$CI = 100 \cdot \frac{70}{8.075.000} = 0{,}0009\,\%$$

■

Anschließend werden epidemiologische Assoziationsmaße bestimmt, welche den Zusammenhang von Krankheitshäufigkeiten mit anderen Faktoren beschreiben. Zur übersichtlichen Darstellung der Zahlenwerte werden Vierfeldertafeln (siehe Tab. 3.9) verwendet.

Tab. 3.9: Vierfeldertafel Krankheit und Risikofaktor

	Krankheit		
Risikofaktor	Ja	Nein	Zeilensumme
Ja	a	b	$a+b$
Nein	c	d	$c+d$
Spaltensumme	$a+c$	$b+d$	$a+b+c+d$

Das **relative Risiko** RR (auch Risk Ratio) wird als Verhältnis der Erkrankungswahrscheinlichkeit von Exponierten (zum Beispiel von Rauchern oder von Patienten mit bestimmten Symptomen oder Merkmalen) und der Erkrankungswahrscheinlichkeit von Nicht-Exponierten definiert:

$$RR = \text{relatives Risiko} = \frac{\text{Erkrankungswahrscheinlichkeit bei Exposition}}{\text{Erkrankungswahrscheinlichkeit bei Nichtexposition}}$$

$$= \frac{\frac{a}{a+b}}{\frac{c}{c+d}}$$

In der Epidemiologie werden die Erkrankungswahrscheinlichkeiten als Risiko bezeichnet, daher wird von einem relativen Risiko gesprochen. Es gibt den multiplikativen Faktor an, um den sich die Erkrankungswahrscheinlichkeit bei einer definitiven Exposition erhöht.

Das relative Risiko ist stets eine positive Zahl, welche beliebig groß werden kann. Ist das relative Risiko gleich 1, dann sind beide Risiken identisch und das bedeutet wiederum, dass die Exposition keinen Einfluss auf die Erkrankung hat. Das relative Risiko gibt somit an, wie viel mal häufiger beziehungsweise seltener eine Erkrankung bei Exponierten im Vergleich zu Nicht-Exponierten auftritt. Es misst die Stärke des Zusammenhangs zwischen Risikofaktor und Krankheit.

Beispiel 3.11
Die Vierfeldertafel in Tab. 3.10 beschreibt den Zusammenhang zwischen Rauchen und Tod durch Lungenkrebs.

In diesem Beispiel wird nicht die Erkrankungswahrscheinlichkeit betrachtet, sondern die Sterbewahrscheinlichkeit durch Lungenkrebs. Es wird nun das relative Risiko für Raucher bestimmt:

$$RR = \frac{\frac{60}{140}}{\frac{40}{160}} = \frac{0{,}4286}{0{,}25} = 1{,}71$$

Das Sterberisiko für Raucher steigt somit um etwa das 1,71-fache gegenüber Nichtrauchern. ∎

Tab. 3.10: Vierfeldertafel Zusammenhang zwischen Rauchen und Tod durch Lungenkrebs

	Tod durch Lungenkrebs		
Raucher	Ja	Nein	Zeilensumme
Ja	60	80	140
Nein	40	120	160
Spaltensumme	100	200	300

Neben dem relativen Risiko gibt es ein weiteres Vergleichsmaß innerhalb der Epidemiologie, das nicht auf dem Risiko, sondern auf der Chance beruht. Analog zum relativen Risiko wird das Odds Ratio (Quotenverhältnis, Kreuzproduktverhältnis) definiert. Das Odds Ratio wird bei der logistischen Regression eine bedeutende Rolle einnehmen (vergleiche Abschn. 5.6). Das **Odds Ratio** OR ist gegeben durch:

$$\begin{aligned} OR = \text{Odds Ratio} &= \frac{\text{Odds bei Exposition}}{\text{Odds bei Nicht-Exposition}} \\ &= \frac{\frac{a}{b}}{\frac{c}{d}} \\ &= \frac{a \cdot d}{b \cdot c} \end{aligned}$$

Das Odds Ratio ist als der Faktor zu interpretieren, um den die Chance bei Exposition steigt, und wird in vielen epidemiologischen Studien als Hauptzielparameter angesetzt.

OR kann keine negativen Werte annehmen. Bei Unabhängigkeit der beiden Merkmale ist $OR = 1$. Je stärker der positive Zusammenhang, desto größer wird der Wert von OR. Je negativer der Zusammenhang ist, desto mehr nähert sich OR dem Wert 0 an. Für OR gilt jedoch genau wie für die Stichprobenkovarianz bei intervallskalierten Merkmalen und für den χ^2-Wert bei kategoriellen Werten, dass es nicht als Assoziationsmaß bezeichnet werden sollte, da es nicht auf den Bereich 0 bis 1 oder -1 bis $+1$ normiert ist.

Beispiel 3.12
Aufgrund der Vierfeldertafel im Beispiel 3.11 ergibt sich das folgende Odds Ratio für Raucher, an Lungenkrebs zu sterben:

$$OR = \frac{\frac{60}{80}}{\frac{40}{120}} = 2{,}25$$

Somit ist die Chance für Raucher, an Lungenkrebs zu sterben, um den Faktor 2,25 höher als für Nichtraucher. ■

Alternativ kann das von Yule vorgeschlagene Assoziationsmaß Q verwendet werden, das sich als Transformation des OR darstellen lässt.

$$Q = \frac{OR - 1}{OR + 1} = \frac{ad - bc}{ad + bc}$$

Q wird dabei als Differenz der Kreuzprodukte durch die Summe der Kreuzprodukte berechnet.

Der **Verbundenheitskoeffizient** Y von Yule ist gegeben durch:

$$Y = \frac{\sqrt{OR} - 1}{\sqrt{OR} + 1} = \frac{\sqrt{a \cdot d} - \sqrt{b \cdot c}}{\sqrt{a \cdot d} + \sqrt{b \cdot c}}$$

Q und Y liegen immer zwischen -1 und $+1$. Ist wenigstens eine Zelle in der Vierfeldertafel gleich null, so wird entweder der Wert -1 oder $+1$ angenommen. Bei Unabhängigkeit ergibt sich der Wert 0.

Beide Maße bleiben unverändert, wenn Zeilen und/oder Spalten der Vierfeldertafel mit beliebigen positiven Zahlen multipliziert werden. Ein Vertauschen der Zeilen oder Spalten ändert das Vorzeichen.

Q und Y spiegeln die gleiche Ordnung wider. Ist also $Q_1 < Q_2$, so gilt auch $Y_1 < Y_2$ und umgekehrt. Es ist immer $|Y| \leq |Q|$.

Beispiel 3.13
Aufgrund der Vierfeldertafel im Beispiel 3.11 ergibt sich Yule's Q zu:

$$Q = \frac{a \cdot d - b \cdot c}{a \cdot d + b \cdot c} = \frac{60 \cdot 120 - 80 \cdot 40}{60 \cdot 120 + 80 \cdot 40} = 0{,}385$$

Der Verbundenheitskoeffizient Y ist:

$$Y = \frac{\sqrt{a \cdot d} - \sqrt{b \cdot c}}{\sqrt{a \cdot d} + \sqrt{b \cdot c}} = \frac{\sqrt{60 \cdot 120} - \sqrt{80 \cdot 40}}{\sqrt{60 \cdot 120} + \sqrt{80 \cdot 40}} = 0{,}2$$

■

3.4 Korrelationskoeffizienten nach Fechner und Pearson

Für n Merkmalsträger wurde die Merkmalsausprägung zweier Merkmale X und Y erhoben. Wir wollen nun die Frage beantworten, wie der Zusammenhang zwischen diesen beiden Merkmalen in einer Kennziffer oder einem Koeffizienten abgebildet werden kann. Dazu kann eine Korrelationsanalyse herangezogen werden, welche die Stärke eines Zusammenhangs zwischen zwei Variablen bestimmt.

Eine erste Annäherung zur Korrelation zweier metrischer Merkmale ergibt sich durch das Streudiagramm, indem das arithmetische Mittel der Merkmale X und Y abgetragen und das Streudiagramm dadurch in vier Quadranten unterteilt wird. Der Korrelationskoeffizient nach FECHNER (manchmal Korrelationsindex genannt) beruht auf den Häufigkeiten, die für diese vier Quadranten festgestellt werden (siehe Abb. 3.5).

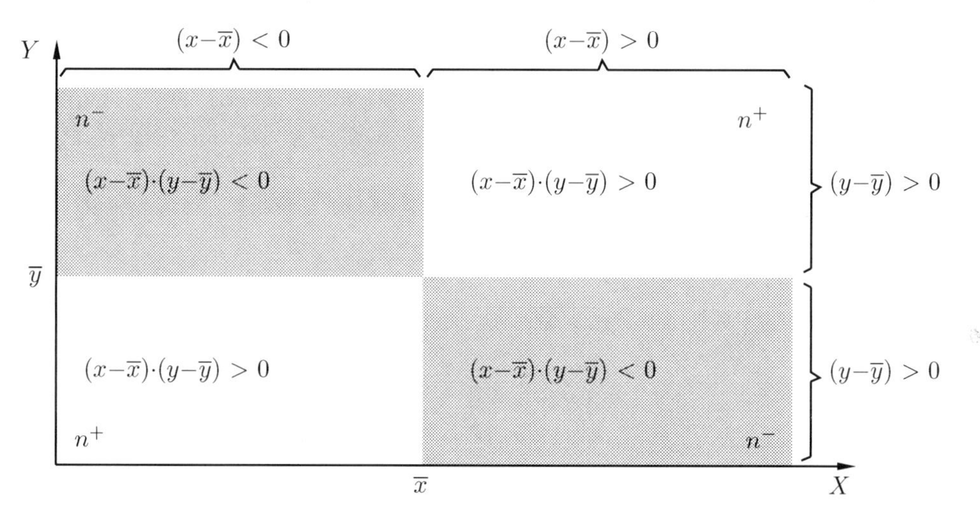

Abb. 3.5: Die vier Quadranten zur Berechnung des Korrelationskoeffizienten nach FECHNER

In zwei der vier Quadranten stimmen die Vorzeichen der Abweichungen $x_i - \bar{x}$ und $y_i - \bar{y}$ mit ihrem jeweiligen arithmetischen Mittel überein; die auf diese beiden Quadranten entfallende absolute Häufigkeit wird mit n^+ bezeichnet. Demgegenüber wird mit n^- die absolute Häufigkeit der beiden übrigen Quadranten bezeichnet, in denen die Vorzeichen der beiden Abweichungen nicht übereinstimmen. Zu jedem Beobachtungspaar, das auf die Mittelwertlinie fällt, wird zu n^+ und n^- je 0,5 addiert. Der **Korrelationskoeffizient nach** FECHNER r_F (Gustav Theodor FECHNER, 1801–1887) berechnet sich zu:

$$r_F = \frac{n^+ - n^-}{n^+ + n^-}$$

Der FECHNER'sche Korrelationskoeffizient r_F setzt die Anzahl der gleichgerichteten Abweichungen vom arithmetischen Mittel X und $Y[(x_i - \bar{x}) \cdot (y_i - \bar{y}) > 0]$ ins Verhältnis zu der Anzahl der nicht gleichgerichteten Abweichungen von beiden arithmetischen Mitteln.

n^+ = Anzahl der Merkmalsträger, bei denen das Abweichungsquadrat positiv ist

n^- = Anzahl der Merkmalsträger, bei denen das Abweichungsquadrat negativ ist

Der Korrelationsindex nach FECHNER hat einen Wertebereich von -1 bis $+1$:

$r_F = -1$: Immer wenn ein Merkmalsträger in Y negativ (positiv) von $\bar{Y}$ abweicht, weicht er von X in entgegengesetzter Richtung [positiv (negativ)] von $\bar{X}$ ab. In der Abb. 3.5 sind nur die grauen Quadranten besetzt.

$r_F = 0$: Gleichgerichtete und entgegengerichtete Abweichungen kommen gleich häufig vor. In der Abb. 3.5 sind die weißen und grauen Quadranten gleich häufig besetzt.

$r_F = +1$: Immer wenn ein Merkmalsträger in Y negativ (positiv) von $\bar{Y}$ abweicht, weicht er in X in gleicher Richtung [negativ (positiv)] von $\bar{X}$ ab. In der Abb. 3.5 sind nur die weißen Quadranten besetzt.

Der Korrelationskoeffizient nach FECHNER ist leicht zu berechnen, jedoch in seiner Aussage nicht besonders bedeutungsvoll, da nur die Vorzeichen der Abweichungen und nicht die Abweichungen selbst in die Berechnung eingehen. Der Korrelationskoeffizient nach FECHNER kann formal mittels der Formel

$$r_F = \frac{2}{n} \sum_{i=1}^{n} \text{count}[(x_i - \bar{x}) \cdot (y_i - \bar{y})] - 1$$

berechnet werden, wobei die Zählfunktion wie folgt definiert ist:

$$\text{count}(x) = \begin{cases} 0 & \text{für} \quad x < 0 \\ 0{,}5 & \text{für} \quad x = 0 \\ 1 & \text{für} \quad x > 0 \end{cases}$$

Alternativ kann r_F auch mittels der Vorzeichenfunktion $\text{sign}(x)$ (Signum von x) definiert werden:

$$r_F = \frac{1}{n} \sum_{i=1}^{n} \text{sign}[(x_i - \bar{x}) \cdot (y_i - \bar{y})]$$

mit

$$\text{sign}(x) = \begin{cases} -1 & \text{für} \quad x < 0 \\ 0 & \text{für} \quad x = 0 \\ 1 & \text{für} \quad x > 0 \end{cases}$$

Der FECHNER'sche **Rangkorrelationskoeffizient** r_F ist auch für ordinalskalierte Merkmale berechenbar, indem beim Korrelationskoeffizienten nach FECHNER die arithmetischen Mittel durch die Mediane ersetzt werden. Es empfiehlt sich, bei intervallskalierten Merkmalen anstatt der arithmetischen Mittel die Mediane zu verwenden, insbesondere dann, wenn Ausreißer vorhanden sein könnten.

Der **Korrelationskoeffizient von** BRAVAIS/PEARSON (Produktmoment-Korrelationskoeffizient) basiert auf demselben Grundgedanken wie jener nach FECHNER, berücksichtigt jedoch nicht nur die Vorzeichen der Abweichungen, sondern auch die Abweichungen selbst. Erster Anhaltspunkt über den Zusammenhang zweier metrischer Merkmale X und Y liefert eine Untersuchung, ob im bivariaten Datensatz die Ausprägungen beider Merkmale zusammen variieren. Hierzu werden die Abweichungen $(x_i - \bar{x})$ und $(y_i - \bar{y})$ jedes

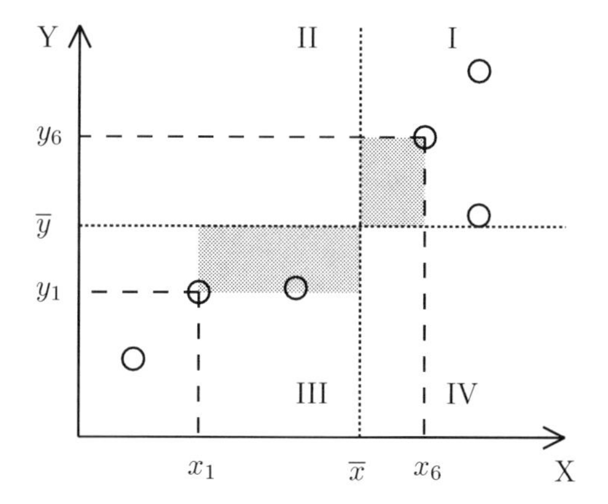

Abb. 3.6: Streudiagramm zur Verdeutlichung des Prinzips der Stichprobenkovarianz

Beobachtungselements (x_i, y_i) herangezogen. Die Logik der Vorgehensweise verdeutlicht Abb. 3.6, die das Streudiagramm von sechs Beobachtungen (x_1, y_1), (x_2, y_2), ..., (x_6, y_6) wiedergibt. Der Punkt mit den Koordinaten $(\bar{x}, \bar{y})$ ist Ursprung eines Hilfskoordinatensystems mit den Quadranten I, II, III und IV. Der Ursprung des Hilfskoordinatensystems wird auch bivariater Schwerpunkt genannt. Korrelieren die Merkmale X und Y positiv, liegen die Beobachtungen (x_i, y_i) überwiegend im I. und III. Quadranten, das heißt, die Abweichungen $(x_i - \bar{x})$ und $(y_i - \bar{y})$ haben das gleiche Vorzeichen und ihr Produkt ist positiv. Bei negativer Korrelation müssen die Beobachtungen überwiegend im II. und IV. Quadranten liegen; die Abweichungen $(x_i - \bar{x})$ und $(y_i - \bar{y})$ haben verschiedene Vorzeichen, ihr Produkt ist daher negativ. Abweichungsprodukte für Punkte auf den Achsen des Hilfskoordinatensystems haben den Wert null. Dieser Zusammenhang wird bei der Konstruktion der Stichprobenkovarianz genutzt:

$$s_{XY} = \frac{1}{n-1}\left[(x_1 - \bar{x}) \cdot (y_1 - \bar{y}) + (x_2 - \bar{x}) \cdot (y_2 - \bar{y}) + \cdots + (x_n - \bar{x}) \cdot (y_n - \bar{y})\right]$$

Die **Stichprobenkovarianz** s_{XY} berechnet – anders als der FECHNER'sche Index – für jeden Merkmalsträger i nicht nur, ob das Abweichungsprodukt positiv oder negativ ist, sondern sie berücksichtigt auch die Stärke der Abweichung vom arithmetischen Mittel. Je stärker x und y vom arithmetischen Mittel abweichen, desto stärker wird dieser Merkmalsträger in der Stichprobenkovarianz gewichtet. Die Stichprobenkovarianz ist die durchschnittliche Abweichung vom bivariaten Schwerpunkt.

Gleichen sich positive und negative Abweichungsprodukte genau aus oder liegen alle Beobachtungspunkte auf den Achsen des Hilfskoordinatensystems, wird die Stichprobenkovarianz s_{XY} null. Sie nimmt positive (negative) Werte an, wenn die Abweichungsquadrate im I. und III. Quadranten diejenigen des II. und IV. Quadranten über- (unter-) kompensieren. Die Stichprobenkovarianz wird umso größer (kleiner), je stärker diejenigen Wertepaare überwiegen, bei denen große x-Werte mit großen (kleinen) y-Werten einhergehen. Somit lassen sich die Formen des Zusammenhangs zwischen den beiden Variablen X und Y präzisieren. Bei positiver (negativer) Stichprobenkovarianz heißen X und Y positiv (negativ) korreliert; nimmt s_{XY} den Wert Null an, sind beide Merkmale unkorreliert. Ganz allgemein gesprochen informiert die Stichprobenkovarianz darüber, ob sich tendenziell mit der Änderung des Merkmals X ebenso das Merkmal Y ändert, ob „im Durchschnitt" zu größeren Werten von X größere Werte von Y gehören oder ob im Durchschnitt zu immer größeren Werten von X immer kleinere Werte von Y gehören. Die Stichprobenkovarianz s_{XY} wird umso größer sein, je stärker die Streuung der Merkmale X und Y ist. Werden zum Beispiel alle Merkmalsausprägungen von X und Y verdoppelt, so vervierfachen sich ihre Stichprobenvarianzen wie die Stichprobenkovarianzen gleichermaßen.

Ganz allgemein ist der Wertebereich der Stichprobenkovarianz s_{XY} systematisch eingeschränkt mit:

$$-s_X \cdot s_Y \leq s_{XY} \leq s_X \cdot s_Y$$

Die Stichprobenkovarianz kann im Betrag maximal so groß werden wie das Produkt der Einzelstreuungen von X und Y. Die Stichprobenkovarianz s_{XY} ist genau dann gleich dem Produkt der Streuungen, wenn zwischen X und Y ein perfekter, deterministischer linearer Zusammenhang besteht (also $y = b_0 + b_1 \cdot x$).

Die Stichprobenkovarianz bildet die Grundlage für das wichtigste Korrelationsmaß, die PEARSON'sche Produkt-Moment-Korrelation r. Dass nicht die Stichprobenkovarianz selbst als Korrelationsmaß bezeichnet wird, liegt an einer wesentlichen Eigenschaft der Stichprobenkovarianz, nämlich daran, dass diese nicht invariant gegenüber Lineartransformationen ist. Verändert man die Maßeinheit eines Merkmals, so verändert sich der Wert der Stichprobenkovarianz. Somit ist die Stichprobenkovarianz kein eindeutiges Zusammenhangsmaß, da sie nicht ausschließlich die Stärke des Zusammenhangs abbildet, sondern auch indirekt davon abhängt, in welchen Maßeinheiten die Merkmale gemessen werden. Zur Veranschaulichung zeigt die Abb. 3.7 drei verschiedene Streudiagramme. Der Umsatz hat jeweils das gleiche arithmetische Mittel und die gleiche Standardabweichung, die Reklameausgaben haben nur den gleichen arithmetischen Mittelwert. Die Standardabweichungen werden von A bis C jeweils größer. Die Stichprobenkovarianz ist jedoch in allen drei Fällen gleich groß ($s_{XY} = 3317$).

Der Produkt-Moment-Korrelationskoeffizient r nach BRAVAIS und PEARSON beschreibt den linearen Anteil des Zusammenhangs als quantitatives Maß der Beziehung zwischen zwei (stetigen) Merkmalen. Er ist ein statistisches Maß für die lineare Abhängigkeit zweier Variablen voneinander. Der Produkt-Moment-Korrelationskoeffizient r liefert Auskunft über die „Strammheit (synonym für Stärke) des Zusammenhangs" zwischen Merkmal X und Merkmal Y. Er normiert die Stichprobenkovarianz durch die einzelnen Standardabweichungen s_X und s_Y der beiden Merkmale:

$$r = \frac{s_{XY}}{\sqrt{s_X^2 \cdot s_Y^2}} = \frac{s_{XY}}{s_X \cdot s_Y}$$

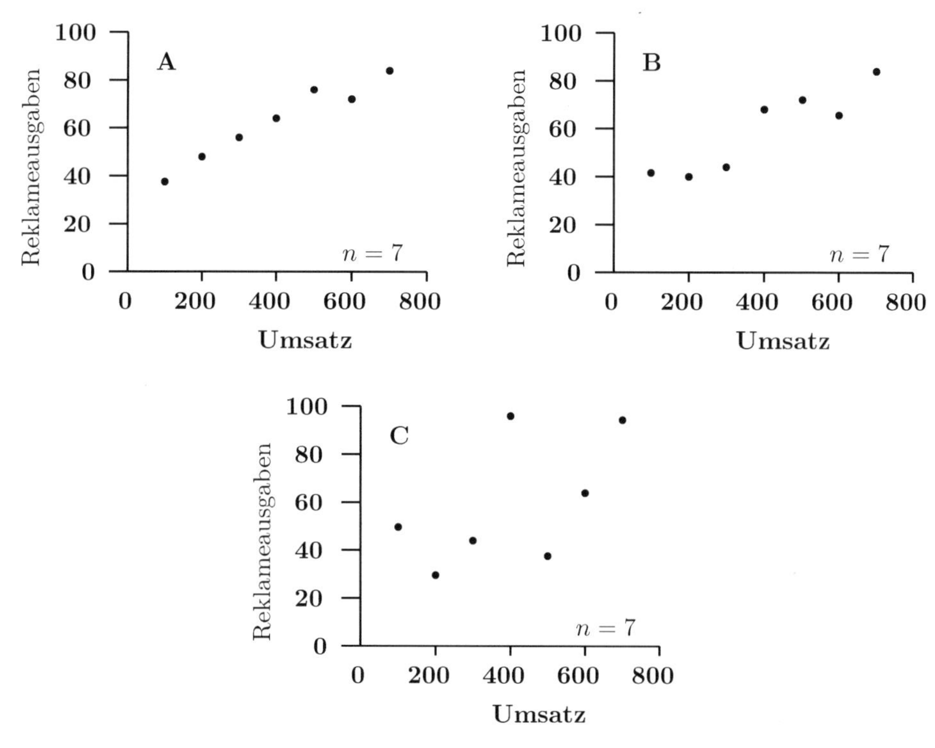

Abb. 3.7: Streudiagramme Umsatz / Reklameausgaben mit gleicher Stichprobenkovarianz

Dabei ist s_X^2 die Stichprobenvarianz des Merkmals X und s_Y^2 die Stichprobenvarianz des Merkmals Y. Der Korrelationskoeffizient ist die Stichprobenkovarianz, dividiert durch das geometrische Mittel der Stichprobenvarianzen. Trotz der engen Beziehung zwischen Stichprobenkovarianz und Korrelationskoeffizient enthalten beide Kennzahlen unterschiedliche Aussagen: Die Stichprobenkovarianz, die im Falle unserer drei Datenreihen in Abb. 3.7 unverändert bleibt, zeigt das „Miteinander-Variieren" von Y und X, der Korrelationskoeffizient zeigt die Strammheit des Zusammenhangs zwischen X und Y. Der Korrelationskoeffizient r kann nur Werte von -1 bis $+1$ annehmen.

In Abb. 3.7 hat A einen Korrelationskoeffizient von 0,98, B von 0,91 und C von 0,57.

3.5 Interpretation des Korrelationskoeffizienten nach Pearson

Der Korrelationskoeffizient nach BRAVAIS/PEARSON, häufig auch Produkt-Moment-Korrelation oder kurz als Korrelation nach PEARSON bezeichnet, geht auf die Arbeiten des französischen Physikers Auguste BRAVAIS (1811–1963) und des britischen Mathematikers Karl PEARSON (1857–1936) zurück.

Der PEARSON'sche **Korrelationskoeffizient** stellt ein normiertes Maß zur Quantifizierung eines linearen Zusammenhangs dar. Mittels Division der Stichprobenkovarianz s_{XY} durch die beiden Standardabweichungen s_X und s_Y ist dieser Koeffizient zu erhalten.

$$r = \frac{s_{XY}}{s_X \cdot s_Y}$$

Der Korrelationskoeffizient kann nur Werte zwischen -1 und $+1$ annehmen; er ist dimensionslos. Das Vorzeichen von r ist identisch mit dem Vorzeichen der Stichprobenkovarianz s_{XY}. Ein positives Vorzeichen steht demnach für einen gleichsinnigen, ein negatives Vorzeichen für einen gegensinnigen Zusammenhang.

Der Betrag von r hat folgende Bedeutung:

- Je näher r bei 0 liegt, desto schwächer ist der Zusammenhang und desto weiter streut die Punktwolke um eine gedachte Gerade.
- Je näher der Betrag von r bei 1 liegt, desto stärker ist der Zusammenhang und desto dichter liegen die Punkte (x_i, y_i) an einer gedachten Geraden.
- Die Extremfälle $r = 1$ und $r = -1$ ergeben sich bei einem funktionalen Zusammenhang, der durch eine lineare Gleichung der Form $y = b_0 + b_1 \cdot x$ exakt beschrieben werden kann. Alle Punkte (x_i, y_i) liegen auf einer gedachten Geraden.

Häufig wird der Korrelationskoeffizient falsch interpretiert oder seine Bedeutung überschätzt. Ein Korrelationskoeffizient, dessen Betrag größer als 0 ist, besagt lediglich, dass ein Zusammenhang aufgrund der Stichprobe nicht auszuschließen ist. Er besagt jedoch nichts darüber, worauf dieser Zusammenhang zurückzuführen ist und welche Schlussfolgerungen gezogen werden können.

Es ist unerlässlich, vor einer Korrelationsanalyse ein Streudiagramm zu zeichnen. Aus dieser Graphik lassen sich bereits Merkmale des Zusammenhangs ablesen, siehe Abschnitt 4.6. Welche Formen von Korrelationen bestehen, wird in Abb. 3.8a bis h gegenübergestellt:

- Abb. 3.8a: Vollständig negative Korrelation
  Der Korrelationskoeffizient r hat den Wert -1. Alle Wertepunkt liegen auf einer abfallenden Geraden (Extremfall, kommt bei der Arbeit mit empirischen Daten praktisch nicht vor).
- Abb. 3.8b: Vollständig positive Korrelation
  Der Korrelationskoeffizient hat den Wert 1. Alle Wertepunkte liegen auf einer ansteigenden Geraden (Extremfall, kommt bei der Arbeit mit empirischen Daten praktisch nicht vor).
- Abb. 3.8c: Positiver Korrelationskoeffizient
  Individuen mit hohen Werten in der einen Variablen weisen tendenziell auch hohe Werte in der anderen Variablen auf.

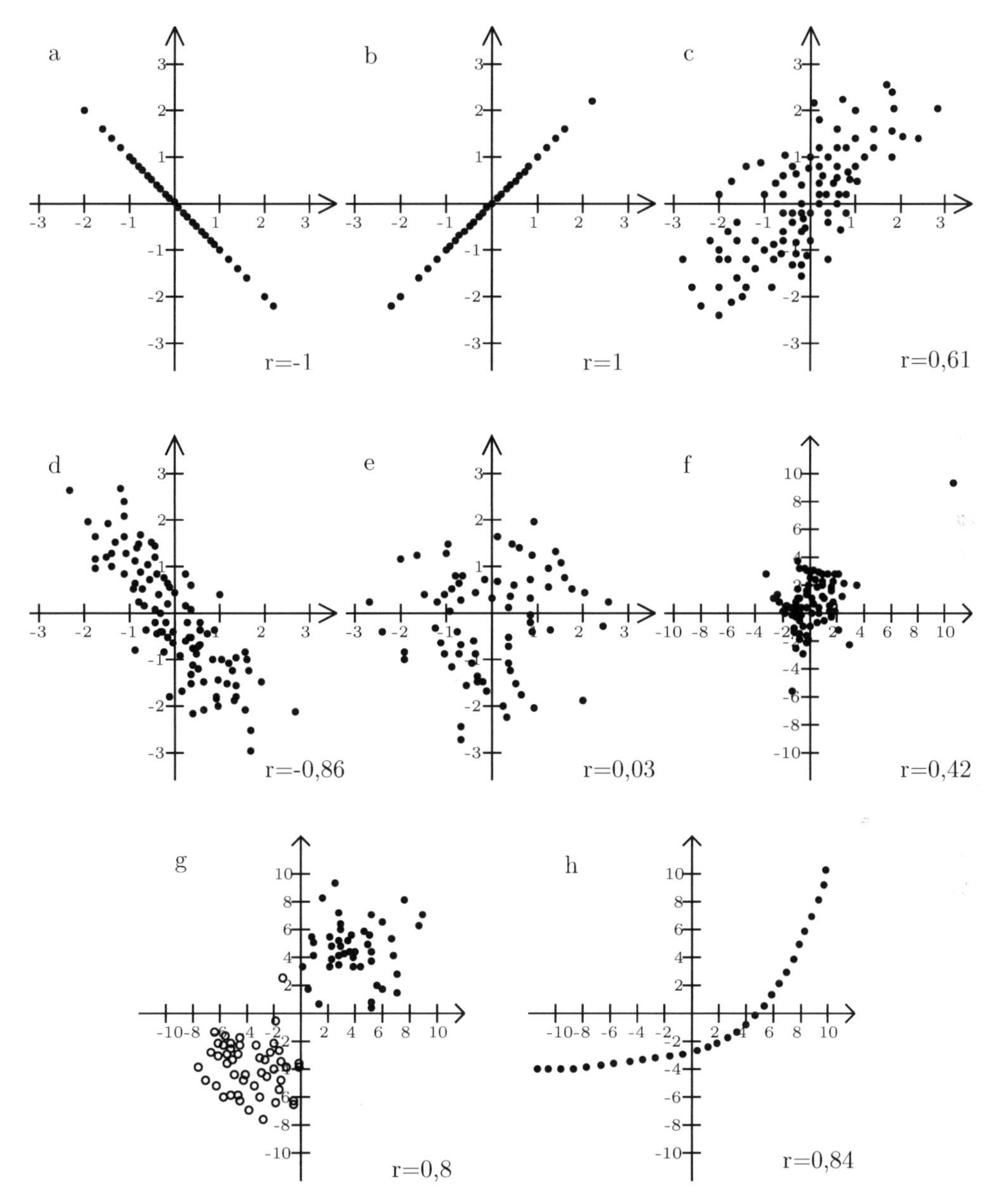

Abb. 3.8: Verschiedene Formen bivariater Zusammenhänge mit Angabe des entsprechenden Korrelationskoeffizienten nach BRAVAIS/PEARSON

- Abb. 3.8d: Negativer Korrelationskoeffizient
  Individuen mit niedrigen Werten in der einen Variablen weisen tendenziell hohe Werte in der anderen Variablen auf.

- Abb. 3.8e: Der Korrelationskoeffizient liegt nahe bei Null.
  Es liegt zwischen den betrachteten Variablen praktisch kein Zusammenhang vor.
- Abb. 3.8f: Korrelation durch Ausreißer
  Der Korrelationskoeffizient r kann durch wenige extreme Werte (Ausreißer) stark beeinflusst werden.
- Abb. 3.8g: Inhomogenitätskorrelation
  Der Korrelationskoeffizient berechnet Scheinkorrelationen, obwohl keine Kausalität vorliegt (entsteht, wenn für zwei inhomogene Gruppen ein gemeinsamer Korrelationskoeffizient berechnet wird).
- Abb. 3.8h: Der Korrelationskoeffizient misst den linearen Anteil des Zusammenhangs.
  Bei monotonen Zusammenhängen ist der Rangkorrelationskoeffizient nach SPEARMAN beziehungsweise KENDALL's Tau zu verwenden (vergleiche Abschn. 3.6). Die Rangkorrelationskoeffizienten hätten in diesem Fall den Wert 1.

Auf zwei weitere Fehlinterpretationen sei hingewiesen:

- Ein betragsmäßig hoher Korrelationskoeffizient allein ist kein Beleg für eine kausale Beziehung, sondern allenfalls als Hinweis auf eine mögliche Kausalität zu werten. Er besagt nichts darüber, welches der beiden Merkmale das andere kausal bedingt, ob die Merkmale wechselseitig aufeinander einwirken oder ob möglicherweise beide Merkmale durch ein drittes (Confounder) beeinflusst sind.
- Beim Vergleich zweier quantitativer Messverfahren ist ein hoher Korrelationskoeffizient kein Beleg dafür, dass die Messergebnisse annähernd übereinstimmen. Um dies zu beurteilen, sollten die Differenzen mittels einer BLAND-ALTMAN-Analyse untersucht werden. Als graphische Darstellung eignet sich der BLAND-ALTMAN-**Plot**, bei dem die Mittelwerte $(x_i + y_i)/2$ gegen die Differenzen $(x_i - y_i)$ aufgetragen werden oder alternativ der Intraklassen-Korrelationskoeffizient ICC berechnet wird.

Der Korrelationskoeffizient nach BRAVAIS/PEARSON ist abhängig von der Länge des Messbereiches: Je länger der Messbereich ist, umso höher ist bei gleichen Streuungsverhältnissen der Korrelationskoeffizient. Daher ist der Korrelationskoeffizient für einen Vergleich zweier Methoden oder als Reproduzierbarkeitsmaß ungeeignet.

Der **Intraklassen-Korrelationskoeffizient** (intraclass correlation coefficient oder ICC) ist als Korrelationskoeffizient dann zu verwenden, wenn die Übereinstimmung von zwei Merkmalen nicht nur wie bei den anderen Koeffizienten bezüglich ihrer Richtung bestimmt werden soll, sondern auch bezüglich des mittleren Niveaus der beiden Merkmale. Mit dem ICC wird versucht, beide Aspekte (Korrelation, Unterschiede im mittleren Niveau) in einer Maßzahl zu vereinigen. Dieser hat die Bedeutung eines Korrelationskoeffizienten (der Wertebereich ist 0 bis 1), erreicht aber nur dann hohe Werte, wenn neben der Richtung auch das Niveau der beteiligten Merkmale übereinstimmt. Werte größer oder gleich 0,7 werden als gute Übereinstimmung angesehen.

Der Intraklassen-Korrelationskoeffizient dient auch zur Quantifizierung der Übereinstimmung zwischen zwei (oder mehreren) Beurteilern (Ratern) in Bezug auf mehrere Beobachtungsobjekte. Bei zwei Ratern könnte naiv der Korrelationskoeffizient nach BRAVAIS/PEARSON r zwischen den Beurteilungen der beiden Rater für die n Objekte als Maß der Beurteilungsübereinstimmung gewählt werden. Bei diesem Koeffizienten gehen aber Unterschiede zwischen den Ratern der Form

$$y = b_0 + b_1 \cdot x \text{ (}y\text{ Rating von Rater 1, }x\text{ Rating von Rater 2)}$$

nicht zu Lasten der Beurteilungsübereinstimmung, da r Merkmale mit unterschiedlicher Maßeinheit und unterschiedlichen Varianzen in Beziehung setzt (also Interklassenkorrelation).

Im Modell der Intraklassenkorrelation wird vorausgesetzt, dass die verschiedenen Rater dieselbe Varianz der Urteile aufweisen. Die Berechnung des ICC ist auch auf mehr als zwei Merkmale ausdehnbar.

Neben dem Korrelationskoeffizienten r gibt es ab intervallskalierten Daten eine weitere Maßzahl zur Beschreibung der Stärke des linearen Zusammenhangs: das **Bestimmtheitsmaß** (abgekürzt B oder R^2, auch Determinationskoeffizient). Beim Bestimmtheitsmaß wird der Grad des Zusammenhangs durch eine positive Zahl ausgedrückt, wobei folgende Fragestellung zugrunde gelegt ist: Welcher Anteil der Veränderungen des einen Merkmals kann aus Veränderungen des anderen Merkmals erklärt werden? Aus der Fragestellung ist bereits ersichtlich, dass B einen Wert zwischen 0 und 1 bzw. 0 % und 100 % annehmen muss. Denn im Extremfall liegt kein Zusammenhang vor, das heißt, ein „Anteil von 0 %“ kann erklärt werden bzw. es liegt ein vollständiger Zusammenhang vor, womit ein „Anteil von 100 %“ erklärt werden kann.

Der Kontingenzkoeffizient kann natürlich auch für ordinale und sogar metrische Merkmale berechnet und sinnvoll interpretiert werden. Jedoch ist zu beachten, dass er lediglich eine Aussage über die Stärke des Zusammenhangs gibt, aber nichts über die Richtung des Zusammenhangs aussagt, wie dies beispielsweise beim Korrelationskoeffizienten r nach BRAVAIS/PEARSON erfolgt. Aufgrund eines großen korrigierten Kontingenzkoeffizienten C_{korr} kann nicht gesagt werden, dass große Werte der einen Variablen tendenziell mit großen Werten der anderen Variablen einhergehen. Dies liegt daran, dass bei der Berechnung der Quadratischen Kontingenz χ^2 nur das Nominalskalenniveau beachtet wird. Größen und Abstände der Merkmalswerte werden nicht berücksichtigt, sie kommen in den Formeln gar nicht vor. Auch beliebige Umstellungen von Spalten oder Zeilen in der Kontingenztabelle verändern nichts an den Kontingenzmaßen.

Die folgenden Verteilungen in Tab. 3.11 haben alle den gleichen korrigierten Kontingenzkoeffizienten C_{korr}, aber unterschiedliche Korrelationskoeffizienten nach PEARSON r.

Der korrigierte Kontingenzkoeffizient C_{korr} einer Verteilung ist genau dann 1, wenn in jeder Zeile höchstens eine Spalte und in jeder Spalte höchstens eine Zeile mit Häufigkeiten besetzt ist, somit vollkommene Abhängigkeit vorliegt.

Tab. 3.11: Unterschiedliche Korrelationskoeffizienten bei gleich korrigierten Kontingenzkoeffizienten

		Y		
		1	3	5
	4	12		
X	5		8	
	6		3	10

$r = 0{,}8438$

$C_{\text{korr}} = 0{,}9560$

		Y		
		1	2	6
	10	12		
X	20			8
	30		10	3

$r = 0{,}3679$

$C_{\text{korr}} = 0{,}9560$

		Y		
		10	15	20
	1	10	3	
X	2			12
	3		3	

$r = 0{,}4895$

$C_{\text{korr}} = 0{,}9560$

3.6 Spearman'scher und Kendall'scher Rangkorrelationskoeffizient

Der Korrelationskoeffizient r nach BRAVAIS/PEARON dient ausschließlich zur Quantifizierung des linearen Zusammenhangs zweier metrischer Merkmale. In der Natur treten jedoch auch Zusammenhänge zwischen zwei Merkmalen auf, die eine nichtlineare, jedoch monotone Form aufweisen, wie zum Beispiel exponentielles Bakterienwachstum über die Zeit (vergleiche Abb. 3.8 h). Nun wollen wir uns von der Einschränkung, nur gleich- oder gegenläufige Abhängigkeiten im linearen Sinn zu messen, befreien und eine gleich- oder gegenläufige Abhängigkeit im generellen Sinn messen. Dies erreichen wir, indem wir der Korrelation nach BRAVAIS/PEARSON ein spezielles Transformationsverfahren vorschalten, das eine gekrümmte Punktwolke gewissermaßen „geradezubiegen" vermag, ohne dabei die Gleich- oder Gegenläufigkeit zu verändern. So wird jede Punktwolke mit perfekter Gleichläufigkeit (streng monoton steigend) zu einer steigenden geradlinigen Punktwolke und jede Punktwolke mit perfekter Gegenläufigkeit (streng monoton fallend) zu einer fallenden geradlinigen Punktwolke transformiert. Das vorgeschaltete Transformationsverfahren beruht darauf, dass sowohl zum Merkmal X als auch zum Merkmal Y die jeweiligen Rangzahlen bestimmt werden.

Der **Rangkorrelationskoeffizient nach** SPEARMAN r_s verwendet zur Quantifizierung der Assoziation statt der Originalwerte die Ränge der erhobenen x- und y-Werte. Die Berechnungsidee geht auf den amerikanischen Psychologen und Statistiker Charles Edward SPEARMAN (1863–1945) zurück. Der Rang (Rangzahl) von x_i, $R(x_i)$ entspricht der Positionsnummer dieser Merkmalsausprägung in der Rangliste. Kommen gewisse Merkmalsausprägungen (oder Rangzuordnungen) mehrfach vor, so wird von Bindungen (Ties) gesprochen. Innerhalb einer Bindungsgruppe ist es üblich, allen Beobachtungen denselben mittleren Rang (Rangmittel, mid rank) zuzuordnen. Sind zum Beispiel die vier kleinsten Werte identisch, so haben sie alle die Rangzahl 2,5. Müssten sich zum Beispiel x_5 und x_9 um die Ränge 11 und 12 streiten, weil sie gleich groß sind, erhielten beide den Rang 11,5. Der nächstgrößere x-Wert bekommt dann, wenn er allein ist, den Rang 13.

Werden die x_i aufsteigend sortiert und jeder Beobachtung der Rang, der ihrer Position entspricht, vorläufig zugeordnet, so erhalten mehrfach vorkommende Werte dabei benachbarte Ränge. Anschließend erfolgt die Bestimmung des Durchschnitts für jeden mehrfach vorkommenden Wert der vorläufigen Rangzahlen. Dieser Durchschnitt wird allen Beobachtungen x_i, die den gleichen Wert haben, als endgültige Rangzahl zugewiesen. Beim Y-Merkmal wird entsprechend vorgegangen und die Ränge $R(y_i)$ zugeordnet.

Anders ausgedrückt: Sind beim Bilden einer geordneten Urliste (Rangliste) alle x-Werte und alle y-Werte paarweise verschieden, so ist die Rangzuordnung eindeutig. Beim Vorliegen von mehreren gleichen Messungen wird von der Existenz von Bindungen (ties) gesprochen; es wird in Folge ein Durchschnittsrang für die Messwerte mit gleichen Ausprägungen gebildet. Die Idee ist, dass dadurch der Produkt-Moment-Korrelationskoeffizient für die Rangdaten berechnet werden kann.

Werden die so ermittelten Ränge in die Formel r anstelle der Beobachtungen x_i und y_i eingesetzt, so ist der Rangkorrelationskoeffizient nach SPEARMAN r_s zu erhalten:

$$r_s = \frac{\sum_{i=1}^{n}(R(x_i) - \bar{R}(x)) \cdot (R(y_i) - \bar{R}(y))}{\sqrt{\sum_{i=1}^{n}(R(x_i) - \bar{R}(x))^2 \cdot \sum_{i=1}^{n}(R(y_i) - \bar{R}(y))^2}}$$

Dabei wird mit $\bar{R}(x)$ das arithmetische Mittel der Ränge der x_i und analog mit $\bar{R}(y)$ das arithmetische Mittel der Ränge der y_i bezeichnet. Unabhängig davon, ob Bindungen auftreten oder nicht, gilt stets:

$$\bar{R}(x) = \bar{R}(y) = \frac{n+1}{2}$$

Treten keine Bindungen auf, so erfolgt die Berechnung von r_s durch die Formel

$$r_s = 1 - \frac{6 \cdot (D_1^2 + D_2^2 + D_3^2 + \cdots + D_n^2)}{n^3 - n},$$

wobei n die Anzahl der vorliegenden Wertepaare bezeichnet und D_i der Rangdifferenz des i-ten Wertepaares entspricht.

$$D_i = R(x_i) - R(y_i)$$

Das heißt: Transformiere die beiden Messreihen x_i und y_i in Rangreihen, bilde pro Rangpaar die Differenz der Rangwerte, quadriere und summiere sie und setze sie in die Berechnungsformel ein.

Der Rangkorrelationskoeffizient nach SPEARMAN ist sehr sensitiv gegenüber Ausreißerdifferenzen. Schon ein einziger Merkmalsträger kann die Rangkorrelation r_s zwischen X und Y gegen Null herabdrücken, wenn er den höchsten X-Rang mit dem niedrigsten Y-Rang verbindet (auch wenn die übrigen Rangpaare gut übereinstimmen und einen hohen Rangkorrelationskoeffizienten nach SPEARMAN erwarten lassen). Umgekehrt kann r_s überhöht werden, wenn zwei Merkmalsträger Extremwerte aufweisen, indem bei einem Merkmalsträger X und Y den höchsten Rang und beim anderen den niedrigsten Rang einnehmen, auch wenn die übrigen Rangpaare erheblich differieren. Tritt einer der beiden Fälle in Erscheinung, so ist der Rangkorrelationskoeffizient r_s nach SPEARMAN problematisch und sollte durch den Rangkorrelationskoeffizienten r_τ nach KENDALL ersetzt werden.

Die Messung des monotonen Zusammenhangs zweier Merkmale des Rangkorrelationskoeffizienten nach SPEARMAN bringt es auch mit sich, dass r_s für ordinal skalierte Merkmale sinnvoll bestimmt werden kann.

Eigenschaften des Rangkorrelationskoeffizienten nach SPEARMAN r_s sind:

- Der Rangkorrelationskoeffizient nach SPEARMAN r_s liegt immer zwischen -1 und $+1$.
- Der Extremwert $r_s = 1$ liegt genau dann vor, wenn für wachsende x-Werte die y-Werte streng monoton wachsen.
- Der Extremwert $r_s = -1$ liegt genau dann vor, wenn für wachsende x-Werte die y-Werte streng monoton ausfallen.
- r_s misst monotone Zusammenhänge.
- Bei $r_s > 0$ liegt ein gleichsinniger monotoner Zusammenhang vor, bei $r_s < 0$, ein gegensinniger monotoner Zusammenhang und für $r_s \approx 0$ liegt kein monotoner Zusammenhang vor.

Als Kritikpunkt bezüglich der Anwendung des Rangkorrelationskoeffizienten nach SPEARMAN wird genannt, dass dieser die Ränge wie intervallskalierte Daten auffasst und die Ränge rechnerisch wie Messwerte behandelt. Es wird dabei implizit vorausgesetzt, dass die Intervalle zwischen aufeinanderfolgenden Rangwerten gleich sind, was im Bezug auf die Rangwerte trivial ist, nicht aber im Bezug auf die repräsentierenden Merkmalsausprägungen. Ein Korrelationskoeffizient, der nicht diese Nachteile aufweist, ist der Rangkorrelationskoeffizient r_τ nach KENDALL.

Wird fälschlicherweise die Berechnungsformel ohne Bindungen für Merkmale mit Bindungen verwendet, treten besonders bei kleinen Stichprobenumfängen starke Unterschiede auf. Das Beispiel 3.14 soll dies – beginnend bei den Ranglisten aus Tab. 3.12 – verdeutlichen.

Tab. 3.12: Beispiel der unbedingten Berücksichtigung von Bindungen

i	$R(x_i)$	$R(y_i)$
1	1	5
2	3,5	2,5
3	3,5	2,5
4	3,5	2,5
5	3,5	2,5

Beispiel 3.14

Es ergibt sich (ohne Berücksichtigung von Bindungen) die folgende Arbeitstabelle 3.13.

Tab. 3.13: Arbeitstabelle in Bezug auf die Wichtigkeit der Berücksichtigung von Bindungen

i	$R(x_i)$	$R(y_i)$	D_i	D_i^2
1	1	5	-4	16
2	3,5	2,5	1	1
3	3,5	2,5	1	1
4	3,5	2,5	1	1
5	3,5	2,5	1	1
Summe	10	10	0	20

Der Rangkorrelationskoeffizient von SPEARMAN r_s ergibt sich daher zu:

$$r_s = 1 - \frac{6 \cdot 20}{5^3 - 5} = 1 - \frac{6 \cdot 20}{120} = 0$$

Die Datenlage zeigt jedoch eindeutig einen funktionalen, monoton fallenden Zusammenhang der Ränge, sodass der Rangkorrelationskoeffizient mit Berücksichtigung von Bindungen den Wert -1 ergeben würde. ■

Die Tab. 3.14 zeigt den Vergleich der Korrelationskoeffizienten nach PEARSON und SPEARMAN:

Tab. 3.14: Vergleich der Korrelationskoeffizienten nach PEARSON und SPEARMAN

Korrelationskoeffizient nach Bravais/Pearson	**Rangkorrelationskoeffizient nach Spearman**
Beschreibung linearer Zusammenhänge	Beschreibung monotoner Zusammenhänge
Geeignet für metrische Daten	Geeignet auch für ordinale Daten
Nicht robust gegenüber Ausreißern	Annähernd robust gegenüber Ausreißern (außer dem oben beschriebenen Sonderfall)

Falls ein linearer Zusammenhang vorliegt, ist der Korrelationskoeffizient nach SPEARMAN annähernd ähnlich dem von PEARSON.

Der **Rangkorrelationskoeffizient** r_τ **(Tau)** nach KENDALL (**Kendalls Tau** genannt) wird, ebenso wie der Rangkorrelationskoeffizient nach SPEARMAN r_s, zwischen mindestens ordinalskalierten Merkmalen berechnet. Der Rangkorrelationskoeffizient wurde nach dem britischen Statistiker Maurice George KENDALL (1907–1983) benannt.

Er beruht auf dem paarweisen Vergleich der Ränge bezüglich der Merkmale X und Y der gegebenen Merkmalsträger n. Der erste Schritt bei der Korrelationsberechnung nach KENDALL besteht darin, dass die Rangreihe des ersten Merkmals in aufsteigender Folge aufgeschrieben und die andere entsprechend zugeordnet wird. In diesem Zusammenhang wird von der Ankerreihe und einer Vergleichsreihe gesprochen.

Zur Veranschaulichung betrachten wir ein Beispiel, bei dem es um den Zusammenhang zwischen Leistung und sozialer Position in einer Gruppe von $n = 5$ Versuchspersonen geht.

Beispiel 3.15
In diesem Beispiel ist die Leistung bereits in Tab. 3.15 in aufsteigender Folge als Ankerreihe angegeben. Die Vergleichsreihe besteht aus den Rangplätzen der sozialen Position. Ist die Vergleichsreihe wie die Ankerreihe aufsteigend geordnet, besteht eine perfekt positive Rangkorrelation; ist sie entgegen der Ankerreihe absteigend geordnet, besteht eine perfekt negative Korrelation. Sind die Rangwerte der Vergleichswerte wie in Tab. 3.15 ungeordnet, stellt sich die Frage nach der Enge des Zusammenhangs zwischen den beiden Rangreihen. Der Rangkorrelationskoeffizient r_τ nach KENDALL verwendet als Kriterium die „Fehlordnung" der Ränge innerhalb der Vergleichsreihe.

Tab. 3.15: Beispiel zur Berechnung des Rangkorrelationskoeffizienten nach KENDALL r_τ

Name	Uta	Anna	Elke	Ina	Gabi
R(Leistung)	1	2	3	4	5
R(soziale Position)	2	3	1	5	4

Um ein gegenüber Ausreißerpaaren relativ unempfindliches Maß für den ordinalen Zusammenhang zweier Merkmale X (wie Leistung) und Y (wie soziale Position) zu gewinnen, bilden wir für die Vergleichsreihe $R(Y)$ alle $5 \cdot (5-1)/2 = 10$ möglichen Paare von Rängen und erhalten die Tab. 3.16.

In einigen dieser zehn Paare folgen die Rangwerte in aufsteigender Ordnung aufeinander; wir sprechen von Proversionen, die mit (+) gekennzeichnet sind. Die Anzahl der Proversionen (P) ergibt sich im Beispiel als Anzahl aller (+)-Zeichen zu $P = 7$. Bei anderen Paaren folgen die Rangwerte in absteigender Ordnung aufeinander; wir sprechen von Inversionen (−) und bezeichnen ihre Zahl mit I. In unserem Beispiel ist $I = 3$. ■

Bei einer positiven Korrelation ist zu erwarten, dass die Vergleichsreihe ähnlich monoton aufsteigt wie die Ankerreihe. Die Anzahl der Störungen dieser Monotonie stellt daher ein Maß für die Höhe des Zusammenhangs dar. Eine solche Störung (Inversion genannt) liegt vor, wenn in der Vergleichsreihe einem Rangplatz ein niedrigerer folgt. Die Anzahl der Inversionen wird mit I bezeichnet. Im Sinne der Erwartung bei einer positiven Korrelation liegt der umgekehrte Fall vor, dass nämlich in der Vergleichsreihe einem Rangplatz höhere folgen. Die Anzahl der Proversionen wird mit P bezeichnet.

Die Zahl der Proversionen und die Zahl der Inversionen zusammengenommen ergibt die Zahl der möglichen Paarvergleiche. Allgemein gilt:

$$P + I = \frac{n \cdot (n-1)}{2}$$

Tab. 3.16: Mögliche Paare von Rängen zwischen Leistung und soziale Position

Paar	Vergleich der Ränge	
Uta - Anna	2 - 3	(+)
Uta - Elke	2 - 1	(−)
Uta - Ina	2 - 5	(+)
Uta - Gabi	2 - 4	(+)
Anna - Elke	3 - 1	(−)
Anna - Ina	3 - 5	(+)
Anna - Gabi	3 - 4	(+)
Elke - Ina	1 - 5	(+)
Elke - Gabi	1 - 4	(+)
Ina - Gabi	5 - 4	(−)

Um ein zwischen -1 und $+1$ variierendes Maß des Zusammenhangs zwischen X und Y zu gewinnen, müssen wir P und I zunächst so kombinieren, dass daraus ein über 0 symmetrisch verteiltes Maß resultiert. Diese Bedingung erfüllt die Kendall-Summe S als Differenz zwischen Pro- und Inversionszahl $S = P - I$.

Die Kendall-Summe läuft von

- $S = -n \cdot (n-1)/2$ bei perfekt negativer,
- $S = 0$ bei fehlender und
- $S = +n \cdot (n-1)/2$ bei perfekt positiver Korrelation.

Der Rangkorrelationskoeffizient nach KENDALL r_τ ergibt sich dann durch die entsprechende Normierung:

$$r_\tau = \frac{S}{n \cdot (n-1)/2} = \frac{2 \cdot S}{n \cdot (n-1)}$$

r_τ kann als Differenz zwischen dem Anteil aller Proversionen und dem Anteil aller Inversionen an der Gesamtzahl aller Paarvergleiche angesehen werden.

Beispiel 3.16
In unserem Beispiel ist $S = 7 - 3 = 4$. Dies deutet einen mäßig positiven Zusammenhang an, weil die höchstmögliche positive Kendall-Summe gleich $5 \cdot 4/2 = 10$ wäre. Der Rangkorrelationskoeffizient nach KENDALL ergibt sich zu: $r_\tau = \frac{2 \cdot 4}{5 \cdot 4} = 0{,}4$. ■

Es sei darauf hingewiesen, dass obige Berechnungsmethode zur Bestimmung des Rangkorrelationskoeffizienten nach KENDALL nur in dem Fall zutreffend ist, wenn keine gleichen Ränge (Bindungen, Ties) vorliegen.

Bei Kreuztabellen werden im Falle von zwei ordinalen Merkmalen zahlreiche Zusammenhangsmaße, die monotone Zusammenhänge mittels Konkordanzmaßen beschreiben, verwendet. Proversion wird in diesem Zusammenhang konkordant und Inversion diskordant genannt. GOODMAN und KRUSKAL's γ ist eines davon, welches definiert ist als Verhältnis zwischen der Differenz konkordanter und diskordanter Paare zu ihrer Summe. Ties gehen in die Berechnung nicht ein. Falls Ties vorliegen, überschätzt γ den monotonen Zusammenhang.

Im Normalfall ist der KENDALL-Koeffizient kleiner als der SPEARMAN-Koeffizient, sodass beide Koeffizienten nicht miteinander vergleichbar sind. Im Falle von Ausreißerdifferenzen ist KENDALL's r_τ unempfindlicher als SPEARMAN's r_S.

4 Graphische und tabellarische Komprimierung

Übersicht

4.1 Säulen-, Stab-, Punktdiagramm und Histogramm

Beim **Säulendiagramm** werden die Werte für die einzelnen Merkmalsausprägungen durch senkrecht stehende Säulen repräsentiert. Die Säulen sind alle gleich breit und mit jeweils gleichen Abständen nebeneinander angeordnet. An der Höhe der Säule können sowohl relative als auch absolute Häufigkeiten eingezeichnet werden (Achten Sie auf die korrekte Achsenbeschriftung!). Die Farbe der Säulen sollte in der Regel gleich sein, mit Ausnahme von zum Beispiel Wahlprognosen oder -ergebnissen, bei denen die Parteien üblicherweise durch für sie charakteristische Farben symbolisiert werden.

Bezüglich der Reihenfolge der Merkmalsausprägungen gibt es verschiedene Möglichkeiten:

- Sofern Merkmale ordinal oder metrisch skaliert sind, sollte immer die vorgegebene Reihenfolge der Merkmalsausprägungen eingehalten werden.
- Ist keine solche Reihenfolge vorhanden, bietet sich die Sortierung nach steigenden oder fallenden Häufigkeiten an.

- Eine weitere Anordnung ist die nach dem Alphabet. Diese ist neutral und erlaubt ein schnelles Auffinden der gewünschten Merkmalsausprägung.

Die Abb. 4.1 zeigt als graphische Veranschaulichung das Säulendiagramm des Merkmals Familienstand.

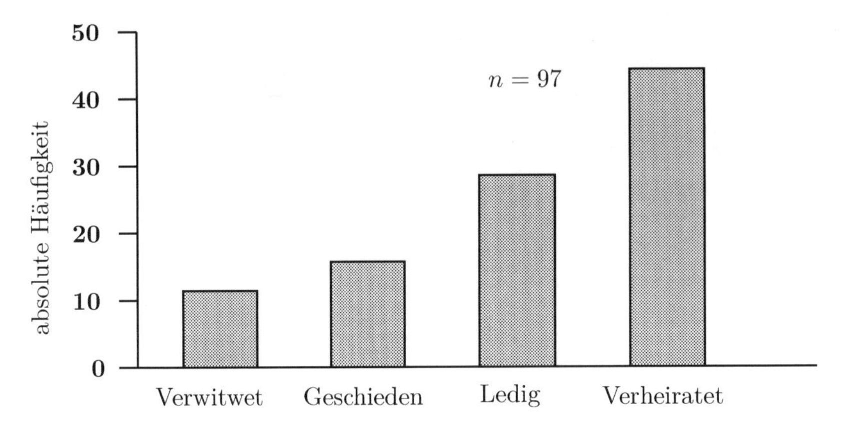

Abb. 4.1: Säulendiagramm des Merkmals Familienstand

Um ein metrisches Merkmal graphisch darzustellen, empfiehlt es sich, eine Rangliste zu erstellen. Dies geschieht, indem die Werte der interessierenden metrischen Variablen ansteigend sortiert werden. Die ursprüngliche Anordnung der Daten wird „Urliste" genannt. Im Folgenden sind die Ur- und Rangliste von 24 Daten der Körpergröße von Frauen in cm angegeben:

Urliste: 167, 170, 178, 154, 176, 162, 182, 166, 153, 165, 161, 175, 159, 168, 159, 158, 179, 174, 181, 174, 163, 160, 161, 178

Rangliste: 153, 154, 158, 159, 159, 160, 161, 161, 162, 163, 165, 166, 167, 168, 170, 174, 174, 175, 176, 178, 178, 179, 181, 182

Aus der Rangliste kann eine Häufigkeitstabelle erstellt werden, die mit Hilfe eines Stabdiagramms dargestellt werden kann. Ein **Stabdiagramm** wird ausschließlich für metrische Merkmale verwendet, wobei die Stäbe an der Stelle auf der x-Achse platziert werden, die ihren Merkmalsausprägungen entsprechen. Die Häufigkeitsverteilung des Merkmals ergibt sich, wenn gezählt wird, mit welcher Häufigkeit die unterschiedlichen Merkmalsausprägungen zu finden sind. Bei einem stetigen Merkmal wie der Körpergröße beziehungsweise bei einem diskreten Merkmal mit einer sehr großen Anzahl unterschiedlicher Merkmalsausprägen ergibt sich der Eindruck über die graphische Veranschaulichung nicht nur aus der „Länge der Stäbe". Der Stichprobenumfang ist 24 und nur die Werte 159, 161, 174 und 178 kommen zweimal vor, alle anderen jeweils nur einmal. Es lässt sich ablesen, welche Körpergrößen vorkommen und wie viele Frauen welche Körpergröße aufweisen. Ein Überblick über die wichtigsten Eigenschaften des Merkmals ist vielmehr daraus abzuleiten, wie dicht die Stäbe jeweils zueinander stehen (Abb. 4.2).

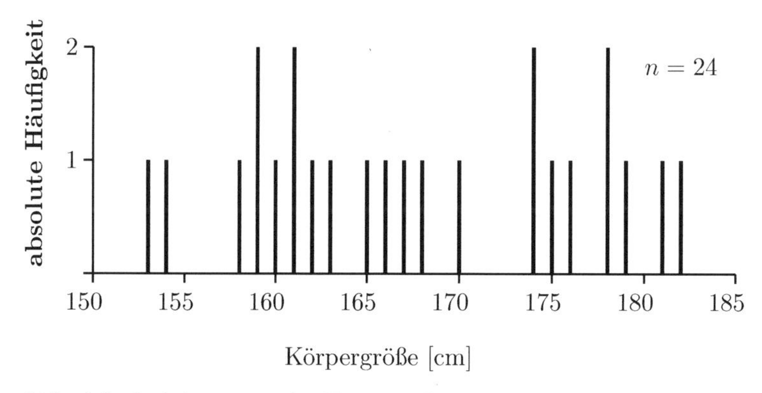

Abb. 4.2: Stabdiagramm der Körpergröße von Frauen

Es zeigt sich, dass im Bereich 158–170 cm der dichteste Bereich der Körpergrößen liegt. Statt eines Stabdiagramms kann ein **Punktdiagramm** (Dot-Diagramm) erstellt werden – Abb. 4.3 stellt ein solches für die Körpergröße von Frauen dar. Es wird ein Punkt für jede Beobachtungseinheit an der entsprechenden Stelle der Merkmalsskala gezeichnet. Dort, wo Detailinformationen benötigt werden, ist das Stab- beziehungsweise Punktdiagramm sicherlich eine sinnvolle Darstellungsform.

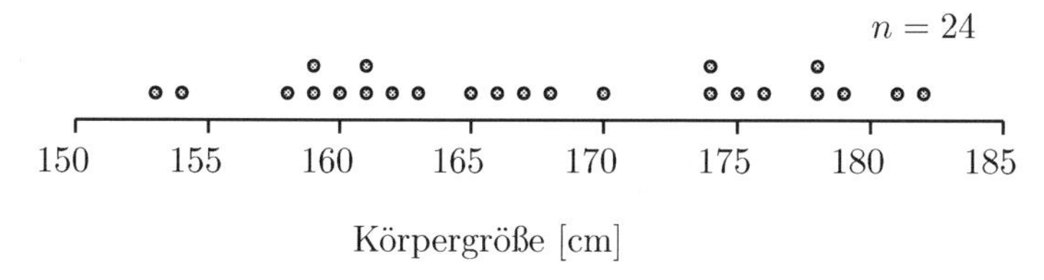

Abb. 4.3: Punktdiagramm für die Körpergröße von Frauen

Zur graphischen Beschreibung eines metrischen Merkmals werden die beobachteten Messwerte oft zu Gruppen zusammengefasst (klassifiziert). Als Grundlage für eine Klasseneinteilung dient zumeist die Rangliste der beobachteten Werte. Das wollen wir anschaulich an einem Zug der Bahn vorstellen. Es werden einfach die Merkmalsausprägungen gemäß den gebildeten Klassen in die einzelnen Waggons gesteckt. Das Histogramm ist eine einfache Möglichkeit, einen Datensatz graphisch darzustellen. Hierbei werden die absoluten oder relativen Häufigkeiten, mit denen eine Merkmalsausprägung beobachtet wurde, als Rechtecke abgebildet.

Um eine Klassifikation vorzunehmen, müssen zunächst sinnvolle Klassengrenzen beziehungsweise Wertebereiche für die einzelnen Klassen festgelegt werden. Dies geschieht zumeist durch die Angabe von Intervallen. Hierbei wird eine mathematische Kurzschreibweise angewendet: Statt 4,01 – 6,00 wird lediglich $(4, 6]$ geschrieben. Durch diese spezielle Verwendung von runden und eckigen Klammern ist klar festgelegt, in welche Klasse ein Wert fällt, der genau der Klassengrenze entspricht. Eine runde Klammer gibt an, dass dieser Wert gerade nicht mehr zu dieser Klasse gehört. Eine eckige Klammer schließt den Wert in die Klasse ein. Die Art der Intervalle wird linksoffen genannt im Gegensatz zum geschlossenen Intervall, welches durch zwei eckige Klammern beschrieben wird und beide Werte mit einschließt. Das Ergebnis der Klasseneinteilung wird mit Hilfe einer Häufigkeitstabelle dargestellt, das heißt durch Auszählen der einzelnen Klassen.

Bei der Klassenbildung ist zu beachten, dass die Klassen disjunkt sind. Dies bedeutet, dass jeder Wert nur in genau eine Klasse fallen kann. Die gebildeten Klassen müssen außerdem vollständig sein, also alle Merkmalsausprägungen abdecken.

Zur Größe der Klassen gibt es Folgendes zu sagen: Als extremer Fall wäre eine Klasse für jeden einzelnen Merkmalswert nutzlos. Anders herum wäre eine große Klasse natürlich auch völlig wertlos. Als Faustregel für die Wahl der Anzahl der zu bildenden Klassen k gilt:

$$k \approx \begin{cases} \sqrt{n} & n \leq 1000 \\ 10 \log n & n > 1000 \end{cases}$$

Da $n = 24$, gilt, dass die Anzahl der zu bildenden Klassen ungefähr so groß sein soll wie die Quadratwurzel aus der Anzahl der Beobachtungen, also etwa fünf Klassen. Wichtiger als solche Empfehlungen sind auf jeden Fall inhaltliche Überlegungen, insbesondere auch im Hinblick auf die Klassengrenzen.

Die Klassenbreiten sollten – wenn möglich – gleich lang gewählt werden. Eine sehr verbreitete Möglichkeit der Klassenbreitenbestimmung ergibt sich aus der Division der Spannweite (Variationsbreite, Range = Differenz zwischen dem größten und dem kleinstem Wert; hier ist die Spannweite $182 - 153 = 29$) mit der Anzahl der Klassen (hier ergibt sich also die Klassenbreite bei fünf Klassen zu sechs). Es sollte beachtet werden, dass je kleiner die Klassenanzahl, umso größer die Klassenbreite und der Informationsverlust sind. Umgekehrt gilt: Je größer die Klassenanzahl, umso mehr kommt die nicht interessierende Wirkung von Zufallseinflüssen zur Geltung.

Für das Beispiel der Körpergröße ergibt sich eine sinnvolle Klassifizierung der Körpergröße in cm von Frauen (gebildet aus der Ur- und Rangliste) zu: (152, 158], (158, 164], (164, 170], (170, 176], (176, 182]. Tabelle 4.1 zeigt die Häufigkeitstabelle für die klassifizierte Körpergröße.

Tab. 4.1: Häufigkeitstabelle für die klassifizierte Körpergröße

Klasse	absolute Klassenhäufigkeit	relative Klassenhäufigkeit
(152, 158]	3	0,12
(158, 164]	7	0,28
(164, 170]	5	0,20
(170, 176]	4	0,24
(176, 182]	5	0,12

Die wichtigste graphische Darstellungsform für metrische Variablen ist das **Histogramm**. Es unterscheidet sich vom Säulendiagramm dadurch,

- dass die Säulen unmittelbar aneinander anschließen,
- dass die Säulenbreiten unmittelbar den Klassenbreiten entsprechen,
- dass die Fläche einer Säule proportional zur Anzahl der Beobachtungen in den jeweiligen Klassen ist.

Abbildung 4.4 zeigt das Histogramm zu Tab. 4.1.

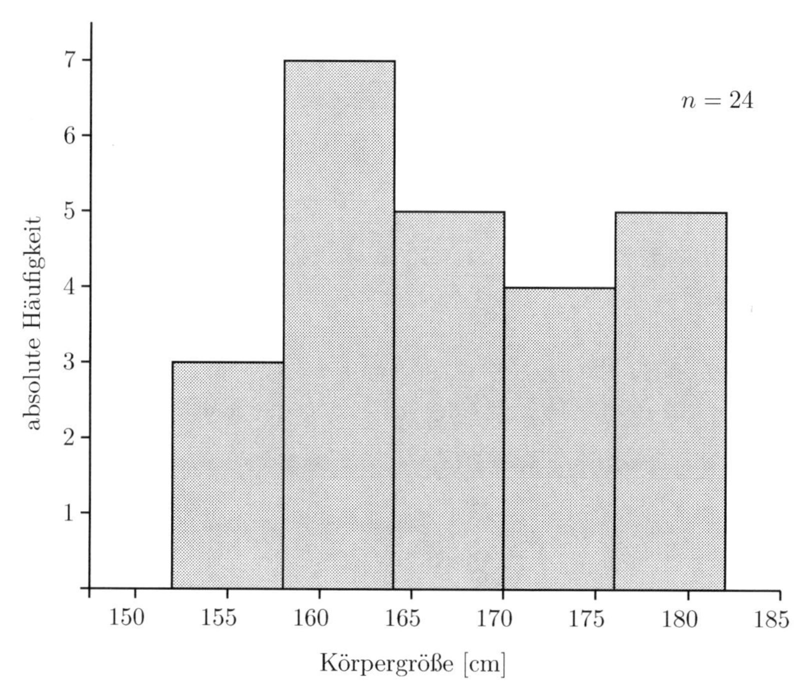

Abb. 4.4: Graphische Veranschaulichung der klassifizierten Körpergrößen mittels Histogramm (5 Klassen)

Die Gestalt des Histogramms ändert sich, wenn die Klassenanzahl geändert wird. Bei einer Klassenanzahl von zehn Klassen ergibt sich das Histogramm nach Abb. 4.5 (Klassenbreite = 3, Beginn der ersten Klasse bei 152).

Bei metrischen diskreten Variablen ist eine Entscheidung zu treffen zwischen Histogramm und Säulendiagramm in Bezug auf die Anzahl der möglichen Merkmalsausprägungen:

Histogramm: hohe Anzahl von Merkmalsausprägungen; geringe Chance, dass mehr als eine Beobachtungseinheit pro Merkmalsausprägung auftritt

Säulendiagramm: geringe Anzahl von Merkmalsausprägungen; höhere Chance, dass mehr als eine Beobachtungseinheit pro Merkmalsausprägung auftritt

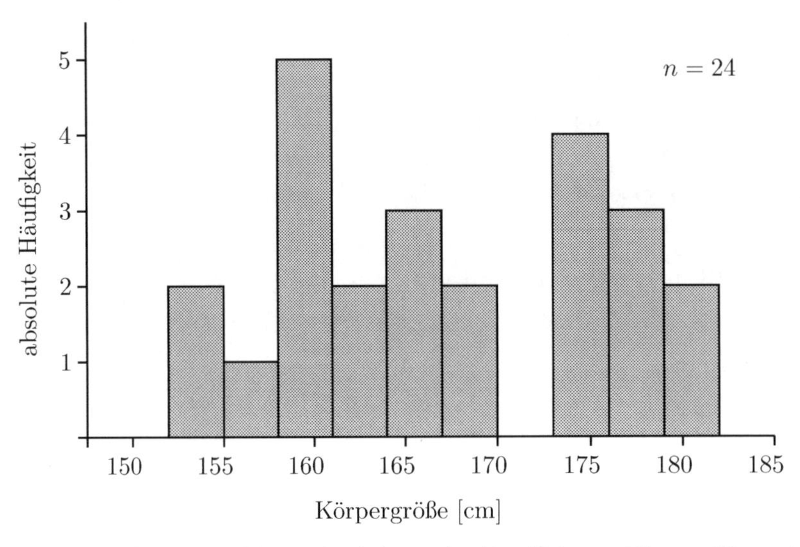

Abb. 4.5: Graphische Veranschaulichung der klassifizierten Körpergrößen mittels Histogramm (10 Klassen)

Soll ein Vergleich der Merkmalsausprägungen zweier definierter Gruppen (zum Beispiel Geschlecht) mit Hilfe von Histogrammen gebildet werden, so empfiehlt es sich, die relativen Häufigkeiten auf der y-Achse aufzutragen.

4.2 Kreisdiagramm, zweidimensionales Säulendiagramm und Mosaicplot

Während beim Säulendiagramm die Häufigkeiten der einzelnen Merkmalsausprägungen als getrennte Säulen dargestellt werden, bilden alle Elemente eines Kreisdiagramms eine geschlossene Einheit. Das Kreisdiagramm wird deshalb immer dann verwendet, wenn vor allem der Anteil der Merkmalsausprägung an der Gesamtheit verdeutlicht werden soll. Umgekehrt ist es beim Kreisdiagramm schwieriger, die Größe der einzelnen Werte untereinander zu vergleichen.

Beim **Kreisdiagramm** (Torten-, Kuchendiagramm) werden den Häufigkeiten Kreissektoren zugeordnet, deren Winkel (und damit deren Flächen) zu den dargestellten Häufigkeiten proportional sind. Da ein voller Kreis den Winkel 360 Grad umfasst, errechnet sich der Sektorwinkel einer Kategorie zur relativen Häufigkeit $\times$ 360 Grad.

Während etwa Kreisdiagramme gut Informationen der Art „Mehr als die Hälfte aller österreichischen Jugendlichen maturieren" oder „Die beliebtesten drei Wohnviertel in Wien" vermitteln, betonen Säulendiagramme stärker die Unterschiede in den Häufigkeiten: „Lieber Schnitzel als Sushi auf Tirols Tellern" oder „Die am meisten überfüllten

Hörsäle Österreichs". Mit anderen Worten: Torten verdeutlichen besser die Aufteilung eines Ganzen auf die Teile, Säulen besser deren Rangfolge.

Es ist besser, die Häufigkeiten in absoluten Zahlen statt in den zugehörigen Prozenten anzugeben, denn letztere sind durch die „Tortenstücke" selbst symbolisiert! In Abb. 4.6 wird offenkundig, dass zum Beispiel mehr als ein Viertel entweder geschieden oder verwitwet ist, des Weiteren wird die Aussage getätigt, dass weniger als 50 % verheiratet sind.

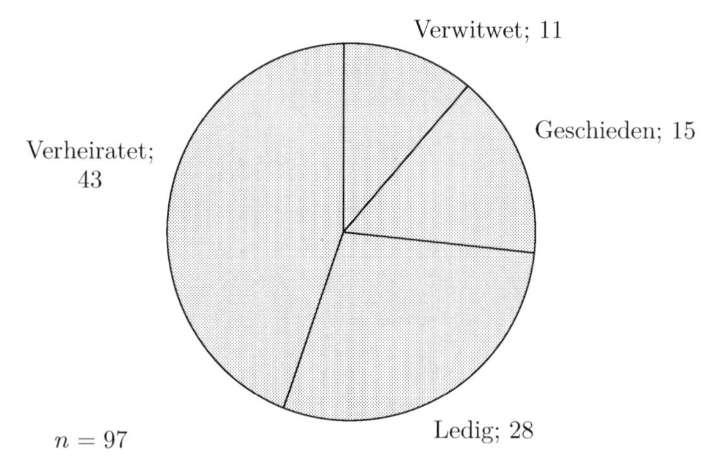

Abb. 4.6: Graphische Veranschaulichung der absoluten / relativen Häufigkeiten für das Merkmal Familienstand mittels Kreisdiagramm

Zu beachten ist, dass der Kreisumfang beziehungsweise die Kreisfläche bei den univariaten Analysen keine Bedeutung hat. Soll das Augenmerk unterschiedlicher Strukturen wiedergegeben werden, zum Beispiel für verschiedene Jahre, so können unterschiedlich große Kreisscheiben nebeneinander gestellt werden. Dabei gibt es grundsätzlich zwei Möglichkeiten zur Abstufung der Kreisdurchmesser: Entweder der Durchmesser oder die Fläche vergrößert sich linear in der Relation zur Strukturänderung, wobei dem letzteren der Vorzug zu geben ist. Im Diagramm muss in jedem Fall die verwendete Methode klar angegeben werden.

Bei graphischen Darstellungen sind etwaige Legenden beziehungsweise die Verwendung von Farben zu vermeiden (Vorsicht auch bei unterschiedlichen Grautönen). Farben suggerieren bestimmte Eigenschaften, zum Beispiel wirken Farben wie Rot bis Orange (warme Farben) näher und erzeugen mehr Aufmerksamkeit als Grün bis Blau (kalte Farben). Durch die Verwendung von hoher Farbsättigung wird eine schnelle Erkennung erreicht. Legenden bewirken, dass der Leser sich nicht auf die graphische Darstellung allein konzentrieren kann, sondern immer wieder mit dem Auge auf die Legende wandern muss, um Zusammenhänge zu erkennen. Auszunutzen ist die Tatsache, dass die meisten Menschen ein Kreisdiagramm im Uhrzeigersinn lesen, oben rechts beginnend. Das Hauptaugenmerk sollte an dieser Stelle platziert sein.

Um übersichtlich zu bleiben, sollten bei der Verwendung von Kreisdiagrammen höchstens sechs bis sieben Merkmalsausprägungnen verwendet werden. Ist jedoch ein Merkmal mit vielen Merkmalsausprägungen vorhanden, so empfiehlt es sich, einen inneren Kreis frei zu lassen und ein Ringdiagramm zu zeichnen.

Bezüglich der Eigenschaften der darzustellenden Merkmale sind einige Einschränkungen zu beachten:

- Der Kreis repräsentiert die Gesamtheit aller untersuchten Merkmalsträger, sodass die Summe aller Merkmalsausprägungen exakt 100 % entsprechen muss.
- Dies bedeutet, dass bei Vorliegen vieler kleiner Häufigkeiten diese zum Beispiel zu einer Ausprägung „Sonstiges“ zusammenzufassen sind.
- Daraus folgt, dass keine häufbaren Merkmale dargestellt werden können – im Unterschied zum Säulendiagramm.
- Beim Kreisdiagramm besitzt die Kreisanordnung weder einen Anfang noch ein Ende, sodass keine sichere Reihenfolge von Merkmalsausprägungen darstellbar ist. Damit ist das Kreisdiagramm vor allem für nominale Merkmale geeignet.

Die gebräuchlichste Darstellungsform zur Beschreibung eines Zusammenhangs zwischen zwei qualitativ skalierten Merkmalen ist die **Kontingenztafel** (auch Kreuztabelle). Es handelt sich um eine Tabelle, bei der ein Merkmal den Zeilen i und das andere Merkmal den Spalten j zugeordnet wird. Bei einer Kontingenztafel mit k Zeilen und m Spalten wird diese $k \times m$-Kontingenztafel (auch $k \times m$-Tafel) genannt. Für jede mögliche Kombination der Ausprägungen der beiden Merkmale wird abgezählt, wie viele Merkmalsträger die jeweiligen Kombinationen aufweisen. Die Kontingenztafel für Geschlecht und Familienstand soll hier als Beispiel dienen und wird in Tab. 4.2 aufgezeigt.

Tab. 4.2: Kontingenztafel für Geschlecht und Familienstand

Geschlecht	**Familienstand**				
	ledig	verheiratet	verwitwet	geschieden	Summe
weiblich	6	13	2	3	24
männlich	22	30	9	12	73
Summe	28	43	11	15	97

Die Kontingenztafel ist hier eine 2×4-Tafel (Anzahl der Merkmalsausprägung Geschlecht ist 2, die Anzahl der Merkmalsausprägung Familienstand ist 4) und wird üblicherweise noch um Zeilen- beziehungsweise Spaltensummen ergänzt. In der rechten unteren Ecke ist die Gesamtzahl aller betrachteten Beobachtungseinheiten, der Stichprobenumfang n, zu finden. Dieser ist im vorliegenden Fall $n = 97$. Sowohl die Summe der Zeilensummen als auch die Summe der Spaltensummen muss immer die Gesamtzahl ergeben. Manchmal ist in Kontingenztafeln neben der Angabe der absoluten Häufigkeiten zusätzlich noch die Angabe von relativen Häufigkeiten zu finden.

Eine einfache graphische Darstellungsform ist das **zweidimensionale Säulendiagramm**. Dazu gehören das gruppierte beziehungsweise gestapelte Säulendiagramm (additives Säulendiagramm, Stapeldiagramm). Varianten dieser Grundmuster sind überlappende Säulen- oder gestapelte Säulendiagramme für Prozentsätze statt der absoluten Zahlen (so genannte „100-Prozent-Säulendiagramme"). Es ist durch die zusätzliche Berücksichtigung eines zweiten Merkmals in Diagrammen dieser Art zumeist hilfreich, eine Legende hinzuzufügen.

Bei einem **gruppierten Säulendiagramm** gibt es ein übergeordnetes Merkmal 1, dessen Merkmalsausprägungen unterhalb der x-Achse aufgetragen sind. Anstelle einzelner Säulen befindet sich darüber aber jeweils eine Gruppe von Säulen. Diese Säulen repräsentieren die Verteilung des Merkmals 2 für die Wertepaare, bei denen Merkmal 1 den Wert besitzt, der unter der Gruppe angegeben ist. Im Prinzip handelt es sich beim gruppierten Säulendiagramm faktisch um mehrere getrennte Säulendiagramme, die mit einem Abstand nebeneinander im selben Diagramm platziert sind.

Während für die Darstellung von Merkmal 1 grundsätzlich die selben Regeln wie beim normalen Säulendiagramm gelten, ergeben sich für die Darstellung von Merkmal 2 folgende Unterschiede:

- Die Säulen innerhalb einer Gruppe müssen sich alle durch die Farbe oder Graustufe unterscheiden.
- Die Säulen innerhalb einer Gruppe werden ohne Abstand angeordnet.
- Die Namen der Merkmalsausprägungen von Merkmal 2 werden üblicherweise nicht an die Säulen geschrieben, sondern über die Farben zugeordnet und in einer Legende angegeben.

Welches der beiden Merkmale als Merkmal 1 übergeordnet und welches als Merkmal 2 untergeordnet ist, hängt vor allem davon ab, was ausgedrückt oder betont werden soll. Dabei gilt, dass die direkt nebeneinander liegenden Säulen innerhalb einer Gruppe leichter untereinander vergleichbar sind als die entsprechenden Säulen zwischen den einzelnen Gruppen. Auch die Anzahl der Merkmalsausprägungen kann hier von Bedeutung sein, da möglichst nicht mehr als vier Säulen innerhalb der Gruppe dargestellt werden sollten. Die Abb. 4.7 zeigt, dass für jede Kombination der Merkmalsausprägungen beider Merkmale der Wert für jede Kombination unmittelbar aus dem Diagramm abgelesen werden kann.

Sowohl für Merkmal 1 als auch Merkmal 2 können neben nominalen, ordinalen und metrischen Merkmalen mit wenigen (möglichst diskreten) Merkmalsausprägungen auch Zeitpunkte beziehungsweise Zeiträume angegeben werden. Damit lassen sich Vergleiche der Verteilung eines Merkmals zwischen zwei oder mehr Zeitpunkten beziehungsweise -räumen anstellen.

Eine alternative Möglichkeit zu gruppierten Säulendiagrammen stellen **gestapelte Säulendiagramme** dar. Bei diesen werden die Säulen einer Gruppe (also für jeweils eine Merkmalsausprägung von Merkmal 1) aufeinandergestapelt dargestellt. Diese Form der Darstellung ist vor allem dann sinnvoll, wenn die Randverteilung von Merkmal 1

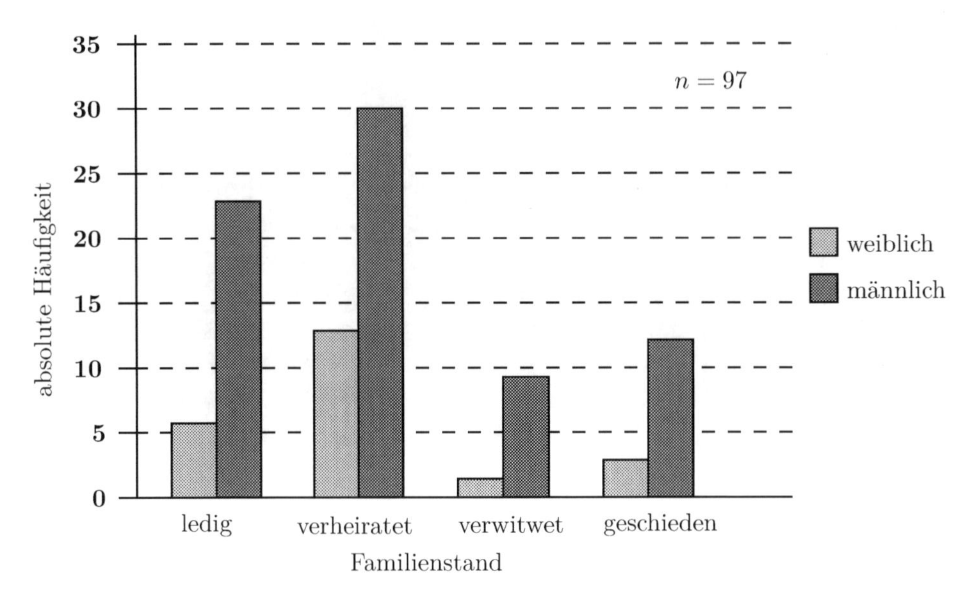

Abb. 4.7: Gruppiertes Säulendiagramm für Familienstand und Geschlecht

von Interesse ist und diese direkt ablesbar sein soll. Damit ist die Summe der Merkmalskombinationen gemeint, bei der Merkmal 1 jeweils eine an der x-Achse angegebene Merkmalsausprägung besitzt, während alle Merkmalsausprägungen von Merkmal 2 zusammengefasst werden. Die genauen Werte für die Merkmalsausprägungen innerhalb einer Säule (also des Merkmals 2) besitzen bei diesem Diagrammtyp nur untergeordnete Bedeutung. Insbesondere lässt sich lediglich der Wert für die Merkmalsausprägung der jeweils untersten Teilsäule direkt ablesen, während die darüberliegenden Teilsäulen in ihrer Höhe nur geschätzt werden können. Eine Voraussetzung für den Einsatz von gestapelten Säulendiagrammen ist, dass zumindest Merkmal 2 nicht häufbar ist, da sonst die Summe nicht sinnvoll wäre. Eine Variante des gestapelten Säulendiagramms stellt das normierte gestapelte Säulendiagramm (auch 100 %-Säulendiagramm genannt) dar, wie es in Abb. 4.8 für dieselben Daten zu sehen ist. Die Abb. 4.8 ist interpretationsbedürftig. Innerhalb jeder Merkmalsausprägung von Merkmal 1 (hier Geschlecht) wird – getrennt von den anderen Merkmalsausprägungen – auf 100 % normiert. Damit lässt sich zum Beispiel direkt ablesen, dass von den Frauen mehr als 50 % verheiratet sind, während es bei den Männern knapp 40 % sind.

Die Gefahr besteht jedoch darin, dass unzulässigerweise die Höhe der Teilsäulen von verschiedenen Stapeln verglichen werden. Wie beim gruppieren Säulendiagramm ist es auch beim gestapelten Säulendiagramm möglich, eine Entwicklung über die Zeit darzustellen. Hier kann allerdings ausschließlich Merkmal 1 die Zeitachse bilden.

Eine mit dieser Darstellungsmöglichkeit eng verwandte Form der Visualisierung sind **Mosaicplots** (Abb. 4.9), eine flächenproportionale Darstellung der Zellenhäufigkeiten

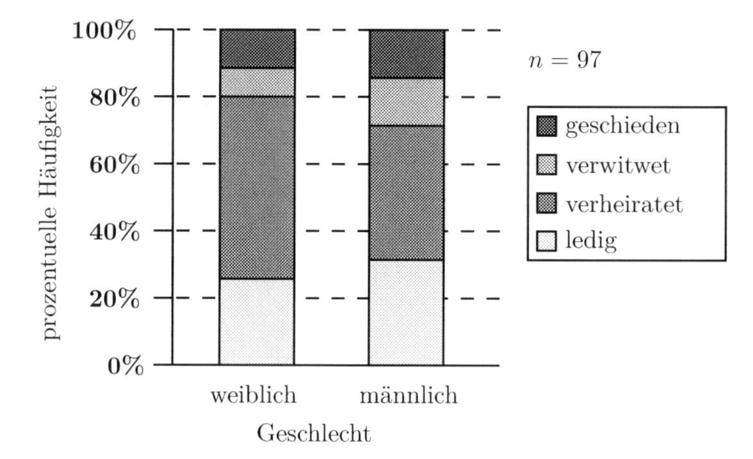

Abb. 4.8: Gestapeltes Säulendiagramm nach der bedingten Information aufgrund des Geschlechts

von Kontingenztafeln. Das heißt, dass die Fläche der einzelnen Zellen proportional ist zur Anzahl der Fälle in dieser Zelle. Bei Mosaicplots werden multivariate kategorielle Kombinationen in Rechtecken dargestellt. Zuerst wird die horizontale Achse nach dem Merkmal 1 aufgeteilt, sodass ein eindimensionales Mosaicplot einem Spine Plot gleicht (bei diesem hat jede Merkmalsausprägung eine Säule und alle Säulen sind gleich hoch). Die Säulenbreite stellt die Häufigkeit dar. Dann wird jede Spalte vertikal nach Merkmal 2 aufgeteilt. Daraus ergeben sich die den zweidimensionalen Kombinationshäufigkeiten entsprechenden Rechtecke, wie in Abb. 4.9 dargestellt.

Die flächenproportionale Darstellung der Zellenhäufigkeiten bedeutet in diesem Beispiel, dass sich die Stichprobenumfänge von 24 (bei den Frauen) und 73 (bei den Männern) im gleichen Verhältnis bei der Veranschaulichung widerspiegeln. Diese Rechtecke können im Prinzip immer weiter horizontal und vertikal aufgeteilt werden. Ein Mosa-

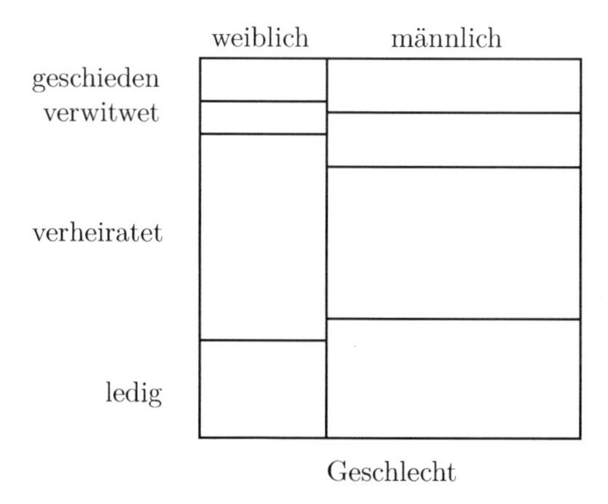

Abb. 4.9: Mosaicplot der Kontingenztafel Geschlecht und Familienstand

icplot für acht dichotome Merkmale hat höchstens 256 ($= 2^8$) Rechtecke. Der Übersichtlichkeit wegen werden leere Zellen (im Datensatz nicht vorhandene Kombinationen) mit 0 markiert.

4.3 Histogramm mit unterschiedlichen Klassenbreiten und Schiefekoeffizient nach Yule

Ein Histogramm erfordert die Einteilung des Merkmals in Klassen; diese Klassen haben in einem Histogramm meist die gleiche Breite. Es kann aber auch sinnvoll sein, nicht oder nur schwach besetzte Klassen zusammenzufassen, das heißt, es sind auch prinzipiell unterschiedliche Klassenbreiten in demselben Histogramm möglich. Im Histogramm werden über den Klassen direkt aneinander angrenzende Rechtecke errichtet, deren Flächeninhalt die (relative) Klassenhäufigkeit darstellt. Die Fläche der Rechtecke ist proportional zur jeweiligen Klassenhäufigkeit. Daher ist das Histogramm ein Flächendiagramm. Sollen verschieden breite Klassen eines metrischen Merkmals dargestellt werden, ist besonders darauf zu achten, dass die Flächen (und nicht die Höhen) der einzelnen Rechtecke die Klassenhäufigkeiten repräsentieren! Nur wenn alle Klassen gleich breit gewählt werden, entsprechen die Höhen der Rechtecke den Klassenhäufigkeiten. Wird für die Körpergröße in cm von Frauen ein Histogramm mit unterschiedlichen Klassenbreiten gezeichnet, sind dazu fünf Klassen und folgende Klasseneinteilungen (152, 158], (158, 161], (161, 168], (168, 179], (179, 182] zu wählen, um die Häufigkeitstabelle zu erhalten (Tab. 4.3).

Tab. 4.3: Häufigkeitstabelle der klassifizierten Körpergröße in cm von Frauen mit unterschiedlichen Klassenbreiten

Klasse	absolute Häufigkeit	relative Häufigkeit	Klassenbreite	Rechteckshöhe
(152, 158]	3	0,12	6	0,020
(158, 161]	5	0,21	3	0,070
(161, 168]	6	0,25	7	0,036
(168, 179]	8	0,34	11	0,031
(179, 182]	2	0,08	3	0,027

Da die Flächen und nicht die Höhen den Klassenhäufigkeiten entsprechen, werden zwei weitere Spalten benötigt: die Klassenbreite und die Rechteckshöhe. Die Klassenbreite ergibt sich bei der Klasse (152, 158] zu $158 - 152 = 6$, und bei der Klasse (168, 179] zu $179 - 168 = 11$. Die Rechteckshöhe bildet sich aus der Division der relativen Klassenhäufigkeit und der Klassenbreite (Rechteckshöhe = relative Klassenhäufigkeit / Klassenbreite). Die Rechtseckshöhe bei der Klasse (158, 161] ist $0,21/3 = 0,07$ (Abb. 4.10). Die Rechteckshöhe repräsentiert die (relative) Häufigkeitsdichte. Sind die Klassen gleich breit, so sind Häufigkeitsdichte und absolute beziehungsweise relative Häufigkeiten proportional zueinander. Die Höhen der Rechtecke sind in diesem Fall vergleichbar und unter Beachtung der Klassenbreite als Proportionalitätsfaktor als Häufigkeit interpretierbar. Da in Abb. 4.10 mit den relativen Häufigkeiten gearbeitet wurde, ist die gesamte

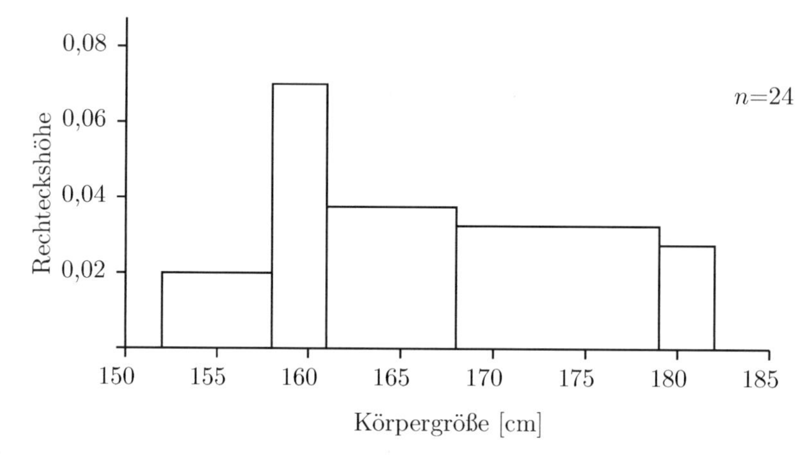

Abb. 4.10: Graphische Veranschaulichung der klassifizierten Körpergrößen mittels Histogramm von unterschiedlichen Klassenbreiten

Fläche gleich Eins. Dies hat den Vorteil, dass die Einheiten der y-Achse als „relative Häufigkeiten pro Einheit der x-Achse" interpretiert werden können. In diesem Beispiel ist die Einheit der x-Achse cm. Daher kann etwa aus der Rechteckshöhe von 0,036 zur Körpergrößenklasse (161, 168] geschlossen werden, dass auf jeden Zentimeter zwischen 161 und 168 im Mittel 0,36 % (relative Häufigkeit = 0,25) der Körpergrößen entfallen. Je höher eine Rechteckshöhe (die Häufigkeitsdichte) ist, desto mehr Personen entfallen im Mittel auf jeden Zentimeter.

Die Tab. 4.4 zeigt die Zusammenfassung für die Anwendung von Säulendiagrammen und Histogrammen.

Mit der **Schiefe** (skewness) soll der Grad der Asymmetrie einer Häufigkeitsverteilung gemessen werden. Schiefe ist die Abweichung von der Symmetrie eines metrisch skalierten Merkmals. Asymmetrie (= Schiefe) hat bei eingipfeligen Häufigkeitsverteilungen zwei Formen: Rechtsschiefe (Linkssteilheit) und Linksschiefe (Rechtssteilheit).

Rechtsschiefe (**Linksschiefe**) bedeutet, dass sich die Masse der Beobachtungseinheiten am unteren Ende (Anfang) der Häufigkeitsverteilung konzentriert.

Die FECHNER'sche **Lageregel** ermöglicht die Beurteilung eines Merkmals mit eingipfeliger Häufigkeitsverteilung hinsichtlich der Schiefe, ohne dass eine Graphik gezeichnet werden muss. Dazu ist es notwendig, dass die Werte für Modus x_M, Median $\tilde{x}$ und arithmetisches Mittel $\bar{x}$ vorliegen. Aus ihnen lassen sich folgende Schlüsse ziehen:

- Sind der Modus, Median und das arithmetische Mittel in etwa gleich, so ist das Merkmal symmetrisch (in Zeichen: $x_M \approx \tilde{x} \approx \bar{x}$).

Tab. 4.4: Unterschiede zwischen Säulendiagramm und Histogramm

Säulendiagramm	Histogramm
Graphische Darstellung von Häufigkeitsverteilungen	Graphische Darstellung von Häufigkeitsverteilungen
Anwendbar bei jedem Skalenniveau ■ Sinnvoll bei diskreten, ordinalen Merkmalen ■ Bei nominalem Skalenniveau spielt Reihenfolge keine Rolle	Nur anwendbar bei metrischem (diskret oder stetig) Skalenniveau
Höhe der Säulen repräsentiert die Häufigkeit (absolut, relativ), definiert über die y-Achse; Fläche der Säulen hat keine Bedeutung	Fläche der Rechtecke repräsentiert die Häufigkeit (absolut, relativ), das heißt, es gilt das Prinzip der Flächentreue. Die y-Achse repräsentiert absolute/relative Häufigkeiten (bei gleicher Klassenbreite) oder Rechteckshöhen.
x-Achse nicht definiert, Breite der Säulen bedeutungslos	x-Achse definiert, Breite der Rechtecke repräsentiert die Klassenbreite
Häufigkeitsdichte nicht dargestellt	Höhe der Rechtecke repräsentiert die Häufigkeitsdichte

- Ist der Modus < Median < arithmetisches Mittel, so handelt es sich um ein rechtsschiefes (linkssteiles) Merkmal (in Zeichen: $x_M < \tilde{x} < \bar{x}$).
- Ist das arithmetische Mittel < Median < Modus, so handelt es sich um ein linksschiefes (rechtssteiles) Merkmal (in Zeichen: $\bar{x} < \tilde{x} < x_M$).

Abbildung 4.11 verdeutlicht diesen Zusammenhang.

In Anlehnung an die FECHNER'sche Lageregel definiert PEARSON die Schiefe als Differenz zwischen arithmetischem Mittel $\bar{x}$ und Modus x_M. Da die Differenz zwischen arithmetischem Mittel und Modus eine unterschiedliche Interpretation in Verbindung mit der Standardabweichung s hat, wird die Differenz auf die Standardabweichung s bezogen:

$$\mathrm{sk}_P = \frac{\bar{x} - x_M}{s}$$

Ein Nachteil ist, dass für sk_P kein Wertebereich angegeben werden kann beziehungsweise der Modus x_M nicht immer eindeutig existiert. Aufgrund von empirischen Überprüfungen zeigt sich bei einer mäßig schiefen Häufigkeitsverteilung, dass der Median etwa bei 2/3 der Entfernung vom Modus zum arithmetischen Mittel liegt (das heißt Median $= 1/3$ Modus $+ 2/3$ arithmetisches Mittel).

symmetrisch:
Mittelwert = Median = Modalwert

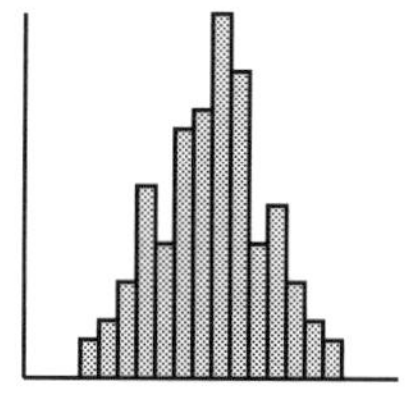

rechtsschief:
Mittelwert > Median > Modalwert

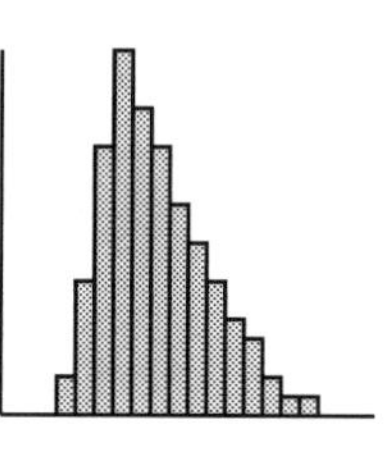

linksschief:
Mittelwert < Median < Modalwert

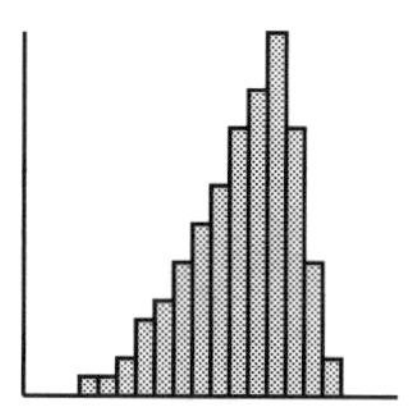

Abb. 4.11: Veranschaulichung der FECHNERschen Lageregel anhand von Histogrammen

PEARSON (2/3-Regel) beziehungsweise YULE misst daher als zweite Möglichkeit die Schiefe an der Differenz zwischen arithmetischem Mittel $\bar{x}$ und dem Median $\tilde{x}$ und relativiert diese in Bezug auf die Standardabweichung s unter Verwendung der 2/3-Regel.

$$\text{sk}_Y = \frac{3 \cdot (\bar{x} - \tilde{x})}{s}$$

Der Wertebereich des YULE'schen **Schiefemaßes** liegt zwischen -3 und $+3$. Jedoch sind Werte größer als $+1$ beziehungsweise kleiner als -1 bei Anwendungen selten. Das Schiefemaß wird null bei einem symmetrischen Merkmal, größer Null bei rechtsschiefen und kleiner Null bei linksschiefen Merkmalen.

Das Symbol sk für den Schiefekoeffizienten spielt auf die englische Bezeichnung Skewness für Schiefe an.

Folgende Schlussbemerkungen zum Histogramm und zur Schiefe:

- Es sind Ausnahmen denkbar, insbesondere dann, wenn nur wenige Merkmalsträger vorliegen, sodass die FECHNER'sche Lageregel die Symmetrie nicht entsprechend wiedergibt.
- Liegt Symmetrie vor, so sind alle Schiefemaße null. Eine Umkehrung ist nicht zulässig.
- Die Division durch s soll sicherstellen, dass das Schiefemaß dimensionslos, also nicht abhängig von der Maßeinheit ist.
- In einem Histogramm werden Häufigkeiten als Rechtecke abgebildet.

- In einem Histogramm haben die Rechtecke der verschiedenen Klassen im Allgemeinen die gleiche Breite. Sollte dies nicht der Fall sein, muss die relative Häufigkeit jeder Klasse durch die Breite geteilt werden (Rechteckshöhe), um richtig interpretiert zu werden.

4.4 Boxplot und Schiefekoeffizient nach Bowley

Mit Hilfe von Quartilen können Merkmale kurz und einfach beschrieben werden: zum Beispiel durch die beiden Extremwerte („das Merkmal reicht von Minimum bis Maximum"), den Median und das untere und obere Quartil („50 % der Merkmalswerte liegen zwischen dem unteren und oberen Quartil"). Mit diesen fünf Lagemaßen kann ein Merkmal gut charakterisiert werden. Diese informative Darstellung wird als das 5-Zahlenmaß (5-number summary) bezeichnet.

Die Zusammenstellung des Minimums $x_{[1]}$, des ersten Quartils Q_1, des Medians $\tilde{x}$, des dritten Quartils Q_3 sowie des Maximums $x_{[n]}$ bezeichnet man als **5-Zahlenmaß**, Fünf-Zahlen-Charakteristik oder **Fünf-Punkte-Zusammenfassung**.

Zur Veranschaulichung der Merkmalsausprägungen von metrisch skalierten Merkmalen kann der **Box-and-Whiskers-Plot** („Schachtel-und-Barthaar"-Schaubild), oder kurz **Boxplot** (Schachtel- oder Kistendiagramm beziehungsweise Kastenplot) verwendet werden. Der untere beziehungsweise obere Rand des Kernstücks (der Box) wird vom unteren beziehungsweise oberen Quartil gebildet. Somit liegen die mittleren 50 % der Beobachtungswerte innerhalb der Box. Als Querlinie ist noch der Median eingezeichnet. Die beiden T-Formen, die vom unteren Rand der Box nach unten und vom oberen Rand der Box nach oben ragen, sind die „Whiskers" (Whiskers sind die Schnurrhaare (Barthaare) der Katze). Die Längen der Whiskers (Antennen) sind unterschiedlich definiert. Bei der einfachsten Variante enden sie bei der kleinsten und der größten Beobachtung. In der einfachsten Variante wird das 5-Zahlenmaß direkt in einem Boxplot dargestellt.

Wird die Körpergröße von Frauen als Boxplot dargestellt, wird folgendes Ergebnis geliefert (Abb. 4.12). Die Whiskers markieren den Messbereich, die Box visualisiert den

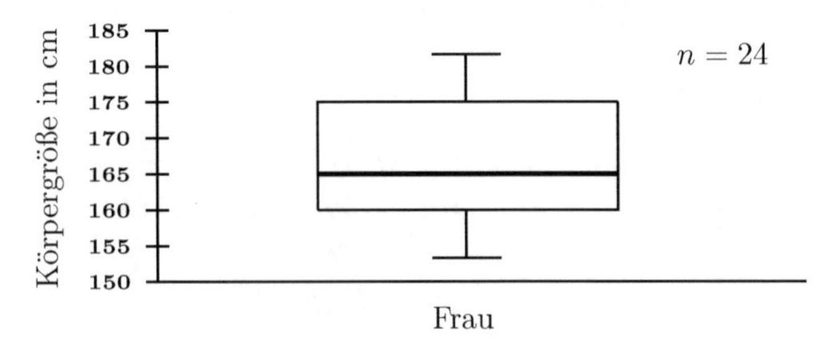

Abb. 4.12: Boxplot für die Körpergröße von Frauen

Bereich, in dem die zentralen 50 % der Datenpunkte liegen. Die Breite des Boxplots hat keine Bedeutung. Die Streuung der Häufigkeitsverteilung wird durch die Höhe des Kastens repräsentiert, den Interquartilsabstand IQR. Der Nachteil besteht darin, dass die Grenzen auch von extremen Beobachtungen bestimmt werden.

Zum Erkennen oder Markieren von extremen Beobachtungen werden interne Vergleichsmaßzahlen benötigt, wie zum Beispiel Streuungsmaße. Zum Bestimmen von extremen Beobachtungen wird der Interquartilsabstand verwendet – dieser wird mit Eingrenzungen (Zäune, fences) berechnet. Dabei werden zwei Arten von Eingrenzungen unterschieden: die inneren und die äußeren. Abb. 4.13 veranschaulicht die Berechnung der Eingrenzungen.

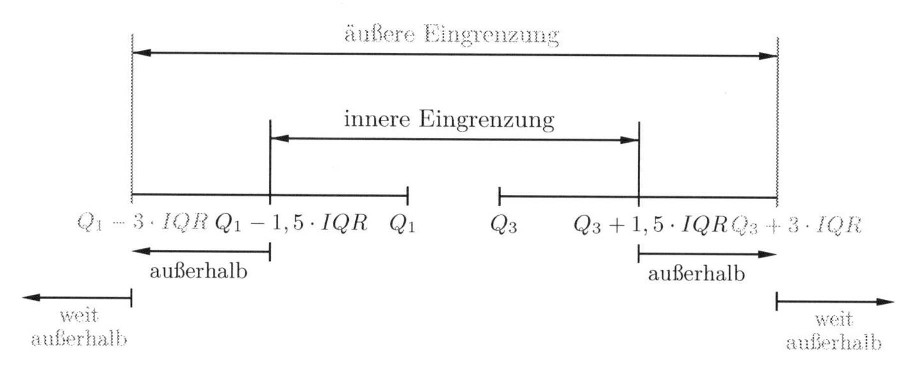

Abb. 4.13: Die Definition des Boxplot von TUKEY

Als Außenpunkte (out) werden alle Merkmalsausprägungen zwischen innerer und äußerer Eingrenzung definiert und als Stern markiert. Fernpunkte (far out) sind alle Merkmalsausprägungen außerhalb der äußeren Eingrenzung, die mit einem Kreis markiert werden. Die Längen der Whiskers enden bei den äußersten Punkten (Minimum und Maximum, das heißt bei den betragsmäßig größten Merkmalsausprägungen) innerhalb der inneren Eingrenzung. Sie werden eingezeichnet und durch Linien mit der Box verbunden. Als Boxplot ergibt sich nach John Wilder TUKEY (1915–2000) die folgende Darstellung (Abb. 4.14).

Eine Beobachtung wird nicht durch eine „technische Definition" zu einem Ausreißer, sondern durch eine bewusste Einstufung. Insofern liefert ein Boxplot höchstens Indizien auf Werte, die eventuell als Ausreißer einzustufen sind. Große Werte können auf Verarbeitungsfehler zurückgehen und damit falsch sein; andererseits können sie auch korrekt und von wesentlicher Bedeutung sein. Als Beispiel: Bei der Untersuchung des Wasserstandes darf ein Hochwasser, das als sehr großer Wert aufscheint, keinesfalls ignoriert werden.

Im Vergleich mit dem Histogramm zeigt sich, dass der Boxplot schnell erkennen lässt, wo die Mitte der Verteilung liegt und wie die Streuung zu bemessen ist. Boxplots sind besonders geeignet, um Gruppenvergleiche zu visualisieren, indem für jede Gruppe ein

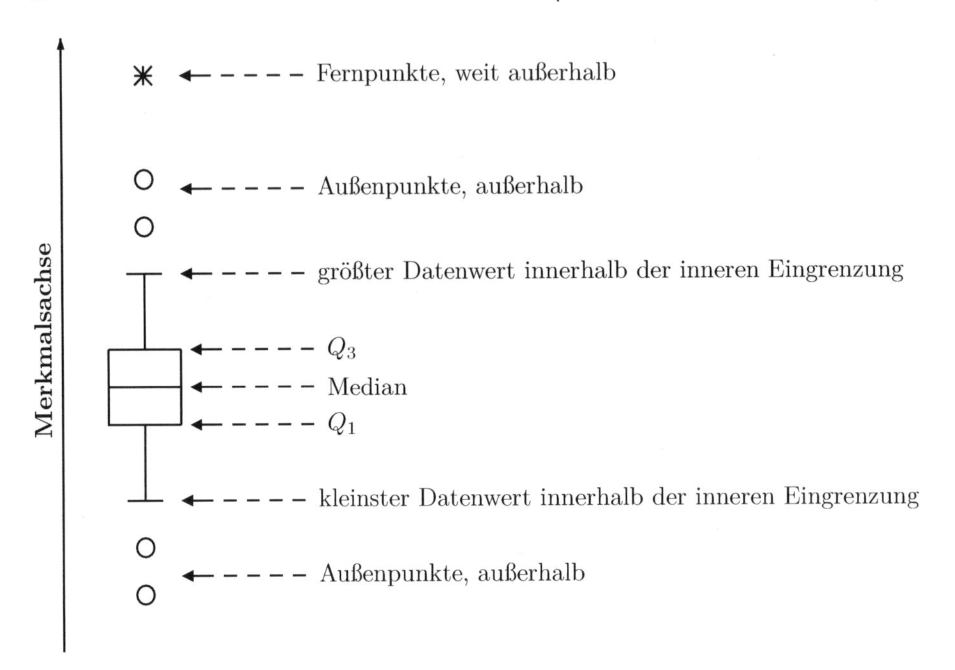

Abb. 4.14: Boxplot unter Berücksichtigung von Außenpunkten und Fernpunkten

Boxplot angefertigt wird und diese nebeneinander geplottet werden. Für metrische Merkmale ist der Boxplot eine geeignete Datenanalysegraphik, die eine Verteilung hinsichtlich ihrer Mitte, Streuung, Schiefe und Extremwerte anschaulich darstellt.

Abbildung 4.15 zeigt eine linksschiefe Häufigkeitsverteilung anhand des Histogramms; der Median $\tilde{x}$ ist nicht in der Mitte der Box, sondern näher beim oberen Quartil Q_3. Arthur Lyon BOWLEY (1869–1957) geht von der Konstruktion des Boxplots aus und misst die Schiefe an der Differenz der Abstände zwischen dem oberen Quartil Q_3 und dem Median $\tilde{x}$ sowie dem Median $\tilde{x}$ und dem unteren Quartil Q_1. Bei symmetrischen Merkmalen haben das untere Quartil und das obere Quartil jeweils den gleichen Abstand zum Median. Bei einem rechtsschiefen Merkmal ist der Abstand zwischen dem oberen Quartil größer als zwischen dem Median und dem unteren Quartil, umgekehrt ist es bei linksschiefen Merkmalen. Die Differenz zwischen beiden Abständen kann somit Grundlage für ein Schiefemaß aus den Quartilen sein; bezogen wird das BOWLEY'sche **Schiefemaß** auf den Interquartilsabstand IQR zum Zweck der Vergleichbarkeit.

$$\text{sk}_B = \frac{(Q_3 - \tilde{x}) - (\tilde{x} - Q_1)}{IQR}$$

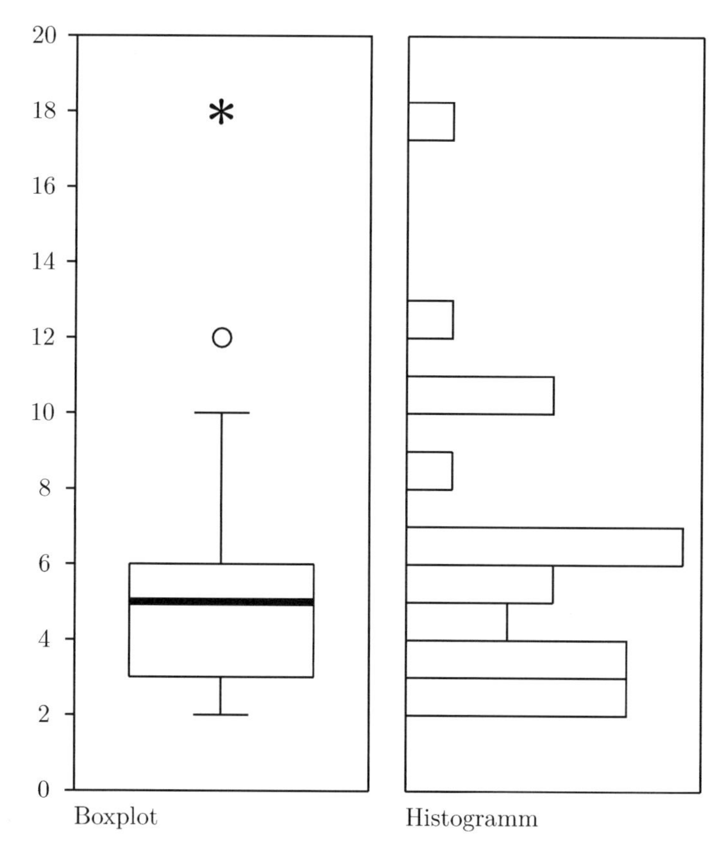

Abb. 4.15: Boxplot und Histogramm zur Erkennung der Schiefe

Der Wertebereich von BOWLEY's sk_B liegt zwischen -1 und $+1$. Ist das BOWLEY'sche Schiefemaß gleich null, ist das Merkmal symmetrisch; ist es größer (kleiner) null, ist das Merkmal rechtsschief (linksschief).

Folgende Hinweise:

- Die auf verschiedenen Konzepten beruhenden Schiefemaße sind nicht miteinander vergleichbar. Damit wird es möglich, dass ein Merkmal nach YULE linksschief, aber nach BOWLEY rechtsschief beurteilt wird.
- Liegt Symmetrie vor, so sind alle Schiefemaße null. Eine Umkehrung ist nicht zulässig.
- Die Division durch IQR soll sicherstellen, dass das Schiefemaß dimensionslos ist.

Ein umfassender Eindruck der Asymmetrie eines Merkmals wird mit Hilfe des Symmetrie-Diagramms möglich. Den Ausgangspunkt dieses Diagramms bildet die Eigenschaft symmetrischer Merkmale, dass die p-Quantile und die $(1-p)$-Quantile etwa gleich weit vom Median $\tilde{x}$ entfernt sind. Bei einem symmetrischen Merkmal sollten die Punkte des daraus resultierenden Diagramms um die Winkelhalbebene streuen. Liegen die Punkte oberhalb (unterhalb) der Winkelhalbierungen, so weist dies auf ein rechtsschiefes (linksschiefes) Merkmal hin. In der Praxis wird direkt die Rangreihe gewählt und diese in zwei Hälften geteilt, um das Symmetrie-Diagramm zu zeichnen.

4.5 Diagnostische Tests und ROC-Kurve

Nachfolgend werden zum besseren Verständnis einige wesentliche Begriffe im Zusammenhang mit diagnostischen Tests erklärt. Zu beachten ist, dass bei Diagnosestellung (Vorhersage der Realität) die Möglichkeit besteht, dass der Test positiv ausfällt, obwohl die Krankheit nicht vorliegt (falsch positiv), oder der Test negativ ausfällt, obwohl die Krankheit vorliegt (falsch negativ).

Dabei sei erwähnt, dass der reale Zustand des Patienten (Realität), also das Vorliegen der Erkrankung oder Nicht-Erkrankung, in der praktischen Anwendung oft nicht direkt ermittelt werden kann. In solchen Fällen ist es notwendig, den Zustand der Erkrankung durch ein etabliertes Testverfahren zu ermitteln. Solch ein Testverfahren sollte sich in der Routine langjährig bewährt haben und wird Gold-Standard genannt.

Im Rahmen diagnostischer Studien liegen im Allgemeinen Testergebnisse von n Individuen vor, wobei darüber hinaus angenommen wird, dass in allen Fällen die Diagnose durch ein „Außenkriterium" gesichert werden konnte. Dann können die Beobachtungen wie in Tab. 4.5 dargestellt werden.

Tab. 4.5: Beobachtete Häufigkeiten eines diagnostischen Tests

	Realität		
Test	$[K^+]$	$[K^-]$	Zeilensumme
$[T^+]$	a	b	$a+b$
$[T^-]$	c	d	$c+d$
Spaltensumme	$a+c$	$b+d$	$n=a+b+c+d$

Die ersten beiden Begriffe werden beim Klassifikationsergebnis eines Diagnoseverfahrens verwendet:

Die **Sensitivität** ist der Anteil für eine positive Diagnose, falls der Patient tatsächlich erkrankt ist (richtig positiv Rate). Ist die Sensitivität des Tests hoch, so wird der Test kaum Kranke übersehen.

$$\text{Sensitivität} = \frac{\text{Zahl der Erkrankten mit positivem Test}}{\text{Gesamtheit der Erkrankten}} = \frac{a}{a+c}$$

Die **Spezifität** ist der Anteil für eine negative Diagnose, falls der Patient nicht erkrankt ist (richtig negativ Rate). Ein spezifischer Test wird Gesunde kaum als erkrankt fehlklassifizieren.

$$\text{Spezifität} = \frac{\text{Zahl der Gesunden mit negativem Test}}{\text{Gesamtzahl der Gesunden}} = \frac{d}{b+d}$$

Es ist zu beachten, dass Sensitivität und Spezifität auf zwei verschiedenen Gesamtheiten beruhen: Die Sensitivität bezieht sich auf kranke Patienten, die Spezifität auf Gesunde.

Beispiel 4.1
Um bei einem Patienten mit pulsierendem Schmerz besser entscheiden zu können, ob eine irreversible Pulpitis des betroffenen Zahns tatsächlich vorliegt, wird der so genannte Klopftest durchgeführt. Dabei wird auf den Zahn geklopft und überprüft, ob der Patient starke Schmerzen spürt. Falls er mit starken Schmerzen reagiert, handelt es sich um ein positives Testergebnis, das heißt, es wird eine Wurzelbehandlung durchgeführt.

In einer Vierfeldertafel (siehe Tab. 4.6) wurden die Häufigkeiten eines Klopftests und von irreversibler Pulpitis bei 100 Patienten mit pulsierendem Schmerz eingetragen.

Tab. 4.6: Vierfeldertafel Klopftest und irreversible Pulpitis

	irreversible Pulpitis		
Klopftest	Ja $[K^+]$	Nein $[K^-]$	Zeilensumme
Positiv $[T^+]$	(richtig positiv) 62	(falsch positiv) 1	63
Negativ $[T^-]$	(falsch positiv) 3	(richtig negativ) 34	37
Spaltensumme	65	35	100

Die Sensitivität ist der Anteil der Patienten mit positivem Klopftest innerhalb der Patienten mit irreversibler Pulpitis, also:

$$\text{Sensitivität} = \frac{62}{65} = 0{,}954$$

Die Spezifität ist der Anteil der Patienten mit negativem Klopftest innerhalb der Patienten ohne irreversible Pulpitis, also:

$$\text{Spezifität} = \frac{34}{35} = 0{,}971$$

■

Während Sensitivität und Spezifität dazu dienen, die Güte eines Diagnoseverfahrens zu beschreiben, sollen die folgenden beiden Begriffe die Vorhersagekraft eines diagnostischen Tests charakterisieren.

Der **positive Vorhersagewert** (positive predictive value) einer Diagnose ist die Wahrscheinlichkeit, dass die Erkrankung vorliegt, wenn die Diagnose positiv ist. Der positive Vorhersagewert steigt mit zunehmender Prävalenz.

$$\text{Positiver Vorhersagewert} = \frac{\text{Zahl der Erkrankten mit positivem Test}}{\text{Gesamtheit der testpositiven Fälle}} = \frac{a}{a+b}$$

Der **negative Vorhersagewert** (negative predictive value) einer Diagnose ist die Wahrscheinlichkeit, dass die Erkrankung nicht vorliegt, wenn die Diagnose negativ ist. Der negative Vorhersagewert sinkt, wenn die Prävalenz steigt.

$$\text{Negativer Vorhersagewert} = \frac{\text{Zahl der Gesunden mit negativem Test}}{\text{Gesamtheit der testnegativen Fälle}} = \frac{d}{c+d}$$

Beispiel 4.2

Aufgrund der in Beispiel 4.1 gegebenen Vierfeldertafel ergibt sich der positive Vorhersagewert des Klopftests. So ist der Anteil der Patienten, bei denen eine irreversible Pulpitis vorliegt, bezogen auf die Patienten mit positivem Klopftest:

$$\text{positiver Vorhersagewert} = \frac{62}{63} = 0{,}984$$

Der negative Vorhersagewert des Klopftests ist der Anteil der Patienten, bei denen keine irreversible Pulpitis vorliegt, bezogen auf die Patienten mit negativem Klopftest, also:

$$\text{negativer Vorhersagewert} = \frac{34}{37} = 0{,}918$$

Das relative Risiko kann auch unter Verwendung des positiven und negativen Vorhersagewertes berechnet werden:

$$\text{relatives Risiko} = \frac{\text{positiver Vorhersagewert}}{1 - \text{negativer Vorhersagewert}} = \frac{0{,}984}{0{,}081} = 12{,}15$$

Das Odds Ratio ist schließlich:

$$OR = \frac{\text{Chance der Exponierten}}{\text{Chance der Nichtexponierten}} = \frac{\frac{62}{1}}{\frac{3}{34}} = 702{,}67$$

Das Odds Ratio nimmt sehr hohe Werte an, wenn die Sensitivität allein sehr hoch ist (ungeachtet der Spezifität), wie auch umgekehrt, wenn die Spezifität allein sehr hoch ist (ungeachtet der Sensitivität). ■

Dem Wunsch, einen möglichst hoch sensitiven und spezifischen Test zu haben, steht die praktische Beobachtung entgegen, dass Sensitivität und Spezifität oft in gegenläufiger Beziehung zueinander stehen. So wird in praktischen Situationen vom Ausgang lediglich eines einzelnen Testverfahrens nicht gleich auf die Realität geschlossen. Vielmehr werden in der Regel mehrere Testverfahren, die sich gegebenenfalls hinsichtlich Sensitivitäten und Spezifitäten unterscheiden, gleichzeitig oder in zeitlicher Reihenfolge angewandt.

Für die Konstruktion eines diagnostischen Tests muss vielfach in Abhängigkeit einer kontinuierlichen oder klassierten Testvariablen auf das Vorliegen einer Erkrankung geschlossen werden. Hier steht meist die Frage nach der Wahl eines geeigneten Schwellenwertes x_S (auch Diskriminanzschwelle oder cut-off point genannt) für die Einstufung „Test positiv“ oder „Test negativ“ im Vordergrund.

Im Folgenden nehmen wir an, dass Werte über x_S als test-positiv, Werte x_S oder kleiner als test-negativ bewertet werden. Der Schwellenwert x_S sollte möglichst so gewählt werden, dass der daraus resultierende diagnostische Test die gewünschten Anforderungen an die Sensitivität beziehungsweise Spezifität erfüllt. Üblicherweise werden dazu Schwellenwerte für die Testvariable festgelegt und die zugehörigen Sensitivitäten und Spezifitäten berechnet. Graphisch veranschaulicht dies die so genannte (receiver-operating characteristics) **ROC-Kurve**, bei der auf der x-Achse die zugehörigen Werte der Spezifität (genauer 1 - Spezifität), also die Falschpositivrate, und auf der y-Achse die der Sensitivität, also die Richtigpositivrate aufgetragen werden. Die Kurve entsteht dann durch Interpolation, das heißt durch die Verbindung dieser Punkte durch gerade Linien. Sie liefert einen visuellen Eindruck der Überlegenheit des diagnostischen Tests gegenüber der Zufallsdiagnose. Fällt die resultierende Kurve nämlich mit der Winkelhalbierenden zusammen, so bedeutet dies, dass der Test keine diagnostische Information liefert. Im Idealfall liegt die Kurve auf der linken Begrenzungsseite beziehungsweise weit oberhalb der Winkelhalbierenden.

Bei der ROC-Kurve wird also die Sensitivität eines diagnostischen Tests als Funktion seiner Unspezifität dargestellt. Definitions- und Wertebereich sind jeweils das Intervall $[0, 1]$. Damit werden Testeigenschaften unabhängig von den unterschiedlichen Messbereichen und verschiedenen Maßeinheiten der betrachteten Merkmale beschrieben.

Als Maßzahl für die Abweichung der Kurve von der Winkelhalbierenden hat sich die Fläche unter der ROC-Kurve etabliert, da diese Fläche durch geometrische Überlegungen (Trapezregel) leicht berechnet werden kann. Diese Fläche gibt die Wahrscheinlichkeit an, dass ein Kranker einen höheren (im Sinne von „positiv“) Testwert aufweist als ein Gesunder. Der ideale Schwellenwert x_S kann so gewählt werden, dass die Summe aus Sensitivität und Spezifität des Tests maximal wird, also jener, der am weitesten von der Winkelhalbierenden entfernt ist.

Eine typische ROC-Kurve ist in Abb. 4.16 dargestellt; unter der ROC-Kurve beträgt die Fläche 0,71.

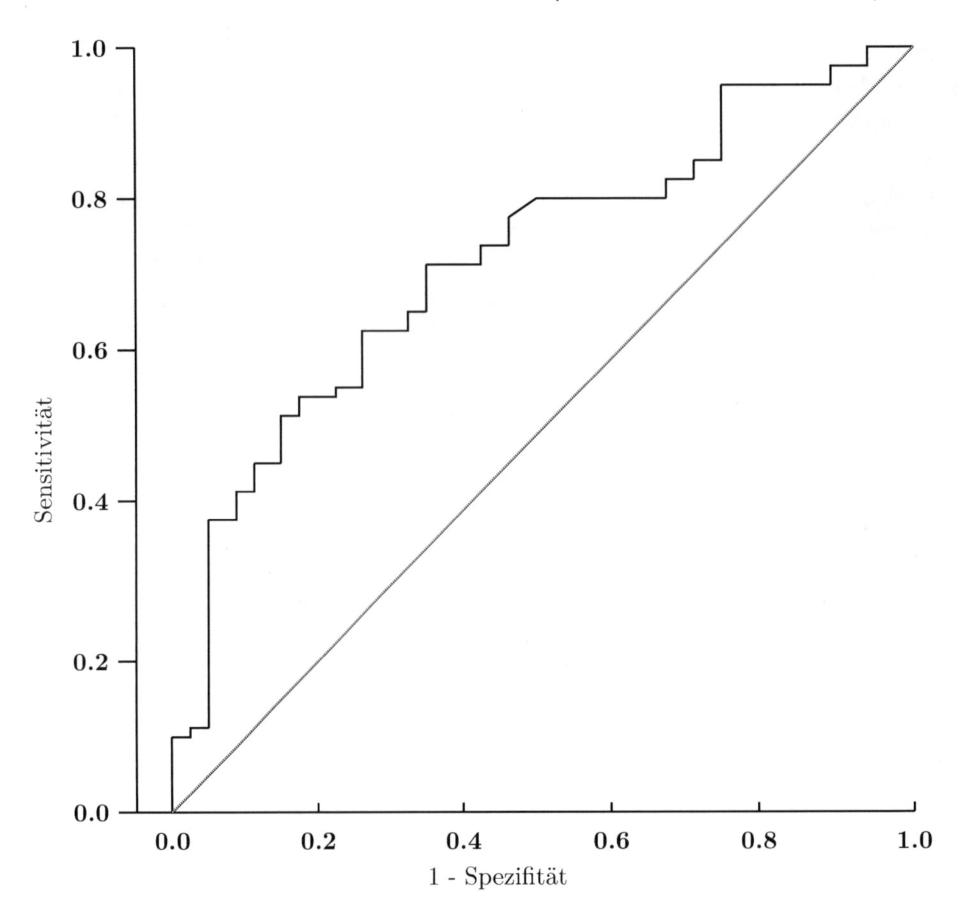

Abb. 4.16: Typische ROC-Kurve

4.6 Streudiagramm

Das **Streudiagramm** ist eine graphische Darstellungsform, die dazu dient, n Merkmalsträger in einem x-y-Koordinatensystem zu verorten. Ausgangspunkt eines Streudiagramms (engl. scatter-plot; auch Streuungsdiagramm, Streupunktdiagramm, Korrelogramm) ist die gleichzeitige Erhebung zweier metrischer Merkmale. Für jeden untersuchten Merkmalsträger gibt es dann eine Kombination zweier Zahlenwerte, die als Punkt in ein rechtwinkliges Koordinatensystem eingetragen werden. Der wesentliche Vorteil dieser Darstellung besteht darin, dass sofort ersichtlich wird, ob ein auffallender statistischer Zusammenhang zwischen zwei Merkmalen besteht und wie dieser gegebenenfalls aussieht.

Um zu untersuchen, ob zwischen der Körpergröße und dem Körpergewicht bei Frauen ein Zusammenhang besteht, können die Daten zunächst mittels Streudiagramm graphisch veranschaulicht werden (Abb. 4.17). Im Streudiagramm wird jede Beobachtungseinheit durch genau einen Punkt in der xy-Ebene repräsentiert. Die Lage dieses Punktes ist durch die beobachteten Werte in den beiden betrachteten Merkmalen festgelegt. Im vorliegenden Fall werden die Körpergröße in der x-Richtung und das Körpergewicht in der y-Richtung aufgetragen.

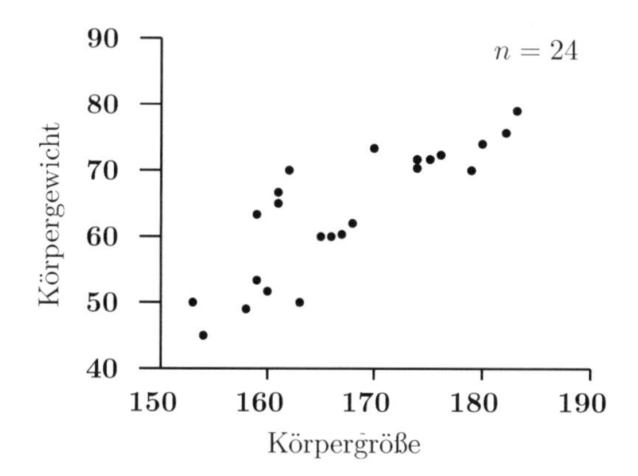

Abb. 4.17: Streudiagramm Körpergewicht und Körpergröße von Frauen

Abbildung 4.17 lässt zunächst erkennen, dass die beiden betrachteten Merkmale positiv korreliert sind. Große Körpergrößen gehen tendenziell mit großen positiven Veränderungen des Körpergewichts einher (und umgekehrt). Eine „Je-desto-Beziehung" kann formuliert werden: Je größer die Körpergröße, desto tendenziell größer ist das Körpergewicht. Dies wird als direkt proportionaler beziehungsweise positiver Zusammenhang bezeichnet. Das ist das empirische Muster für das „Ko-variieren" der Merkmalsausprägungskombinationen. Zwei Merkmale sind negativ korrelliert (beziehungsweise indirekter oder negativer Zusammenhang), falls große (kleine) x-Werte tendenziell mit kleinen (großen) y-Werten einhergehen. Zwei Merkmale sind unkorreliert, falls kleine (große) x-Werte sowohl mit großen (kleinen) als auch kleinen (großen) y-Werten einhergehen. Das Streudiagramm ist dann eine zufällige Punktwolke. Mit Hilfe des Streudiagramms können (qualitative) Antworten auf folgende Fragen gegeben werden:

- Liegt überhaupt ein Zusammenhang zwischen den untersuchten Merkmalen vor? (Abb. 4.18 A und B)
- Wie stark ist der Zusammenhang? (Abb. 4.18 C und D, indirekt proportional) Das Streudiagramm gibt nicht die Stärke der Beziehung zwischen den beiden Merkmalen in einer Zahl wieder.
- Kann davon ausgegangen werden, dass der Zusammenhang durch eine lineare Funktion (Gerade) beschrieben werden kann? (Abb. 4.18 E, F und G)
- Gibt es Ausreißer? (Abb. 4.18 H)

Falls Ausreißer, also weit abseits liegende Beobachtungen erkennbar sind, sollten diese näher untersucht werden: Liegen hier bei den Daten Eingabefehler vor? Gibt es einen inhaltlichen Grund, warum die Ausreißer besser aus der Stichprobe zu entfernen und

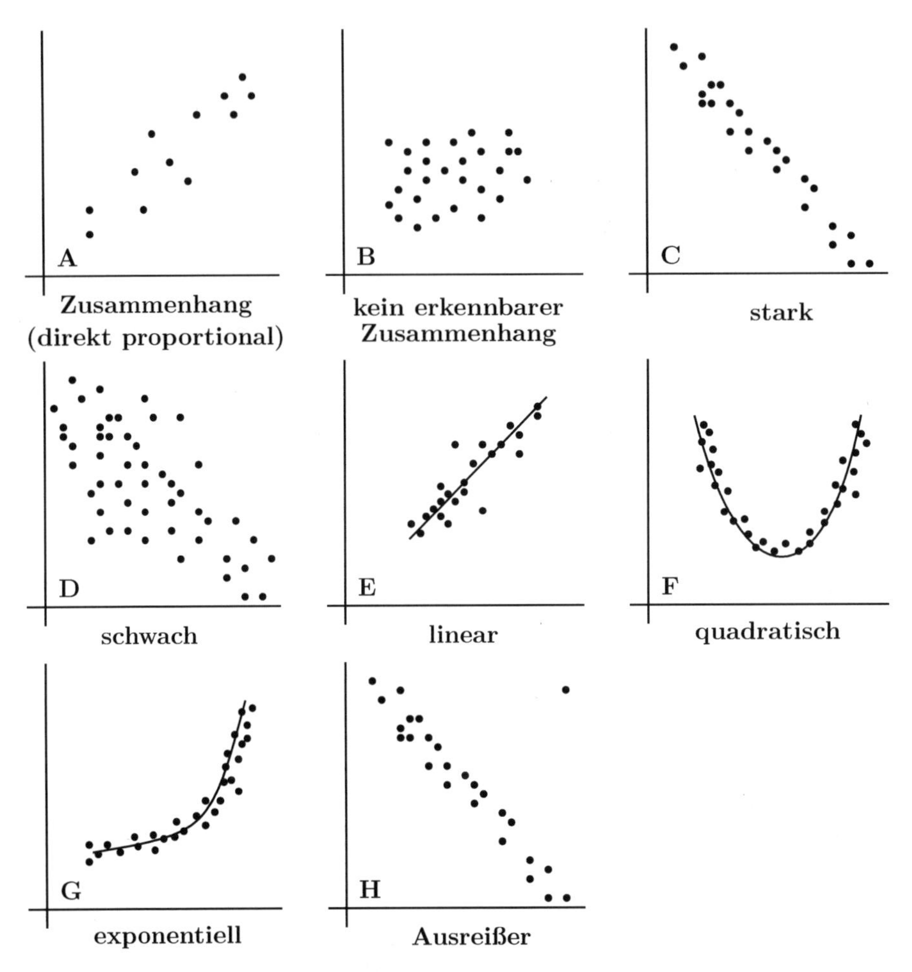

Abb. 4.18: Unterschiedliche Streudiagramme und deren qualitative Analyse

getrennt zu analysieren sind? Eine weitere Vermutung wäre, dass die Körpergröße einen Einfluss auf die Veränderung des Körpergewichts hat, also zwischen den beiden Merkmalen ein kausaler Zusammenhang besteht. Eine beobachtete Korrelation zwischen zwei Merkmalen muss jedoch nicht zwangsläufig einen sachlogischen Kausalzusammenhang bedeuten. Es kommt häufig vor, dass die beiden betrachteten Merkmale von einer dritten (möglicherweise unbekannten) Variablen beeinflusst werden. Liegt die Vermutung auf einen kausalen Zusammenhang vor, dann wird im Streudiagramm üblicherweise die beeinflussende (so genannte unabhängige oder erklärende) Variable auf der x-Achse aufgetragen und die abhängige (erklärte) Variable auf der y-Achse.

Häufig liegen für ein Merkmal nur wenige unterschiedliche Merkmalsausprägungen vor. Trifft dies auf beide Merkmale zu und sind viele Beobachtungen vorgenommen worden, so treten im Allgemeinen Paare von Merkmalsausprägungen mehrfach auf. Im Streudiagramm ist die daraus resultierende Mehrfachbelegung einzelner Punkte aber nicht zu erkennen. In einem solchen Fall sollte das Streudiagramm variiert werden. Eine Möglichkeit wäre es, die Punkte im Streudiagramm durch Zahlen zu ersetzen, wobei jede Zahl angibt, wie oft der entsprechende Punkt als Wertepaar auftritt. Bei häufiger Überlappung von Punkten in einem Streudiagramm ist eine zu erstellende Darstellungsform durch die Verwendung von „Sonnenblumen"-Symbolen zu erreichen. Sonnenblumensymbole zeigen die Anzahl der Merkmalsträger an, die im Zentrum der Symbole liegen: Ein Punkt entspricht einer Beobachtung, ein Punkt mit zwei Linien zwei Beobachtungen, ein Punkt mit drei Linien drei Beobachtungen. Liegen nicht zu viele Merkmalsträger vor, kann die Methode des Jittering benutzt werden. Dazu werden statt der tatsächlich beobachteten Wertepaare (x_i, y_i) „geschüttelte" Wertepaare $(x_i + s \cdot v_i, y_i + t \cdot w_i)$ herangezogen, wobei v_i, w_i über das Intervall $(-0,5,\ 0,5)$ gleichverteilte Zufallszahlen und s, t geeignet zu wählende Skalierungsfaktoren sind.

Ein Streudiagramm unterstützt eine Korrelations- oder Regressionsanalyse, da es Aufschluss über die Art der Beziehung zwischen zwei metrischen Merkmalen geben kann.

Aus der Darstellung der Punkte in einem Streudiagramm lassen sich Hinweise auf die Art einer eventuell bestehenden Abhängigkeit zwischen den beiden dargestellten Merkmalen ableiten. So liegt zum Beispiel Interesse vor zu untersuchen, in welcher Form eine „abhängige" Variable Y von einer „unabhängigen" Variablen X abhängt („Regressionsansatz"). Dazu wird als Ansatz zur Beschreibung der möglichen Abhängigkeit in der Regel ein Regressionsmodell der Gestalt

$$Y = f(X, \beta) + \epsilon$$

verwendet. Hierbei ist ϵ eine Störgröße, die unabhängig von X und Y einwirkt, und β ein im Allgemeinen unbekannter Parametervektor, der die Gestalt der Funktion f bestimmt. Das Streudiagramm aus Abb. 4.17 lässt auf einen linearen Regressionszusammenhang zwischen Körpergröße und Körpergewicht schließen:

$$\text{Körpergewicht} \approx b_0 + b_1 \cdot \text{Körpergröße}$$

Dies wäre der Fall der linearen Einfachregression, welche in Abschn. 5.1 näher beschrieben wird.

5 Regression

Übersicht

5.1 Lineare Einfachregression

Liegen für zwei mindestens intervallskalierte Merkmale X und Y eine Reihe von Wertepaaren vor, so lässt sich aufgrund dieser Daten eine Funktion zur Vorhersage von Y aus X bestimmen. Diese Funktion heißt Regressionsfunktion. Regression deshalb, weil es die Merkmalsausprägung eines Merkmals (Wirkung) auf die Merkmalsausprägung eines anderen Merkmals (Ursache) zurückführt („regrediert"), also Ursache-Wirkungs- oder Je-Desto-Beziehung. Dabei ist X die unabhängige Variable, genannt Prädiktor, und Y die gesuchte abhängige Variable, das Kriterium. Dies zeigt, dass die Merkmale asymmetrisch behandelt werden: Der Regressand (abhängiges Merkmal, endogenes Merkmal, erklärte Zielvariable, Kriterium) wird auf den Regressor (unabhängiges Merkmal, exogenes Merkmal, erklärendes Merkmal, Prädiktor) regressiert. Hier wird deutlich, dass bei der Regression zwischen unabhängiger und abhängiger Variable unterschieden wird, wogegen bei der Korrelation die beiden Merkmale gewissermaßen gleichberechtigt nebeneinanderstehen stehen und allein der Zusammenhang zwischen ihnen von Interesse ist. Die Bezeichnungen „abhängige" und „unabhängige" Variablen dürfen nicht darüber hinwegtäuschen, dass es sich bei der unterstellten Kausalbeziehung nur um Hypothesen handelt, also eine Vermutung des Untersuchers.

Der Name **Regression** leitet sich von den Arbeiten Sir Francis GALTON's her, welcher als Erster über Funktionsgleichungen das Phänomen untersucht hat, dass Söhne von großen Vätern tendenziell etwas kleiner sind als ihre Väter, sodass ein Rückschritt (lateinisch regressus) zur Durchschnittsgröße vorliegt. Diese spezielle Entdeckung hat damals dem ganzen Gebiet seinen Namen gegeben.

Wir wollen uns auf die **lineare Einfachregression** (oder auch einfache lineare Regression) beschränken. „Einfach" heißt sie deshalb, weil nur ein Prädiktor und ein Kriterium verwendet werden. Im Gegensatz zur einfachen Regression nutzt die multiple Regression oder Mehrfachregression die Information aus mehreren Prädiktoren, um die Ausprägungen auf einem Kriterium vorherzusagen. „Linear" heißt die Regression deshalb, weil angenommen wird, dass der Zusammenhang zwischen Prädiktor und Kriterium linearer und nicht etwa kurvilinearer (nichtlinear) oder exponentieller Natur ist wie in Abschn. 5.4.

Hängt die Merkmalsausprägung eines Merkmals von einer Einflussgröße ab, so stellt sich das Problem, die Art der Abhängigkeit quantitativ zu beschreiben. Beispiele solcher Beziehungen im Falle metrischer Merkmale sind:

1. die Wassertemperatur in einem See in Abhängigkeit von der Wassertiefe,
2. der Weizenertrag in Abhängigkeit von der Menge des Düngers,
3. das Brotvolumen in Abhängigkeit von der Mischzeit des Teiges,
4. die Anzahl der gefertigten Ersatzteile in Abhängigkeit von der Arbeitszeit,
5. die CO_2-Emission in Abhängigkeit vom Pro-Kopf-Einkommen,
6. die Länge des Bremsweges eines Autos in Abhängigkeit von der Geschwindigkeit.

Bei der Untersuchung solcher Abhängigkeiten wird dadurch, dass die Einflussgröße systematisch variiert, zu jedem ihrer Werte die Merkmalsausprägung des Merkmals beobachtet. Dabei werden alle sonstigen kontrollierbaren Faktoren, die auf das Merkmal Einfluss nehmen können, konstant gehalten. Wurden das Ausmaß und die Gestalt des Zusammenhangs zweier Variablen X und Y mittels eines Streudiagramms verdeutlicht, so ist der Zusammenhang genauer zu beschreiben. Die übliche Vorgehensweise wird nachfolgend anhand vom Beispiel Körpergewicht und Körpergrößen von Frauen diskutiert. Im Streudiagramm wird die horizontale x-Achse zur Repräsentierung der unabhängigen Variablen, die vertikale y-Achse zur Repräsentierung der abhängigen Variablen benutzt. In unserem Beispiel ist die Körpergröße die unabhängige (x-Achse) und das Körpergewicht die abhängige Variable (y-Achse).

Die Formulierung „Regression von Y auf X" gibt die Erklärungsrichtung an. Wenn angenommen wird, dass X einen Einfluss auf Y ausübt, ist X die unabhängige und Y die abhängige Variable. In der Sprechweise der einfachen linearen Regression heißt dies: „Die Merkmalsausprägung des Merkmals Y wird auf die Merkmalsausprägung des Merkmals X zurückgeführt", deshalb Regression von Y auf X.

Das Streudiagramm in Abb. 5.1 weist auf einen positiven linearen Zusammenhang hin. In diesem Fall ist es sinnvoll, eine Gerade durch die Punktwolke des Streudiagramms zu legen – es zeigt sich eine lineare Einfachregression.

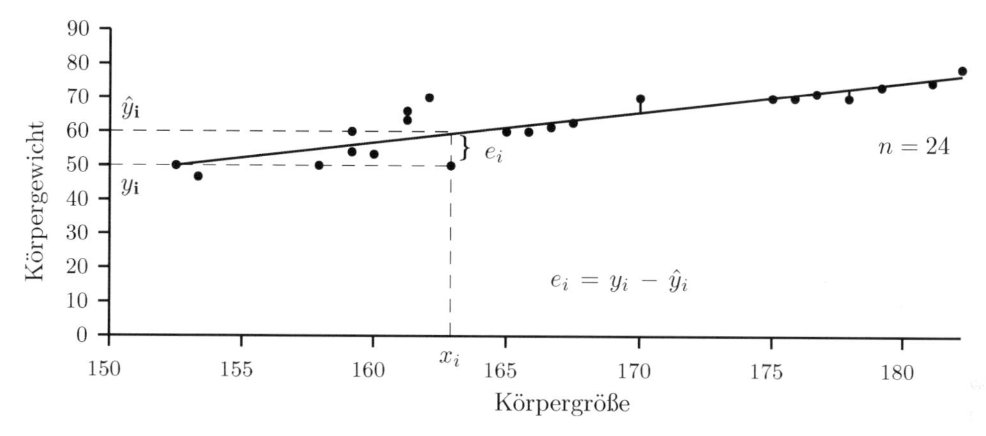

Abb. 5.1: Lineare Einfachregression im Streudiagramm

Eine Gerade liefert für jeden Wert x_i von X einen eindeutigen Wert $\hat{y}_i$ für Y (siehe Abb. 5.1). Der Wert $\hat{y}_i$ ist jener Wert von Y, der aufgrund der gelegten Geraden erwartet wird. $\hat{y}_i$ wird Prognose (oder Vorhersage) für Y an der Stelle x_i genannt und die Differenz $e_i = y_i - \hat{y}_i$ wird als Residuum („Error") bezeichnet. Das Residuum e_i gibt den Abstand zwischen dem beobachteten y_i und dem vorhergesagten Wert $\hat{y}_i$ an.

Welche Gerade soll durch die Punktwolke gelegt werden? Es ist sinnvoll, eine Gerade zu suchen, deren Prognosen möglichst nahe am tatsächlich beobachteten Wert liegen. Bestünde die Punktwolke aus nur zwei Punkten, so könnte eine Gerade durch diese zwei Punkte gelegt werden und die Prognose wäre gleich dem beobachteten Wert.

Das Ziel der Regressionsanalyse ist, den „stochastischen" Zusammenhang zwischen zwei Merkmalen durch eine lineare Funktion wiederzugeben. Anschaulicher bedeutet dies, dass die Punktwolke durch eine einzige, möglichst repräsentative Gerade ersetzt wird. Dies gelingt natürlich umso besser, je enger die Punktwolke ist, also je höher die beiden Merkmale tatsächlich miteinander korrelieren.

Im vorliegenden Beispiel ist die Antwort nicht so leicht, denn es handelt sich um 24 Datenpunkte. Es ist hilfreich, eine Gerade so zu bestimmen, dass das arithmetische Mittel der Abstände aller Datenpunkte möglichst klein ist. Ähnlich wie bei der Stichprobenvarianz werden nicht die Abstände selbst ermittelt, sondern ihre Quadrate. Es wird also die Quadratsumme der Residuen SQR (sum of squares residuals) mittels

$$SQR = \sum_{i=1}^{n} (y_i - \hat{y}_i)^2 = \sum_{i=1}^{n} e_i^2$$

minimiert, wobei der für das arithmetische Mittel benötigte Faktor $1/n$ weggelassen wurde, da er beim Minimieren keine Rolle spielt. Bei der Regressionsgeraden gelten folgende Eigenschaften:

1. Die Summe der Abstände aller Punkte der Regressionsgeraden ist null (gleichbedeutend mit „Summe der Residuen gleich null"). Die Regressionsgerade wird aus diesem Grund auch „fehlerausgleichende Gerade" genannt.
2. Die Regressionsgerade läuft stets durch den Schwerpunkt $(\bar{x}, \bar{y})$.

Beim Vergleich der Formel für SQR mit

$$\sum_{i=1}^{n}(y_i - \bar{y})^2,$$

also der Quadratsumme in der Formel für die gewöhnliche Varianz der y_i's, wird ersichtlich, dass in SQR der Mittelwert $\bar{y}$ durch die Prognosen $\hat{y}_i$ ersetzt wurde. Tatsächlich kann die Prognose $\hat{y}_i$ als eine Schätzung des Mittelwerts von Y an der Stelle x_i angesehen werden. Die Prognose $\hat{y}_i$ berücksichtigt – im Gegensatz zum arithmetischen Mittel $\bar{y}$ – eine mögliche Abhängigkeit zwischen dem Mittelwert von Y und X.

Eine Gerade wird durch ihre Steigung b_1 (oder Neigung) und den Wert b_0 (Achsenabschnitt, Höhenlage) von Y an der Stelle $x = 0$ bestimmt. Die Prognose für Y_i an der Stelle x_i ist dann durch die Geradengleichung

$$\hat{y}_i = b_0 + b_1 \cdot x_i \quad (i = 1, 2, \ldots, n)$$

gegeben.

Ein Grund dafür, dass die Punkte nicht auf einer Geraden liegen, sondern streuen, liegt darin, dass zum Beispiel noch andere Einflussgrößen oder Beobachtungsfehler beziehungsweise Messfehler einwirken. Da die Residuen $e_i = y_i - \hat{y}_i (i = 1, 2, \ldots n)$ definiert sind, ergibt sich für die einzelne Beobachtung:

$$y_i = b_0 + b_1 x_i + e_i \quad (i = 1, 2, \ldots, n)$$

Ein beobachteter Wert y_i setzt sich damit additiv zusammen aus einer systematischen Komponente $(b_0 + b_1 x_i)$ und der Residualgröße (e_i), die durch die unabhängige Variable X nicht erklärt werden kann.

Die Gerade mit dem kleinsten mittleren quadratischen Abstand SQR wird als **Regressionsgerade** (oder Kleinster Quadratschätzer) bezeichnet. Die Koeffizienten b_1 (Regressionskoeffizient) und b_0 (Regressionskonstante) der Regressionsgeraden (Kleinste-Quadrate-Schätzer, KQ-Schätzer, auch OLS = Ordinary Least Squares) werden durch folgende Formeln berechnet (mit Hilfe der Lösung einer Extremwertaufgabe):

$$b_1 = \frac{s_{xy}}{s_x^2} = r \cdot \frac{s_y}{s_x} \text{ und } b_0 = \bar{y} - b_1 \cdot \bar{x}$$

Die Formel zeigt auch, welche Beziehung zwischen der Stichprobenkovarianz s_{xy}, der Korrelation nach PEARSON r und der Steigung b_1 der Regressionsgeraden besteht. Insbesondere ist die Steigung b_1 genau dann gleich null, wenn die Korrelation nach PEARSON r oder die Stichprobenkovarianz s_{xy} gleich null sind.

Für die Körpergröße und Körpergewicht von Frauen ergibt sich:

$$b_1 = 0{,}85 \cdot \frac{9{,}7}{8{,}8} = 0{,}937 \text{ und } b_0 = 64{,}082 - 0{,}937 \cdot 167{,}625 = -92{,}981$$

Die resultierende Regressionsgerade ist daher gegeben durch:

$$\hat{y}_i = -92{,}981 + 0{,}937 \cdot x_i$$

Ein wesentlicher Vorteil der Regressionsanalyse ist die Möglichkeit einer Vorhersage (Prognose): Ist die Regressionsgerade zwischen zwei Variablen bekannt, so lässt sich zu einem beliebigen Wert der Prädiktorvariablen der zugehörige Kriteriumswert prognostizieren. Die Prognose ist bei fehlenden oder zukünftigen (mit Vorsicht!) Werten möglich.

Aus den durchgeführten Berechnungen folgt beispielsweise:

Prognose: Eine Frau mit einer Körpergröße von 190 cm hat im Mittel ein Körpergewicht von $-92{,}981 + 0{,}937 \cdot 190 = 85$ kg.

Wie y von x abhängt: Ist eine Frau A um 1 cm größer als eine Frau B, dann ist im Mittel Frau A um 0,937 kg schwerer als Frau B. Allgemein ausgedrückt: b_1 gibt an, um wie viele Einheiten sich Y vermutlich ändert, wenn sich X um eine Einheit ändert (Maß für die Wirkung von X auf Y).

Die Formel von b_0 impliziert die folgende wichtige Tatsache: Der Schwerpunkt der Punktwolke ist jener Punkt, der durch die arithmetischen Mittelwerte $\bar{x}$ und $\bar{y}$ gegeben ist. Dieser Schwerpunkt wird von der Regressionsgeraden getroffen, das heißt $\bar{y} = b_0 + b_1 \cdot \bar{x}$. Anders formuliert kann gesagt werden, dass die Prognose für das arithmetische Mittel $\bar{x}$ das arithmetische Mittel $\bar{y}$ ist.

Die absolute Größe des Wertes für b_1 gibt gewöhnlich nicht die Bedeutung der Einflussgröße für die Untersuchungsgröße an; denn b_1 besitzt die Dimension von y, bezogen auf die Dimension von x. b_1 hat im vorliegenden Beispiel die Dimension Kilogramm pro Zentimeter. Dies ist für Vergleiche zwischen unterschiedlichen Regressionskoeffizienten von Nachteil.

Deshalb kann eine Normierung gemäß

$$b_1^* = b_1 \frac{s_x}{s_y}$$

vorgenommen werden, die zu einem dimensionslosen Koeffizienten b_1^* (der normierte Regressionskoeffizient) führt und somit den erwähnten Mangel der Interpretationsmöglichkeit von b_1 vermeidet. Der **normierte Regressionskoeffizient** b_1^* stimmt im Falle der linearen Einfachregression mit dem Korrelationskoeffizienten von Bravais/Pearson überein:

$$b_1^* = r$$

Umgekehrt reflektiert der Wert für b_1^* die Richtung und Stärke des Zusammenhangs zwischen der abhängigen und unabhängigen Variablen.

Folgende Punkte sind bei der einfachen linearen Regression problematisch:

1. Stellt eine Gerade die adäquate Darstellungsform für die Beobachtungsdaten dar?
2. Ist der gewählte Abstandsbegriff, das heißt die Quadratsumme der Residuen (SQR), ein brauchbares Maß?
3. Wurden alle relevanten Einflussgrößen erfasst?
4. Übt x einen Einfluss auf y oder y einen Einfluss auf x aus? Besteht überhaupt irgendeine kausale Beziehung zwischen x und y?

Ein kausaler Einfluss von x auf y kann zwar vermutet und gegebenenfalls durch die Regressionsrechnung „statistisch erhärtet“ werden; ein Beweis kann damit – selbst in den Fällen, in denen das Bestimmtheitsmaß R^2 den Wert 1 erreicht – natürlich nicht erbracht werden (vergleiche dazu Abschn. 5.2).

5.2 Beispiel zur linearen Einfachregression

Betrachtet wird im Folgenden ein Beispiel, in dem direkt alle besprochenen Aspekte berechnet werden können: die Körpergröße x_i und das Körpergewicht y_i von acht 11-jährigen Mädchen (siehe Tab. 5.1 und Abb. 5.2).

Tab. 5.1: Tabelle der Urdaten von Körpergröße und Körpergewicht

i	Körpergröße x_i	Körpergewicht y_i
1	133	30
2	149	34
3	164	47
4	147	41
5	141	32
6	146	37
7	152	47
8	143	42

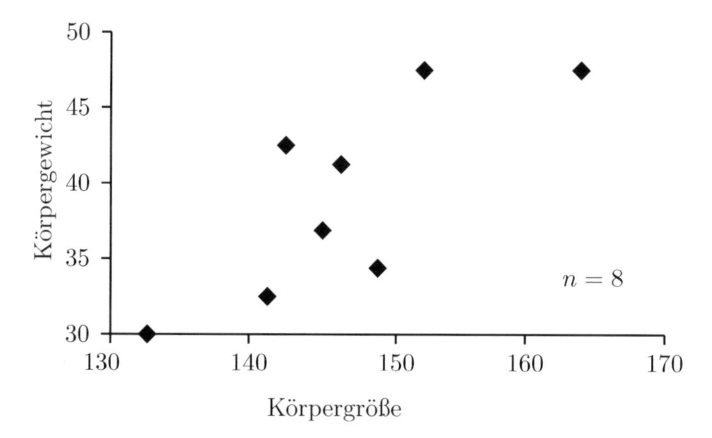

Abb. 5.2: Streudiagramm zu Körpergröße und Körpergewicht von acht 11-jährigen Mädchen

Das Streudiagramm in Abb. 5.2 lässt einen linearen Zusammenhang vermuten – die Frage, die sich daher ergibt, ist: Wie kann die „optimale" Gerade zu den gegebenen Wertepaaren (x_i, y_i) gefunden werden? Die einfachen Abweichungen aller Punkte von der Geraden würden es nicht erlauben, nur eine Gerade zu finden, bei der die Abstände der Messwerte von dieser Geraden minimal sind: Es gibt in jeder Punktwolke mehrere Geraden, bei denen die einfachen Abstände der Punkte von dieser Geraden aufsummiert 0 ergeben, wie die Abb. 5.3 verdeutlicht:

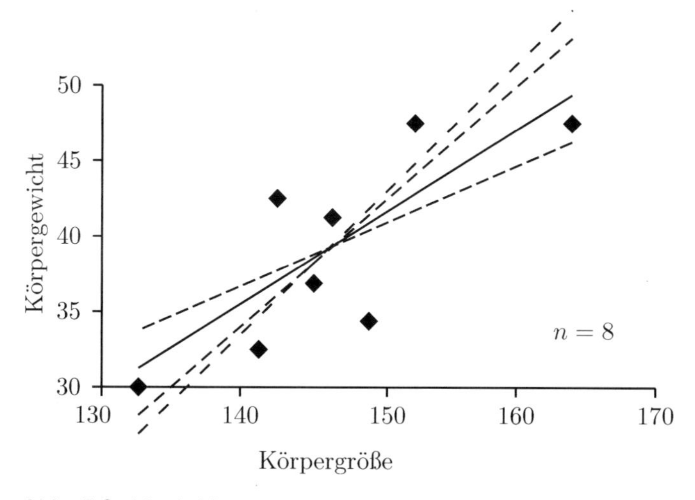

Abb. 5.3: Möglichkeiten, den linearen Zusammenhang zwischen Gewicht und Größe mit einer Geraden zu beschreiben

Welche Gerade ist zu wählen? In Abb. 5.4 wurden eine mögliche Gerade und zusätzlich die Residuen eingezeichnet.

Die $e_i = y_i - \hat{y}_i = y_i - (b_0 + b_1 \cdot x_i)$ werden **Residuen** genannt.

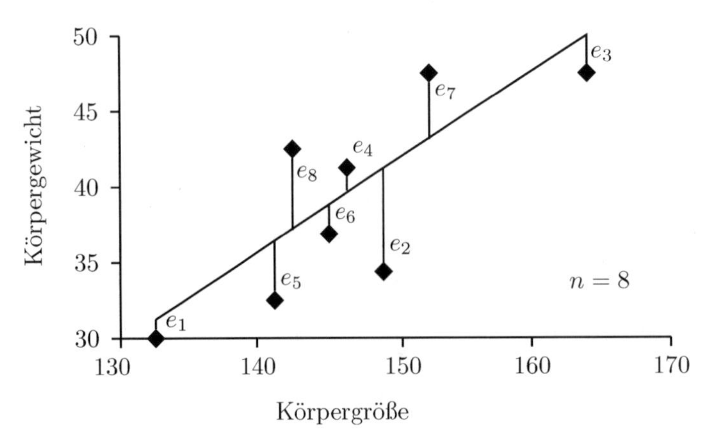

Abb. 5.4: Mögliche Regressionsgerade plus Residuen

Ziel ist es, die Residuen so klein wie möglich zu halten, da die Summe aller Residuen null ergibt. Es wird, ähnlich wie bei der Stichprobenvarianz, das Minimum der quadrierten Residuen (SQR) als Kriterium gewählt, wie die Abb. 5.5 veranschaulicht.

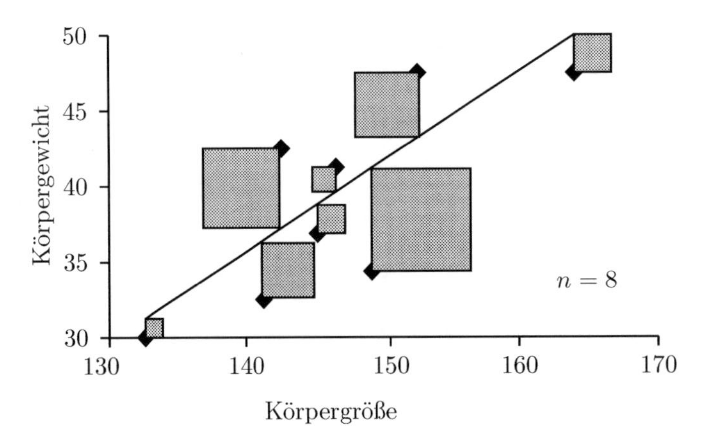

Abb. 5.5: Kriterium der Kleinst-Quadrate anhand eines Streudiagramms

Im Folgenden dient die Arbeitstabelle 5.2 zur Berechnung der Regressionskoeffizienten. Aus der Tab. 5.2 ergibt sich

- die arithmetischen Mittel $\bar{x} = 146{,}874\,\text{cm}$ und $\bar{y} = 38{,}75\,\text{kg}$,
- die Stichprobenvarianz von X, s_x^2 ist $566{,}88/7$, also $s_x^2 = 80{,}98\,\text{cm}^2$, die Stichprobenvarianz von Y, s_y^2 ist $299{,}5/7$, also $s_y^2 = 42,79\,\text{kg}^2$.
- Die Stichprobenkovarianz s_{xy} berechnet sich aus $s_{xy} = 323{,}75/7 = 46{,}25$ kg cm.

Tab. 5.2: Arbeitstabelle zur Berechnung der Regressionskoeffizienten

i	x_i	y_i	$x_i - \bar{x}$	$y_i - \bar{y}$	$(x_i - \bar{x})^2$	$(y_i - \bar{y})^2$	$(x_i - \bar{x}) \cdot (y_i - \bar{y})$
1	133	30	$-13,875$	$-8,75$	$192,52$	$76,56$	$121,41$
2	149	34	$2,125$	$-4,75$	$4,52$	$22,56$	$-10,09$
3	164	47	$17,125$	$8,25$	$293,27$	$68,06$	$141,28$
4	147	41	$0,125$	$2,25$	$0,02$	$5,06$	$0,28$
5	141	32	$-5,875$	$-6,75$	$34,52$	$45,56$	$39,66$
6	146	37	$-0,875$	$-1,75$	$0,77$	$3,06$	$1,53$
7	152	47	$5,125$	$8,25$	$26,27$	$68,06$	$42,28$
8	143	42	$-3,875$	$3,25$	$15,02$	$10,56$	$-12,59$
Summe	1175	310	0	0	$566,88$	$299,50$	$323,75$

Die Regressionskoeffizienten ergeben sich nun zu:

$$b_1 = \frac{s_{xy}}{s_x^2} = \frac{46,25 \text{ kg cm}}{80,98 \text{ cm}^2} = 0,5711 \frac{\text{kg}}{\text{cm}}$$

$$b_0 = \bar{y} - b_1 \cdot \bar{x} = 38,75 - 0,5711 \cdot 146,875 = -45,132 \text{ kg}$$

Die Regressionsgerade ergibt sich daher zu: $\hat{y}_i = -45{,}132 + 0{,}5711 \cdot x_i$

Die Frage „Welches Gewicht wird bei einer Körpergröße von 155 cm erwartet?" kann nun mittels der Regressionsgeraden $\hat{y} = -45{,}132 + 0{,}5711 \cdot x$ beantwortet werden, indem für x 155 eingesetzt wird:

$$\hat{y} = -45{,}132 + 0{,}5711 \cdot 155 = 43{,}39 \text{ kg}$$

Die Frage „Welches Gewicht wird bei einer Körpergröße von 175 cm erwartet?" muss sorgfältig analysiert werden. Zurückgehend auf das ursprüngliche Problem, nämlich das Körpergewicht aus der Körpergröße von elfjährigen Mädchen vorherzusagen, lagen die Körpergrößen innerhalb der betreffenden Stichprobe im Bereich von 133 bis 164 cm. Der Wert 175 cm liegt außerhalb des Bereichs – es könnte also durchaus sein, dass der Verlauf bei sehr großen Größen im Sinne der gefundenen Geraden stark abweicht (Strukturbruch) – von einer Vorhersage sollte daher in diesem Zusammenhang abgesehen werden.

Eine naheliegende Frage nach der Durchführung einer Regressionsanalyse ist, wie gut die Datenpunkte durch die angepasste Regressionsgerade beschrieben werden. Als Beispiel werden die Diagramme in Abb. 5.6 betrachtet.

In Abb. 5.6 A liegen alle Datenpunkte nahe an der Geraden, werden also durch diese sehr gut beschrieben. In Abb. 5.6 B hingegen streuen die Punkte stärker um die Regressionsgerade. Diese Regressionsgerade bedeutet offensichtlich eine nicht so gute Anpassung.

Als zielführende Idee erweist sich die Betrachtung der Streuung des Merkmals Y im Verhältnis zur Streuung der Schätzung des Merkmals Y um den Mittelwert $\bar{y}$.

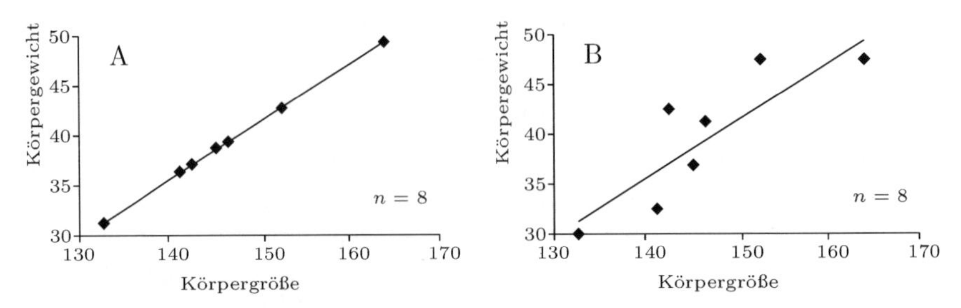

Abb. 5.6: Zwei Streudiagramme zu Körpergröße und Körpergewicht bei acht 11-jährigen Mädchen mit eingezeichneter Regressionsgeraden

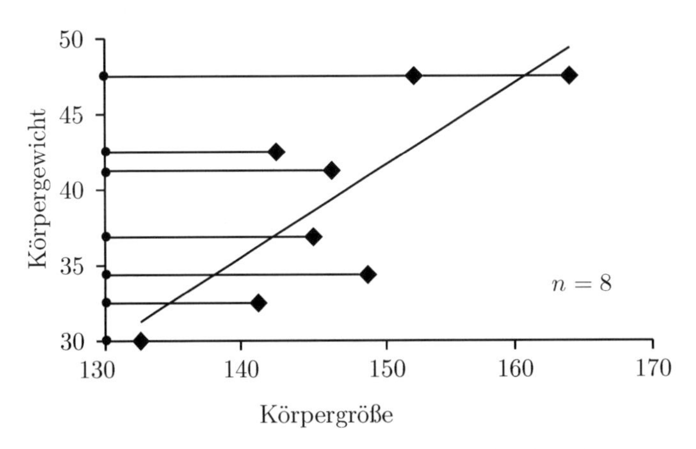

Abb. 5.7: Streuung des Merkmals Y anhand des Streudiagramms

Wir interessieren uns für die Streuung des Merkmals Y. Um diese graphisch darzustellen, werden die Datenpunkte auf die y-Achse projiziert (siehe Abb. 5.7).

Als Maß für die Streuung wird die Stichprobenvarianz verwendet. Diese ergibt sich für das Merkmal Y aus:

$$s_y^2 = \frac{1}{n-1}\left((y_1-\bar{y})^2+(y_2-\bar{y})^2+(y_3-\bar{y})^2+\cdots+(y_n-\bar{y})^2\right)$$

Für jeden einzelnen Datenpunkt (x_i, y_i) existiert eine zugehörige Schätzung auf der Regressionsgeraden $(x_i, \hat{y}_i)$.

Die Schätzungen $\hat{y}_i$ streuen um den Mittelwert des Merkmals Y, da die Regressionsgerade durch den Schwerpunkt der Daten geht. Es interessieren uns nun die Streuungen der Schätzungen $\hat{y}_i$ um $\bar{y}$. Um diese graphisch darzustellen, werden die Schätzungen auf die y-Achse projiziert (siehe Abb. 5.8).

Als Maß für die Streuung wird die Stichprobenvarianz verwendet. Dieses Mal wird allerdings nicht die Streuung der Datenpunkte, sondern die Streuung der Schätzungen $\hat{y}_i$ berechnet.

$$s_{\hat{y}}^2 = \frac{1}{n-1}\left((\hat{y}_1-\bar{y})^2+(\hat{y}_2-\bar{y})^2+(\hat{y}_3-\bar{y})^2+\cdots+(\hat{y}_n-\bar{y})^2)\right)$$

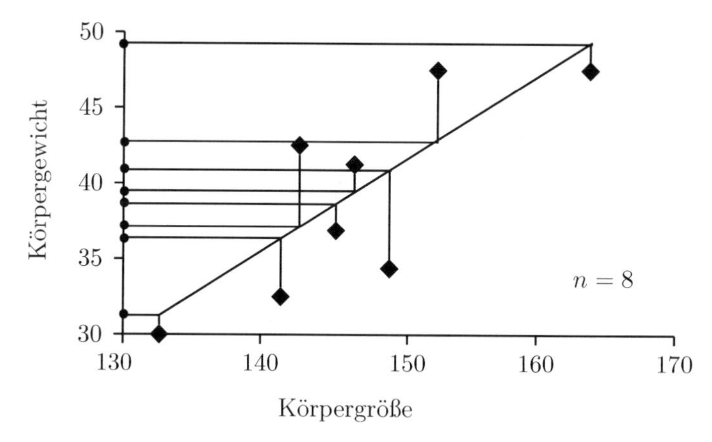

Abb. 5.8: Streuung des Merkmals $\hat{Y}$ anhand des Streudiagramms

Wir haben nun sowohl die gesamte Streuung aller Datenpunkte als auch die Streuung der Schätzungen berechnet. Um ein Maß für die Güte der Schätzungen (und somit die Güte der Regression) zu erhalten, wird die Relation der beiden Größen zueinander betrachtet.

Die Güte der Regression, das **Bestimmtheitsmaß**, ergibt sich aus dem Verhältnis der Streuung der Schätzungen zur Streuung der Datenpunkte selbst („goodness of fit").

$$R^2 = \frac{s_{\hat{y}}^2}{s_y^2}$$

Die Güte der Regression kann minimal 0 und maximal 1 sein, 1 dann, wenn die Streuung der Schätzungen gleich der Streuung der Datenpunkte ist. Dies ist genau dann der Fall, wenn die Datenpunkte selbst genau auf einer Geraden liegen. Dann stimmen Datenpunkte und Schätzungen genau überein und die Streuungen sind gleich groß. Je weiter die Datenpunkte von der Geraden entfernt sind, desto größer wird die Streuung der Datenpunkte im Verhältnis zur Streuung der Schätzungen sein.

Die Streuung der Datenpunkte wird als **Gesamtstreuung** bezeichnet. Diese setzt sich zusammen aus der Streuung der Schätzungen (auch: die durch die Regressionsgerade erklärte Streuung) und der Streuung der Residueen (auch: die durch die Regressionsgerade nicht erklärte Streuung).

Kurz zusammengefasst ist also die gesamte Streuung gleich die Streuung der Schätzungen plus die Streuung der Residueen, oder anders ausgedrückt: Die gesamte Streuung ist gleich die erklärte Streuung plus die nicht erklärte Streuung.

Das Bestimmtheitsmaß ergibt sich unter Verwendung von SQE (sum of squares explainded) und SQT (sum of squares total) zu

$$R^2 = \frac{\text{erklärte Streuung}}{\text{Gesamtstreuung}} = \frac{\sum_{i=1}^{n}(\hat{y}_i - \bar{y})^2}{\sum_{i=1}^{n}(y_i - \bar{y})^2} = \frac{SQE}{SQT}$$

als normierte Größe zwischen 0 und 1. Es ist umso größer, je höher der Anteil der erklärten Streuung an der Gesamtstreuung ist. Man kann das Bestimmtheitsmaß R^2 auch durch Subtraktion des Verhältnisses der nicht erklärten Streuung zur Gesamtstreuung vom Maximalwert 1 ermitteln:

$$R^2 = 1 - \frac{\sum_{i=1}^{n} e_i^2}{\sum_{i=1}^{n} (y_i - \bar{y})^2} = \frac{SQR}{SQT}$$
$$= 1 - \frac{\text{nicht erklärte Streuung}}{\text{Gesamtstreuung}}$$

Aus der Formel wird ersichtlich, dass das Kleinst-Quadrate-Kriterium gleichbedeutend mit der Maximierung des Bestimmtheitsmaßes R^2 ist. Das Bestimmtheitsmaß lässt sich alternativ als Quadrat der Korrelation zwischen den beobachteten und den geschätzten Y-Werten berechnen:

$$R^2 = r_{y\hat{y}}^2$$

Hieraus resultiert die Bezeichnung „R^2".

Im Falle, dass die unabhängige Variable kategoriell (zum Beispiel auch eine klassifizierte metrische Variable) und die abhängige Variable metrisch ist, ist das **Korrelationsverhältnis**, Eta-Quadrat (η^2), das Verhältnis der erklärten Streuung zur Gesamtstreuung zu verwenden. Es beschreibt die proportionale Fehlerreduktion bei der Vorhersage einer metrischen abhängigen Variablen auf Basis einer kategoriellen Variablen. η (die Wurzel von Eta-Quadrat) beschreibt die Stärke der Beziehung zwischen den Variablen. η ist ein richtungsloses Maß und im Unterschied zu r ein asymmetrischer Koeffizient, das heißt: Falls einmal X und einmal Y als abhängige Variablen verwendet werden und beide mindestens eine Intervallskala aufweisen, sind beide Eta-Koeffizienten verschieden. Falls das unabhängige Merkmal ein dichotomes nominalskaliertes Merkmal ist, ist der η-Koeffizient der punktbiserialen Korrelation (siehe Abschn. 8.5) bis auf eine eventuelle Richtung im Betrag gleich.

5.3 Lineare Zweifachregression und partielle Korrelation

Bei der linearen Zweifachregression werden im Unterschied zur „einfachen" linearen Regression nicht nur ein Prädiktor, sondern zwei Prädiktoren X_1 und X_2 simultan zur Vorhersage genutzt. Sowohl das Kriterium Y als auch die Prädiktoren X_1 und X_2 müssen hierbei mindestens intervallskaliert sein.

Beispiele für eine lineare Zweifachregression sind:

1. Die Lernleistung bei einer Weiterbildung Y soll aus der sozialen X_1- und der fachlichen X_2-Kompetenz des Ausbilders vorhergesagt werden.

2. Die Nachfragemenge nach einem Produkt Y soll aus dem Produktpreis X_1 und vom Einkommen der Konsumenten X_2 vorhergesagt werden.
3. Der Jahresumsatz von einer Verkaufsfläche Y soll aus den getätigten Werbeausgaben X_1 und von den Standorten der Verkaufsfilialen X_2 vorhersagt werden.
4. Lassen sich Gewalteinstellungen Y aus erfahrener Elterngewalt in der Kindheit X_1 und dem Bildungsgrad X_2 vorhersagen?

Durch die Berücksichtigung eines zusätzlichen Prädiktors wird die Vorhersagegüte im Allgemeinen verbessert. Durch einen weiteren Prädiktor kann sich die Vorhersagegüte niemals verschlechtern. Kann zum Beispiel der Therapieerfolg zu 10 % durch die Kompetenz des Therapeuten vorhergesagt werden, so geht diese Information nicht verloren, wenn zusätzlich noch die Motivation des Klienten berücksichtigt wird. Im schlechtesten Falle würde das Regressionsmodell die Motivation des Klienten unberücksichtigt lassen und die Vorhersage ausschließlich aufgrund der Kompetenz des Therapeuten treffen. Das Modell würde dann natürlich wieder 10 % der Varianz erklären.

Das Modell der **linearen Zweifachregression** ergibt die Ausprägung des Kriteriums als Linearkombination von zwei Prädiktoren:

$$\hat{y} = b_0 + b_1 x_1 + b_2 x_2$$

Für die einzelnen Beobachtungen gilt:

$$y_i = b_0 + b_1 x_{1i} + b_2 x_{2i} + e_i \quad (i = 1, 2, \ldots, n)$$

Wie bei der einfachen linearen Regression verwenden wir das Kriterium der kleinsten Quadrate zur Bestimmung der Regressionskoeffizienten. Die graphische Darstellung erfolgt nun im drei-dimensionalen Raum. Während in der linearen Einfachregression eine Regressionsgerade die Daten möglichst gut abbildet, suchen wir im Falle mit zwei erklärenden Variablen eine Regressionsebene, die die Quadratsumme der Residuen minimiert.

b_0 ist das Absolutglied, b_1 und b_2 werden als partielle Regressionskoeffizienten bezeichnet, da sie den separaten Einfluss des jeweiligen Merkmals auf Y – bei konstantem übrigen Merkmal – angeben. Für die Regressionskoeffizienten ergeben sich die folgenden Formeln für die Regressionsebene:

$$b_0 = \bar{y} - b_1 \bar{x}_1 - b_2 \bar{x}_2, \quad b_1 = \frac{r_{y1} - r_{y2} r_{12}}{1 - r_{12}^2} \frac{s_y}{s_{x_1}}, \quad b_2 = \frac{r_{y2} - r_{y1} r_{12}}{1 - r_{12}^2} \frac{s_y}{s_{x_2}}$$

r_{y1} : Korrelationskoeffizient für den Zusammenhang zwischen y und x_1

r_{y2} : Korrelationskoeffizient für den Zusammenhang zwischen y und x_2

r_{12} : Korrelationskoeffizient für den Zusammenhang zwischen x_1 und x_2

Wir müssen also lediglich alle bivariaten Korrelationen zwischen den Merkmalen und alle Standardabweichungen berechnen und können mit diesen Informationen die lineare Zweifachregression angeben.

Der Regressionskoeffizient b_1 gibt an, um wie viele Einheiten sich das erwartete y verändert, wenn x_1 um eine Einheit zunimmt und x_2 unverändert bleibt; analog gibt der Regressionskoeffizient b_2 an, um wie viele Einheiten sich das erwartete y verändert, wenn x_2 um eine Einheit zunimmt und x_1 unverändert bleibt. Die beiden Koeffizienten b_1 und b_2 messen die Steigung in Richtung der beiden Achsen, das heißt den Zusammenhang zwischen abhängiger und erklärender Variablen. Der Koeffizient b_0 ist nach wie vor der Intercept, das heißt der Schnittpunkt mit der y-Achse.

In Abb. 5.9 werden die Regressionsebene mit den Steigungen b_1 und b_2 und additiver Konstante b_0 sowie die beobachteten Werte illustriert. Dabei ist zu beachten, dass die rechteckige Fläche nur der bildmäßigen Darstellung dient, die Regressionsebene ist natürlich nicht durch sie begrenzt.

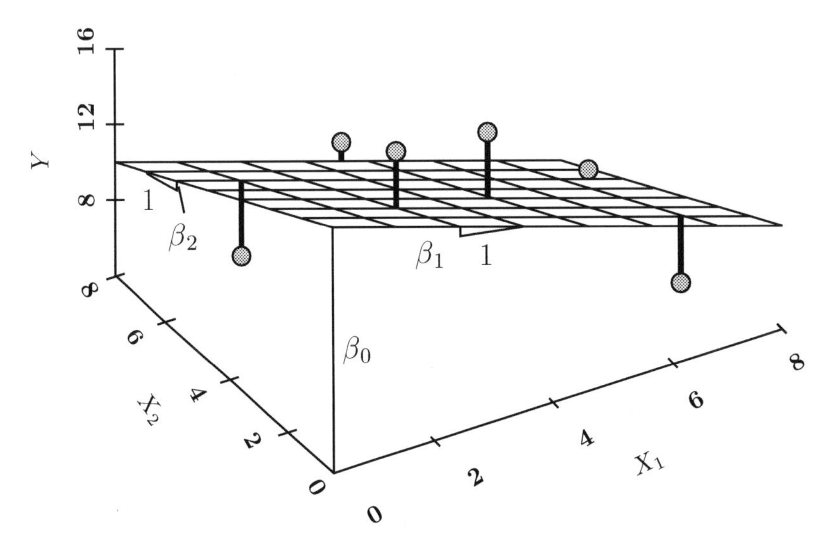

Abb. 5.9: Regressionsebene mit den beobachteten Werten

Durch die **partielle Korrelation** (Teilkorrelation) wird der Frage nachgegangen, ob die Beziehung zwischen zwei Variablen X und Y durch eine dritte, konfundierende Variable Z beeinflusst oder erzeugt werden könnte. Mit **konfundierender Variable** (auch Confounder) sind solche (nicht bekannten oder nicht mit beobachteten) Variablen gemeint, die mit der unabhängigen Variable in einem Zusammenhang stehen, und zwar so, dass sie die abhängige Variable beeinflussen.

Die partielle Korrelation $r_{xy.z}$ gibt an, wie stark die Korrelation zwischen X und Y wäre, wenn sie von dem vermuteten erzeugenden Effekt von Z „bereinigt" wird beziehungsweise wenn der vermutete Einfluss von Z nicht bestünde. In diesem Falle wird Z aus der Korrelation von X und Y heraus partialisiert.

$$r_{xy.z} = \frac{r_{xy} - r_{xz}r_{yz}}{\sqrt{1 - r_{xz}^2}\sqrt{1 - r_{yz}^2}}$$

Der Koeffizient schätzt also die Stärke des Zusammenhangs zwischen X und Y, wenn Z keinen Einfluss hätte. Dabei wird die Annahme gestützt, wenn $r_{xy.z}$ im Betrag deutlich kleiner wird als $|r_{xy}|$.

Dies ist jedoch dann noch kein Beweis dafür, dass Z die verursachende Variable ist. Unsere korrekte Schlussfolgerung müsste in diesem Falle lauten: Wenn die Variable Z verantwortlich wäre, ließe sie den direkten Zusammenhang zwischen X und Y als zu hoch erscheinen. Ob sie aber verantwortlich ist, können wir nur theoretisch annehmen und nicht testen. Ist $|r_{xy.z}| > |r_{xy}|$, so liegt ein Suppressoreffekt von Z vor, das heißt, der direkte Zusammenhang zwischen X und Y ist höher, wenn der Einfluss von Z kontrolliert wird.

Die Formel für die standardisierten Regressionskoeffizienten,

$$b_i^* = b_i \frac{\text{Standardabweichung von } X_i}{\text{Standardabweichung von } Y}$$

die auch als Beta-Werte bezeichnet werden, und die partielle Korrelation unterscheiden sich lediglich im Nenner. Dies legt nahe, dass sie ähnliche Eigenschaften beschreiben:

$$b_1^* = \frac{r_{y1} - r_{y2}r_{12}}{1 - r_{12}^2} \qquad r_{y1.2} = \frac{r_{y1} - r_{y2}r_{12}}{\sqrt{1 - r_{y2}}\sqrt{1 - r_{12}}}$$

- b_1^* gibt an, wie die standardisierte Variable X_1 transformiert werden muss, damit die standardisierte Variable Y möglichst fehlerfrei geschätzt werden kann, wenn indirekte Einflüsse von der standardisierten Variablen X_2 kontrolliert beziehungsweise heraus partialisiert werden (Standardpartialregressionskoeffizient).
- $r_{y1.2}$ gibt an, wie stark der Zusammenhang von X_1 und Y ist, wenn indirekte Effekte von X_2 kontrolliert beziehungsweise heraus partialisiert werden (partieller Korrelationskoeffizient).

Die standardisierten Regressionskoeffizienten b_i^* können Werte annehmen, die im Betrag größer 1 sind. Die partiellen Korrelationen hingegen sind im Betrag höchstens gleich 1.

In Abhängigkeit von der Korrelation der beiden Variablen X_1 und X_2 ergeben sich folgende Eigenschaften in Bezug auf das Bestimmtheitsmaß der linearen Zweifachregression:

1. $|r_{12}| \approx 1$: Sind die Prädiktoren hoch korreliert, so repräsentieren sie ähnliche Informationen und das Bestimmtheitsmaß der Zweifachregression ist nicht wesentlich größer als das höchste Bestimmtheitsmaß der Einfachregression. Dies gilt nur, wenn bei positiver (negativer) Korrelation der Prädiktoren die beiden Kriteriumskorrelationen dasselbe (unterschiedliche) Vorzeichen haben.
2. $r_{12} \approx 0$: Sind die Prädiktoren unabhängig voneinander (orthogonal), ergibt sich die Vorhersagegüte des Bestimmtheitsmaßes der Zweifachregression als Summe der einzelnen Bestimmtheitsmaße der Einfachregression.

3. $0 < |r_{12}| < 1$:

a) Falls beide Prädiktoren zum Teil das gleiche Merkmal repräsentieren, ist das Bestimmtheitsmaß der Zweifachregression kleiner als die Summe der einzelnen Bestimmtheitsmaße der Einfachregression. Dies ergibt sich daher, dass in der linearen Zweifachregression implizit darauf geachtet wird, dass redundante Informationen nicht doppelt verrechnet werden.

b) Falls mindestens eine der beiden Variablen eine so genannte Suppressorvariable ist, ist das Bestimmtheitsmaß der Zweifachregression größer als die Summe der einzelnen Bestimmtheitsmaße der Einfachregression. Eine Suppressorvariable ist eine Variable, die Informationen enthält, durch die die Vorhersage eines anderen Prädiktors erhöht wird. Auch in diesem Fall repräsentieren die beiden Prädiktoren zum Teil das gleiche Merkmal. Aber genau dieses Gemeinsame in den beiden Prädiktoren ist nicht das, was die Korrelation mit dem Kriterium bedingt, sondern die Korrelation mit dem Kriterium systematisch reduziert.

Beispiel 5.1

Zur Schätzung einer Sparfunktion wurden die monatlichen Ersparnisse Y, die monatlichen Einkommen X_1 (ohne Zinseinkünfte) und das Gesamtvermögen X_2 von $n = 5$ Haushalten ermittelt (Tab. 5.3). Es soll versucht werden, den Zusammenhang zwischen

Tab. 5.3: Monatliche Ersparnisse, monatliches Einkommen und Gesamtvermögen ($n = 5$)

Haushalt i	**Ersparnisse** y_i (1000 Euro)	**Einkommen** x_{1i} (1000 Euro)	**Vermögen** x_{2i} (1000 Euro)
1	0,6	8	120
2	1,2	11	60
3	1,0	9	60
4	0,7	6	30
5	0,5	6	180

dem Merkmal Ersparnis Y und den Merkmalen Einkommen X_1 und Gesamtvermögen X_2 durch eine lineare (Spar-)Funktion

$$\hat{y} = b_0 + b_1 x_1 + b_2 x_2$$

zu beschreiben. Die Korrelationskoeffizienten nach PEARSON ergeben sich zu:

$$r_{y1} = 0{,}889 \quad r_{y2} = -0{,}643 \quad r_{12} = -0{,}353$$

Daher ergibt sich für die lineare Einfachregression mit unabhängiger Variablen X_1 das Bestimmtheitsmaß 0,791 und für die lineare Einfachregression mit unabhängiger Variablen X_2 das Bestimmtheitsmaß 0,414.

Die geschätzte Sparfunktion ergibt sich zu:

$$\hat{y} = 0{,}13249 + 0{,}10397 \cdot x_1 - 0{,}001825 \cdot x_2.$$

Bei den fünf Haushalten wird vom laufenden Einkommen umso mehr gespart, je höher das Einkommen und je niedriger das Vermögen ist. Der marginale Regressionskoeffizient des Einkommens X_1 von 0,104 bewirkt eine Zunahme der Ersparnisse um etwa 10 Euro, falls das Einkommen um 100 Euro steigt; im Gegensatz verringert sich die Sparquote aufgrund des marginalen Regressionskoeffizienten des Vermögens von 0,001825 um etwa 1,8 Euro bei der Erhöhung des Vermögens um 1000 Euro.

Das Bestimmtheitsmaß der Zweifachregression ergibt sich zu:

$$\begin{aligned} R^2 &= 1 - \frac{SQR}{SQT} \\ &= 1 - \frac{0,0291}{0,34} = 0,9144 \end{aligned}$$

Das heißt, 91,44 % der Variation der Ersparnisse werden durch Variationen von Einkommen und Vermögen erklärt.

Es ist $0 < |r_{12}| < 1$ und das Bestimmtheitsmaß der Zweifachregression $R^2 = 0{,}8144 < 0{,}791 + 0{,}414$, da die lineare Zweifachregression redundante Informationen nicht doppelt verrechnet.

Die standardisierten Regressionskoeffizienten b_1^* und b_2^* können als Maß für die Wichtigkeit verwendet werden. Bei Durchführung einer Regressionsanalyse mit standardisierten Variablen werden die Beta-Werte als Regressionskoeffizienten geliefert. Die standardisierten Regressionskoeffizienten ergeben sich zu:

$$b_1^* = 0{,}756 \quad b_2^* = 0{,}376$$

Es zeigt sich, dass der standardisierte Regressionskoeffizient b_1^* den höchsten Wert aufweist und somit am stärksten auf die Ersparnisse wirkt. Jedoch ist hier auch ersichtlich, dass der standardisierte Regressionskoeffizient b_2^* an Bedeutung gewonnen hat. Bei der Beurteilung der Wichtigkeit von unabhängigen Variablen mit Hilfe der Beta-Werte ist Vorsicht geboten, da die Aussagekraft durch **Multikollinearität** (Korrelation zwischen den unabhängigen Variablen) stark beeinträchtigt werden kann. ■

5.4 Lineare Mehrfachregression und nichtlineare Regression

Bei der **linearen Mehrfachregression** (auch „multiplen" linearen Regression) werden im Unterschied zur „einfachen" linearen Regression nicht nur ein Prädiktor, sondern mehrere Prädiktoren zur Vorhersage genutzt. Die Ausprägung der Kriteriumsvariablen

Y soll hier also aus mehreren anderen Merkmalen $X_1, X_2, \cdots, X_m$ simultan vorhergesagt werden. Sowohl das Kriterium Y als auch alle Prädiktoren $X_1, X_2, \cdots X_m$ müssen hierbei mindestens intervallskaliert sein.

Beispiele für eine multiple lineare Regression sind:

1. Die Berufseignung Y soll aus sozialen X_1, kognitiven X_2 und rhetorischen X_3 Fähigkeiten vorhergesagt werden.
2. Der Therapieerfolg Y soll aus der Motivation des Klienten X_1, der Fähigkeit der Therapeuten X_2 und der Schwere der zu behandelnden Störung X_3 vorhergesagt werden.
3. Die Freizeitausgaben Y sollen aus dem Einkommen X_1, der Dauer der Schulausbildung X_2 und dem Alter X_3 vorhergesagt werden.

Im linearen Modell der multiplen Regression ergibt sich die Ausprägung des Kriteriums als Linearkombination der m Prädiktoren

$$\hat{y} = b_0 + b_1 x_1 + b_2 x_2 + b_3 x_3 + \cdots + b_m x_m$$

und für die einzelnen Beobachtungen:

$$y_i = b_0 + b_1 x_{1i} + b_2 x_{2i} + b_3 x_{3i} + \cdots + b_m x_{mi} + e_i$$

Im Falle von m unabhängigen Variablen ergeben sich die Regressionskoeffizienten $b_0, b_1, b_2, \ldots b_m$. Die vorhergesagten y-Werte liegen dann in einem $(m+1)$-dimensionalen Raum und die erklärenden Variablen auf einer m-dimensionalen Hyperebene.

Die $b_0, b_1, b_2, \ldots, b_m$ werden nach dem Kleinst-Quadrate-Kriterium bestimmt. b_0 ist das konstante Glied (die Regressionskonstante) und ergibt sich wieder aus $b_0 = \bar{y} - b_1\bar{x}_1 - b_2\bar{x}_2 - \cdots - b_m\bar{x}_m$ und $b_1, b_2, b_3, \ldots, b_m$ sind die Regressionskoeffizienten, die den marginalen Effekt einer Änderung einer unabhängigen auf die abhängige Variable angeben. Im multiplen Regressionsmodell wird der Einfluss anderer erklärender Variablen kontrolliert. Dies ist auch dann zulässig, wenn die erklärenden Variablen untereinander korrelieren.

Das Bestimmtheitsmaß ergibt sich zu:

$$\begin{aligned} R^2 &= \frac{\text{erklärte Streuung}}{\text{Gesamtstreuung}} \\ &= 1 - \frac{\text{nicht erklärte Streuung}}{\text{Gesamtstreuung}} \\ &= r^2_{y\hat{y}} \end{aligned}$$

Es besteht kein Unterschied zwischen Einfach-, Zweifach- oder Mehrfachregression. Im Falle der multiplen Regression wird R als multipler Korrelationskoeffizient bezeichnet.

Das Bestimmtheitsmaß wird in seiner Höhe durch die Zahl der Regressoren beeinflusst. Der Wert des Bestimmtheitsmaßes kann mit der Aufnahme von „irrelevanten“ Regressoren zu-, aber nicht abnehmen. Wird das Bestimmtheitsmaß dazu verwendet, um zwischen mehreren konkurrierenden Regressionsbeziehungen zu entscheiden, die durch das Hinzufügen von Regressoren spezifiziert sind, kann diese Eigenschaft von R^2 zu Fehlentscheidungen führen: Das Modell mit dem größten Wert von R^2 ist nicht notwendigerweise jenes, das den datengenerierenden Prozess am besten erklärt. Daher ist es ratsam, das **korrigierte Bestimmtheitsmaß** R^2_{korr} (auch bereinigtes, adjustiertes oder angepasstes Bestimmtheitsmaß) zu Rate zu ziehen. Es berechnet sich wie folgt:

$$R^2_{\text{korr}} = 1 - (1 - R^2)\frac{n-1}{n-m-1} = R^2 - (1 - R^2)\frac{m}{n-m-1}$$

Hierbei wird die Erklärungskraft des Modells, repräsentiert durch R^2, ausbalanciert mit der Komplexität des Modells, repräsentiert durch m, die Anzahl der unabhängigen Variablen. Je komplexer das Modell ist, desto mehr „bestraft“ R^2_{korr} jede neu hinzugekommene unabhängige Variable. Das korrigierte Bestimmtheitsmaß steigt nur, wenn R^2 ausreichend steigt, um den gegenläufigen Effekt des Quotienten $\frac{n-1}{n-m-1}$ auszugleichen, und kann auch sinken. Das korrigierte Bestimmtheitsmaß R^2_{korr} kann auch negative Werte annehmen und ist kleiner als das unbereinigte, außer falls $R^2 = 1$, dann ist $R^2_{\text{korr}} = 1$. Mit wachsendem n nähert sich der Quotient $\frac{n-1}{n-m-1}$ mehr und mehr dem Wert 1, sodass sich R^2_{korr} immer weniger von R^2 unterscheidet.

Aus sachlichen Gründen kann das Interesse bestehen, das Streudiagramm von mehrdimensionalen Merkmalen durch andere Funktionen der abhängigen Variablen als durch lineare Funktionen zu erklären. Insbesondere ist das bei Zeitreihen der Fall. Der Begriff **nichtlineare Regression** wird in zweifacher Weise gebraucht. Betrachten wir zunächst einige Beispiele von Funktionstypen, die zur Anpassung verwendet werden sollen:

a)	Logarithmusfunktion	$\hat{y} = b_0 + b_1 \ln x$
b)	Hyperbolisch oder Inversfunktion	$\hat{y} = b_0 + b_1 \frac{1}{x}$
c)	polynomische Regression	$\hat{y} = b_0 + b_1 x + b_2 x^2 + \cdots + b_k x^k$
d)	Interaktionsmodelle	$\hat{y} = b_0 + b_1 x_1 + b_2 x_2 + b_3 x_1 x_2$
I)	exponentielles Wachstumsmodell	$\hat{y} = b_0 e^{b_1 t}$
II)	modifizierte Exponentialfunktion	$\hat{y} = b_0 + b_1 \cdot e^{b_2 t}$
III)	logistisches Wachstumsmodell	$\hat{y} = \dfrac{b_0}{1 + b_1 e^{-b_2 t}}$
IV)	Gompertz-Kurve	$\hat{y} = b_0 \cdot e^{b_1 \cdot e^{b_2 t}}$
V)	S-förmig	$\hat{y} = e^{b_0 + b_1 x^{-1}}$
VI)	geometrische Funktion	$\hat{y} = b_0 x^{b_1}$

Die Beispiele der Gruppe a) bis d) einerseits und die Beispiele I) bis VI) andererseits unterscheiden sich grundlegend. Die Beispiele der ersten Gruppe bilden kein wesentlich neues Problem. Sie sind linear in den unbekannten Parametern und können durch die Einführung neuer Variablen auf ein multiples lineares Regressionsproblem zurückgeführt werden, zum Beispiel $\hat{y} = b_0 + b_1 x^2$: durch $x^* = x^2$ wird $\hat{y} = b_0 + b_1 x^*$. Der Fall der polynomischen Regression wird in ein multiples lineares Regressionsmodell der Dimension $k+1$ verwandelt. Die Streuungszerlegung und der Begriff des Bestimmtheitsmaßes lassen sich unmittelbar von der multiplen Regression her übertragen.

Die Modelle der zweiten Gruppe sind nichtlinear in den unbekannten Parametern. Es kann versucht werden, die Methode der kleinsten Quadrate direkt anzuwenden. Das exponentielle Wachstumsmodell kann durch eine Variablentransformation linearisiert werden, und zwar mit:

$$\hat{y}^* = a_0 + a_1 t \text{ mit } y^* = \ln y \quad a_0 = \ln a \quad a_1 = \ln r$$

Allen abgebildeten Funktionstypen in Abb. 5.10 ist gemein, dass die abhängige Größe einen nichtlinearen Verlauf aufweist und sich zudem häufig einer oberen oder unteren Sättigungsgrenze nähert. Dieses Verhaltensmuster ist typischerweise etwa bei Stückkosten

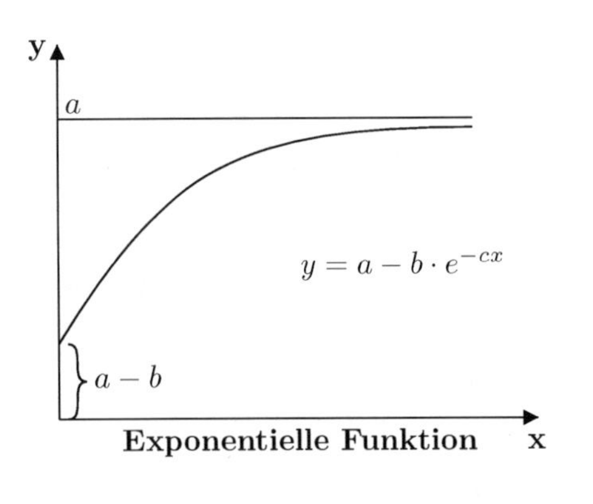

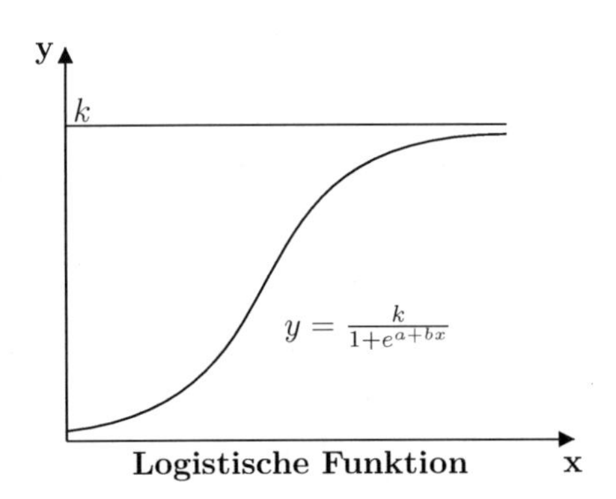

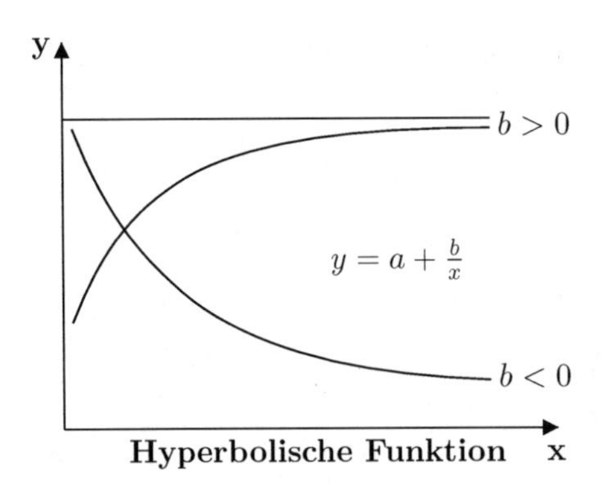

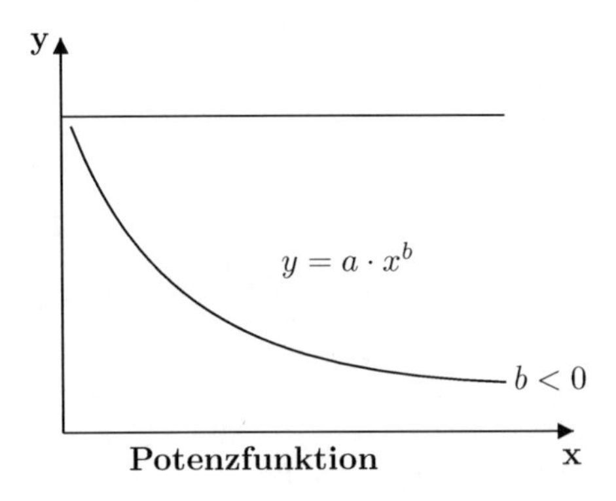

Abb. 5.10: Einige nichtlineare mathematische Funktionstypen

und Produktionsmengen, Verkaufspreisen und -mengen, bei der zeitlichen Entwicklung der Absatzmenge neu eingeführter Produkte zu finden.

Für das **nichtlineare Bestimmtheitsmaß** R^2_{nl} gilt allgemein:

$$R^2_{\text{nl}} = 1 - \frac{SQR}{SQT}$$

R^2_{nl} kann negativ werden, wenn die beste angepasste nichtlineare Funktion schlechter ist als die Konstante des arithmetischen Mittels der abhängigen Variablen. Im Allgemeinen ist jedoch R^2_{nl} positiv und die Quadratwurzel kann als nichtlinearer Korrelationskoeffizient interpretiert werden.

Beispiel 5.2

Die Daten in Tab. 5.4 beschreiben in Y den monatlichen Stromverbrauch (in kWh) von zehn Häusern im Vergleich zur X der Grundstücksfläche in m^2.

Tab. 5.4: Stromverbrauch im Verhältnis zur Grundfläche von zehn Häusern

Grundfläche	Stromverbrauch
1290	1182
1350	1172
1470	1264
1600	1493
1710	1571
1840	1711
1980	1804
2230	1840
2400	1956
2930	1954

Wir verwenden eine quadratische Regression der Form $\hat{y} = b_0 + b_1x + b_2x^2$ und erhalten:

$$\hat{y} = -1216{,}14 + 2{,}40x - 0{,}00045x^2$$

Die beobachteten Werte und die geschätzten Werte sind in Abb. 5.11 dargestellt.

Betrachten wir als Beispiel das logistische Wachstum. Jenes lässt sich in drei Phasen unterteilen, nämlich:

- nahezu exponentielles Wachstum
- beinahe linearer Verlauf
- Sättigung

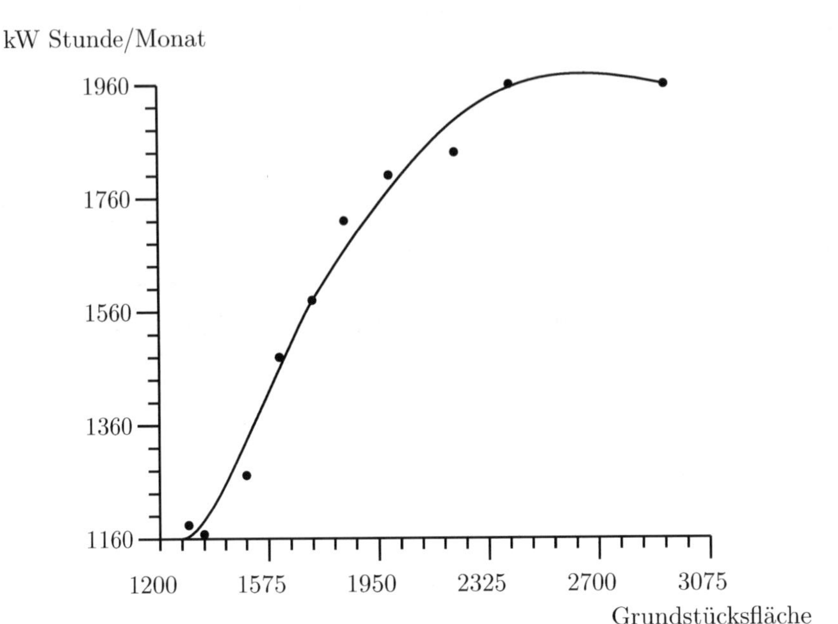

Abb. 5.11: Streudiagramm von Stromverbrauch zur Grundfläche und die Schätzung mit Hilfe der quadratischen Regression

Betrachten wir das Wachstum der amerikanischen Bevölkerung im Zeitraum 1790 bis 1990, so ergeben sich in Abb. 5.12 die beobachteten Werte und die geschätzten Werte mit Hilfe des logistischen Wachstums wie folgt:

$$\hat{y} = \frac{389{,}1655}{1 + 54{,}07111 \cdot e^{-0{,}2266t}}$$

■

5.5 Regression mit kategorialem Prädiktor und Interaktionen zwischen Prädiktoren

Bisher haben wir uns bei der Regression mit der Modellierung des Einflusses metrischer Prädiktoren befasst. Kategoriale Prädiktoren sind anders zu behandeln, denn

- bei ordinalen Merkmalen sind keine Abstände zwischen den Kategorien definiert. Daher sollten gewählte Kategorien nicht als reelle Zahlen einfließen.
- bei nominalen Merkmalen kommt hinzu, dass keine Ordnung zugrunde liegt.

Wir haben den Fall der linearen Einfachregression kennengelernt, bei der ein intervallskaliertes Kriterium aus einem intervallskalierten Prädiktor vorhergesagt wurde. Es

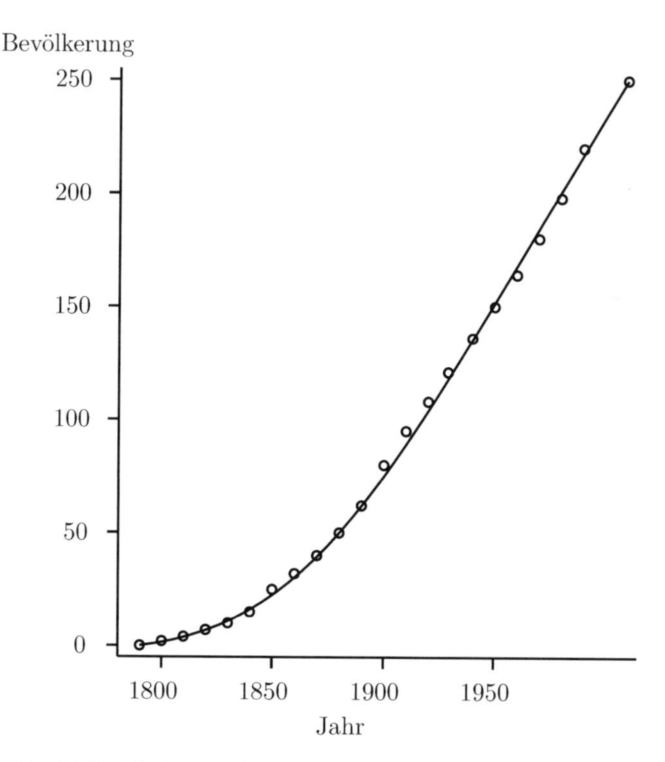

Abb. 5.12: Wachstum der amerikanischen Bevölkerung im Zeitverlauf und Anpassung mittels des logistischen Wachstumsmodells

ist aber auch möglich, einen dichotom nominalskalierten Prädiktor, wie etwa das Geschlecht, als Prädiktor zu verwenden. Dabei lässt sich der nominalskalierte Prädiktor mathematisch integrieren, indem seine beiden Kategorien mit 0 und 1 kodiert werden (siehe Tab. 5.5). Wir erhalten auf diese Weise eine künstlich erzeugte Variable, die als **Indikatorvariable** bezeichnet wird. Eine Indikatorvariable enthält alle Informationen eines nominalskalierten Merkmals in kodierter Form. Diese Form der Kodierung heißt **Dummy-Kodierung**. Wenn ein Dummy-kodierter Prädiktor in die Regression eingeht, schätzt die Regressionsgleichung eine Konstante b_0, die dem Mittelwert der mit 0 kodierten Kategorie (Referenzkategorie) entspricht, und eine Steigung b_1, welche die Veränderung in den Einheiten des Kriteriums angibt, wenn von der Referenzkategorie zur mit 1 kodierten Kategorie „übergegangen" wird. Diese Veränderung b_1 entspricht genau der Mittelwertsdifferenz zwischen beiden Kategorien.

Im Datenbeispiel (Tab. 5.5) zur Vorhersage der Körpergröße Y aus dem Geschlecht X sind Frauen im Schnitt 170 cm groß, Männer 179 cm, der Gesamtmittelwert beträgt

Tab. 5.5: Regression von Größe auf Geschlecht mit Dummy-Kodierung

Frauen	Größe Y	Männer	Größe Y
0	171	1	180
0	155	1	184
0	178	1	191
0	182	1	174
0	168	1	178
0	166	1	167
0	170		

174,15 cm. Der Mittelwert für die Dummy-kodierte Variable Geschlecht beträgt 0,4615 und daher lauten der Achsenabschnitt b_0 und die Steigung b_1:

$$b_1 = \frac{s_{xy}}{s_x^2} = \frac{2{,}423}{0{,}269} = 9$$

$$b_0 = \bar{y} - b_1 \cdot \bar{x} = 174{,}15 - 9 \cdot 0{,}4615 = 170$$

Die Regressionsgleichung lautet somit: $\hat{y} = 170 + 9 \cdot x$

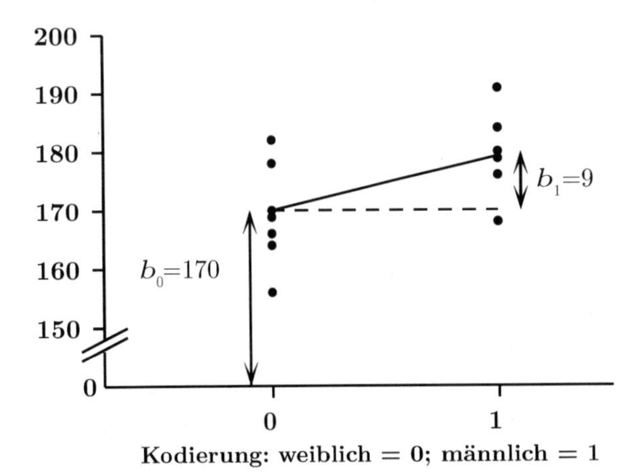

Abb. 5.13: Regressionsgerade von Größe und Geschlecht mit der Steigung b_1 und dem Achsenabschnitt b_0

Wie in Abb. 5.13 ersichtlich, setzt die Regressionsgerade im arithmetischen Mittel der mit 0 kodierten Frauengruppe an. Sie entspricht in ihrer Steigung von $b_1 = 9$ genau der Mittelwertsdifferenz, die benötigt wird, um vom Mittelwert der Frauengruppe (170 cm) zum Mittelwert der Männergruppe (179 cm) zu gelangen.

Somit ist die einfache lineare Regression auch in der Lage, dichotom nominalskalierte Merkmale zu berücksichtigen.

Bei kategoriellen Merkmalen, die polytom sind (mehr als zwei Merkmalsausprägungen besitzen), werden Indikatorvariablen durch die Kodierungsvarianten Dummy-, Effekt- und Konstrast-Kodierung erzeugt.

Ein beliebiges kategoriales Merkmal x mit p möglichen Merkmalsausprägungen wird mit Hilfe von Dummy-Variablen modelliert, es werden $p-1$ Dummy-Variablen wie folgt definiert

$$x_{i1} = \begin{cases} 1 & x_i = 1 \\ 0 & \text{sonst} \end{cases} \quad \cdots \quad x_{i,p-1} = \begin{cases} 1 & x_i = p-1 \\ 0 & \text{sonst} \end{cases}$$

und als erklärende Variablen ins Regressionsmodell aufgenommen. Aus Gründen der Identifizierbarkeit wird für eine Kategorie von x, hier die p-te Kategorie, keine Dummy-Variable ins Modell mit aufgenommen. Diese Kategorie wird als Referenzkategorie bezeichnet. Als Referenzkategorie wird diejenige Kategorie gewählt, die als Vergleichsmaßstab inhaltlich am sinnvollsten erscheint, etwa die im Datensatz am häufigsten vorkommende Kategorie. Die Schätzergebnisse werden dann jeweils im Vergleich zu der weggelassenen Kategorie interpretiert.

Neben der Dummy-Kodierung ist vor allem noch die so genannte **Effekt-Kodierung** verbreitet. Diese ist definiert durch:

$$x_{i1} = \begin{cases} 1 & x_i = 1 \\ -1 & x_i = p \\ 0 & \text{sonst} \end{cases} \quad \cdots \quad x_{i,p-1} = \begin{cases} 1 & x_i = p-1 \\ -1 & x_i = p \\ 0 & \text{sonst} \end{cases}$$

Im Unterschied zur Dummy-Kodierung werden also bei Vorliegen der Referenzkategorie die neu erzeugten Variablen mit -1 kodiert.

Die **Kontrast-Kodierung** muss stets nach inhaltlichen Gesichtspunkten gewählt werden, je nachdem, welche Merkmalsausprägungen miteinander verglichen werden sollen. Formal muss die Kodierung so aufgebaut werden, dass die Summierung über die neuen Variablen (Summe der Gewichtungskoeffizienten) stets null ergibt. Bei der Kontrast-Kodierung unterscheiden wir unabhängige (orthogonale) und abhängige Einzelvergleiche. Bei der orthogonalen Kontrast-Kodierung muss zusätzlich erfüllt sein, dass bei je zwei Variablen die Produktsumme ihrer Gewichtungskoeffizienten null ergibt.

Die Art der Kodierung richtet sich nach inhaltlichen Fragestellungen, denn die Höhe der multiplen Korrelation ist von der Kodierungsart unabhängig.

- Die Dummy-Kodierung eignet sich beispielsweise, wenn eine bisherige Behandlung mit verschiedenen neuen Behandlungen verglichen wird.
- Die Effekt-Kodierung eignet sich, wenn Änderungen vom arithmetischen Mittel über alle Kategorien interessieren.
- Die Kontrast-Kodierung eignet sich, wenn zum Beispiel paarweise Unterschiede zwischen ordnungsmäßig benachbarten Merkmalsausprägungen interessieren.

Das Modell der multiplen Regression mit einer kategorialen unabhängigen Variablen kann nach Umkodierung wie folgt geschrieben werden:

$$\hat{y}_i = b_0 + b_1 x_{1i} + b_2 x_{2i} + \cdots + b_{p-1} x_{p-1,i}$$

Abhängig von der Kodierung werden die Effekte wie folgt geschätzt und interpretiert:

- Dummy-Kodierung: b_0 entspricht dem arithmetischen Mittel in der Referenzkategorie. Die Effekte $b_1, b_2, \ldots, b_{p-1}$ werden im Vergleich zur Referenzkategorie interpretiert und entsprechen der Differenz der arithmetischen Mittel für die Merkmalsausprägung i und der Referenzgruppe.
- Effekt-Kodierung: b_0 entspricht dem arithmetischen Mittel aus allen Kategorien $1, 2, \ldots, p$ (Gesamtmittelwert). Die Effekte $b_1, b_2, \ldots, b_{p-1}$ werden im Vergleich zu diesem mittleren Wert interpretiert und entsprechen der Differenz des arithmetischen Mittels für die Merkmalsausprägung i und dem Gesamtmittelwert.
- Kontrast-Kodierung: b_0 entspricht dem arithmetischen Mittel aus allen Kategorien $1, 2, \ldots, p$ (Gesamtmittelwert). Die Effekte $b_1, b_2, \ldots, b_{p-1}$ lassen sich als eine Funktion der Kontrastkoeffizienten darstellen, die den jeweiligen Kontrast kodieren.

Interaktionen zwischen Prädiktoren treten immer dann auf, wenn der Effekt einer unabhängigen Variablen vom Wert mindestens eines anderen Prädiktors abhängt. Wir beginnen mit dem einfachsten möglichen Fall und betrachten das Regressionsmodell

$$\hat{y} = b_0 + b_1 x + b_2 y + b_3 xy$$

zwischen der Zielvariablen y und den beiden erklärenden Variablen x und z. Der Term $b_3 xy$ heißt Interaktion zwischen x und z. Die nur von jeweils einer der Variablen abhängigen Terme $b_1 x$ und $b_2 z$ werden Haupteffekte genannt. Einen Interaktionsterm benötigen wir immer dann, wenn die Auswirkung der Veränderung einer Variablen zusätzlich von dem Wert einer anderen Variablen abhängt. Die spezielle Modellierung von Interaktionen hängt von den Typen der beteiligten Variablen ab. Im Folgenden wollen wir die Modellierung von Interaktionen zwischen zwei kategorialen Variablen, einer metrischen und einer kategorialen Variablen sowie zwei metrischen Variablen diskutieren.

Der **Interaktionseffekt** zwischen zwei dichtomen (binären) Variablen misst den Effekt, wenn die mit x und z assoziierten Eigenschaften gemeinsam auftreten. Im Falle zweier beliebiger kategorialer Variablen x und z ist die Modellierung von Interaktionen aufwändiger. Wir illustrieren die Vorgehensweise im Falle zweier kategorialer Variablen mit jeweils drei Kategorien. Definiere die zu x gehörenden Dummy-Variablen x_1, x_2 und die zu z gehörenden Dummy-Variablen z_1, z_2. Als Referenzkategorie wählen wir jeweils die letzte Kategorie. Zur Modellierung der Interaktionseffekte müssen alle möglichen Kombinationen der Werte von x und z (außer der Referenzkategorie) beachtet werden, wir erzeugen also die Variablen $x_1 z_1$, $x_1 z_2$, $x_2 z_1$ und $x_2 z_2$. Damit erhalten wir das Modell:

$$\hat{y} = b_0 + b_1 x_1 + b_2 x_2 + b_3 z_1 + b_4 z_2 + b_5 x_1 z_1 + b_6 x_1 z_2 + b_7 x_2 z_1 + b_8 x_2 z_2$$

Die Koeffizienten sind wie folgt zu interpretieren:

b_1	Effekt bei Vorliegen von $x = 1$ und $z = 3$ (Referenz)
b_2	Effekt bei Vorliegen von $x = 2$ und $z = 3$ (Referenz)
b_3	Effekt bei Vorliegen von $x = 3$ (Referenz) und $z = 1$
b_4	Effekt bei Vorliegen von $x = 3$ (Referenz) und $z = 2$
$b_1 + b_3 + b_5$	Effekt bei Vorliegen von $x = 1$ und $z = 1$
$b_1 + b_4 + b_6$	Effekt bei Vorliegen von $x = 1$ und $z = 2$
$b_2 + b_3 + b_7$	Effekt bei Vorliegen von $x = 2$ und $z = 1$
$b_2 + b_4 + b_8$	Effekt bei Vorliegen von $x = 2$ und $z = 2$

Die Effekte sind als Differenz zu den Referenzkategorien $x = 3$ und $z = 3$ zu interpretieren. Beispielsweise misst $b_2 + b_4 + b_8$ den Effekt, wenn $x = 2$ und $z = 2$ vorliegen, im Vergleich zur Kombination $x = 3$ und $z = 3$.

Interaktionen eines metrischen und eines kategorialen Prädiktors x und z lassen sich bei einer dichotomen Variablen z mit den Merkmalsausprägungen 0 und 1 wie folgt darstellen:

$$\hat{y} = b_0 + b_1 x + b_2 z + b_3 xz$$

Die im Modell enthaltenen Terme lassen sich sowohl mit Bezug zur metrischen unabhängigen Variablen x als auch mit Bezug zur dichotomen (binären) Variablen z interpretieren. Mit Bezug auf x erhalten wir die folgende Interpretation:

- $b_1 x$: Effekt der metrischen Kovariablen x, falls $z = 0$
- $(b_1 + b_3)x + b_2$: Effekt der metrischen Kovariablen x, falls $z = 1$

Umgekehrt ergibt sich folgende Interpretation mit Bezug auf z:

- $b_2 + b_3 x$: Differenzeffekt von Beobachtungen mit $z = 1$ zu Beobachtungen mit $z = 0$. Der Differenzeffekt variiert in Abhängigkeit von x (ist also nicht konstant wie bei Modellen ohne Interaktion).

Bei der Schätzung von Interaktionen zwischen zwei metrischen Prädiktoren müssen zweidimensionale Funktionen modelliert werden. Im Rahmen der linearen Modelle sind wir hier an der Grenze des Machbaren angelangt, da es allein durch Inspektion der (dreidimensionalen) Streudiagramme schwer bis unmöglich ist, geeignete Modellierungen zu finden. Hier sind automatisierte Verfahren überlegen.

5.6 Binäre logistische Regression

Die lineare Regression ist das geeignete Analyseverfahren zur Vorhersage von Merkmalen, wenn eine intervallskalierte abhängige Variable als Kriterium linear vorhergesagt werden soll. Ein besonderes Problem entsteht für das lineare Regressionsmodell, wenn eine dichotome Variable als Kriterium vorliegt. Dies soll mittels eines Beispiels kurz skizziert werden. Angenommen, das dichotome Merkmal Therapieerfolg (0 = kein Erfolg; 1 = Erfolg) soll aus der zu Therapiebeginn erhobenen Therapiemotivation vorhergesagt werden. Es ergeben sich für 50 Patienten die in der Abb. 5.14 aufgetragenen Daten und die Regressionsgerade.

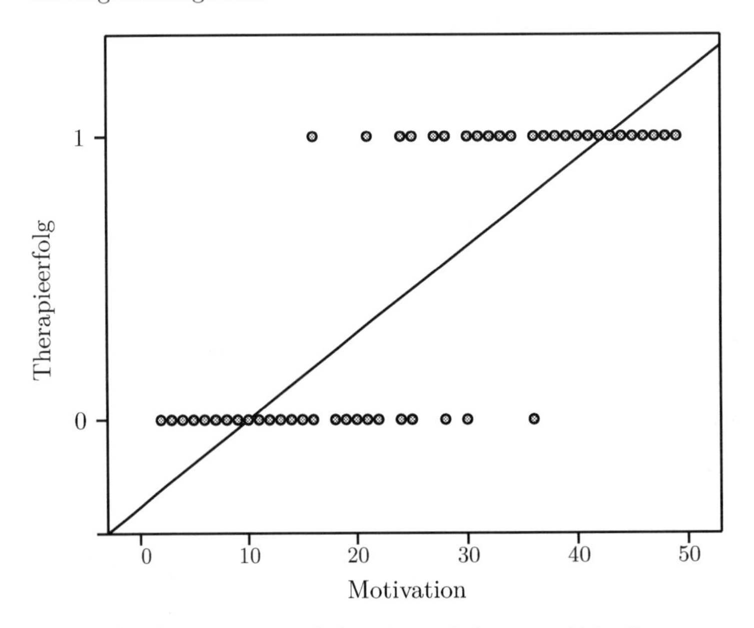

Abb. 5.14: Regressionsgerade bei einem dichotomen Kriterium

Aufgrund der eingezeichneten Regressionsgeraden werden folgende Punkte deutlich:

- Die Regressionsgerade kann grundsätzlich die beobachteten, dichotomen Merkmalsausprägungen nicht fehlerfrei vorhersagen, denn sie sagt für Y jeweils nur an genau einer Stelle des Kontinuums der Prädiktorvariablen den Wert 0 beziehungsweise 1 vorher.
- Der dichotomen Natur der Kriteriumsvariablen kann niemals angemessen Rechnung getragen werden, da die Regressionsgerade ja einen kontinuierlichen, linearen Anstieg des Therapieerfolgs mit wachsender Motivation vorhersagt: Tatsächlich kann sich ein verbesserter Therapieerfolg in Abhängigkeit von der Motivation aber nur durch häufigeres Auftreten des Wertes „1“ manifestieren.

- Die Regressionsgerade nimmt in den Extrembereichen auch empirisch nicht interpretierbare Werte kleiner 0 und größer 1 an.

Ein geeignetes Vorhersagemodell für eine dichotome Kriteriumsvariable sollte zwei wichtige Eigenschaften besitzen. Zum einen sollte es nicht die gemessenen Werte der Kriteriumsvariablen (0, 1) fehlerfrei vorherzusagen versuchen, weil dies aufgrund des linearen Ansatzes prinzipiell unmöglich ist. Zum Zweiten sollte der Wertebereich der vorhergesagten $\hat{Y}$-Variablen auf den messbaren Bereich [0; 1] eingeschränkt sein, sodass der Wertebereich relativer Häufigkeiten auf den Bereich beschränkt ist. Plausibler ist es deswegen als Ziel der Modellschätzung zu formulieren, dass die relative Häufigkeit des Therapieerfolgs ($Y = 1$) für die einzelnen Bereiche der Prädiktorvariablen möglichst gut prädiziert werden sollen. Zudem ist – im Gegensatz zu den dichotomen Ausprägungen der Kriteriumsvariablen – für relative Häufigkeiten der gesamte Wertebereich zwischen [0; 1] interpretierbar.

Um diese Aussagen zu veranschaulichen, sind in der Abb. 5.15 für das Datenbeispiel die relativen Häufigkeiten des Therapieerfolgs, h_1, h_2 bis h_5, für fünf Wertebereiche der Motivation angegeben ($X \in]-\infty; 10]$, $]10; 20]$, $]20; 30]$, $]30; 40]$ beziehungsweise $]40; \infty[$).

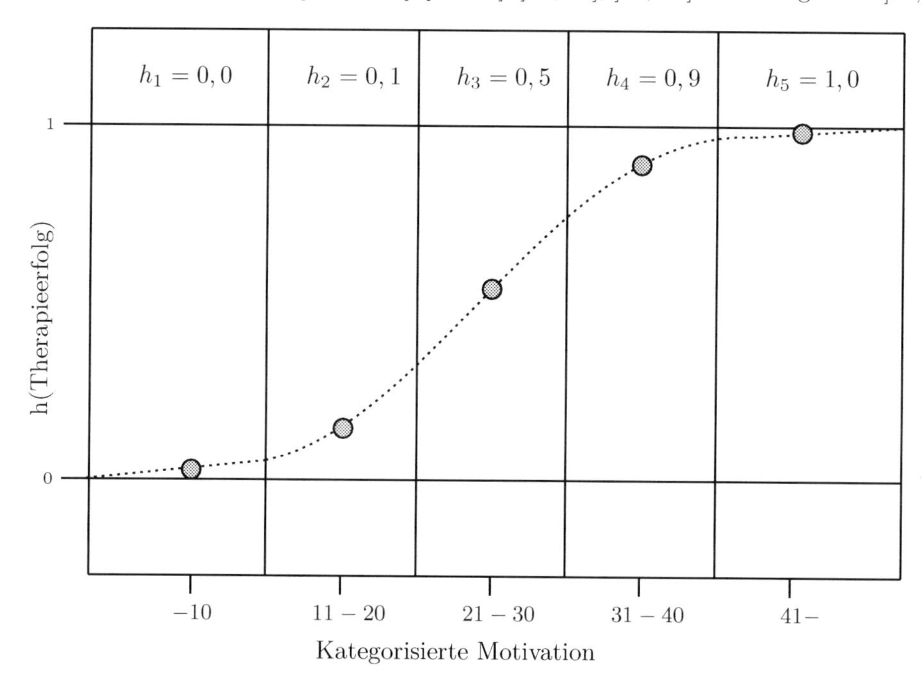

Abb. 5.15: Graphische Veranschaulichung der Idee der logistischen Funktion

Es wird deutlich, dass die relativen Häufigkeiten des Erfolgs mit der Ausprägung der Prädiktorvariablen ansteigen. Um den funktionalen Zusammenhang der Prädiktorvariablen und der relativen Häufigkeiten in der Kriteriumsvariablen zu beschreiben, ist offensichtlich eine s-förmige Funktion geeignet, wie sie in der Abb. 5.15 in Punkten eingetragen ist. Eine Funktion, die einen solchen Verlauf und günstige mathematische Eigenschaften besitzt, ist die so genannte logistische Funktion (Wertebereich $]0;\,1[$). Bei der logistischen Regression wird dann im Unterschied zur linearen Regression nicht eine Gerade, sondern eben diese logistische Funktion zur optimalen Vorhersage der relativen Häufigkeiten verwendet.

Bei der Durchführung der logistischen Regression ist eine Kategorisierung der Daten, wie sie in der Abb. 5.15 vorgenommen wurde, nicht notwendig. Die hier gewählte Veranschaulichung entspricht jedoch im Wesentlichen der grundlegenden Logik der tatsächlich verwendeten Modellierung.

Die **binäre logistische Regression** ist eine Regressionsanalyse, bei der die abhängige Variable eine dichotome Ausprägung (kodiert mit 0 oder 1) hat, im Gegensatz zur linearen Regression, wo die abhängige Variable aus einem stetigen Zahlenbereich kommt. Die logistische Regression versucht über einen Regressionsansatz zu bestimmen, mit welcher Wahrscheinlichkeit bestimmte Ereignisse eintreten und welche Einflussgrößen diese Wahrscheinlichkeiten bestimmen. Werden die Ereignisse als dichotome (binäre) abhängige Variable Y mit den Merkmalsausprägungen 1 und 0 betrachtet, so stehen die Eintrittswahrscheinlichkeiten für die Merkmalsausprägung 1, $P(Y = 1)$ und die Eintrittswahrscheinlichkeit für die Merkmalsausprägung 0, $P(Y = 0)$, in folgender Beziehung:

$$P(Y = 0) + P(Y = 1) = 1$$

Bei der binären logistischen Regression werden die Schätzwerte der abhängigen Variablen nicht unmittelbar durch eine lineare Funktion bestimmt, sondern es wird eine so genannte „Link-Funktion“ zwischen die lineare Funktion und die Schätzwerte geschaltet. Mittels dieser Link-Funktion wird die Regressionsgerade in einen nichtlinearen Verlauf transformiert. Bei der binären logistischen Regression wird immer die Zugehörigkeit zur mit „1“ kodierten Ausprägung der mit „0“ und „1“ kodierten dichotomen abhängigen Variablen erklärt. Es wird nicht die Merkmalsausprägung $Y = 1$ selbst betrachtet, sondern die Wahrscheinlichkeit von $Y = 1$, also $P(Y = 1)$. Dadurch ergibt sich eine im Intervall $[0;\,1]$ stetige abhängige Variable. Da Wahrscheinlichkeiten nur im Intervall $[0;\,1]$ variieren, die abhängige Variable aber Werte von $-\infty$ bis $+\infty$ annehmen können soll, werden zwei Transformationen vorgenommen.

1. Als unabhängige Variable wird nicht die Wahrscheinlichkeit $P(Y = 1)$ betrachtet, sondern das Odds Ratio:
$$OR = \frac{P(Y = 1)}{1 - P(Y = 1)}$$
Mit der Verwendung des Odds Ratio kann die abhängige Variable nun Werte im Intervall $[0;\,\infty[$ annehmen.
2. Im nächsten Schritt wird die Beschränkung nach unten aufgehoben, indem das Odds Ratio logarithmiert wird.
$$L = \text{logit}(P(Y = 1)) = \ln\left(\frac{P(Y = 1)}{1 - P(Y = 1)}\right)$$

Diese Transformation heißt logit.

Wenn aus den L-Werten die Wahrscheinlichkeit zurückgerechnet wird, so erfolgt dies mit Hilfe der expit-Transformation:

$$P(Y = 1) = \frac{e^L}{1 + e^L} = \frac{1}{1 + e^{-L}}$$

Die expit-Transformation entspricht einer logistischen Funktion.

Das binäre logistische Regressionsmodell kann dadurch definiert werden, dass logit$(P(Y = 1))$ als Zielvariable eines (multiplen) linearen Regressionsmodells aufgefasst wird.

$$\text{logit}(P(Y = 1)) = b_0 + b_1 x_1 + b_2 x_2 + \cdots + b_m x_m$$

Der logistische Regressionsansatz berechnet nun die Wahrscheinlichkeit für das Eintreten des Ereignisses $Y = 1$ unter Verwendung der logistischen Funktion. Dabei spiegeln der Paramter b_0 und die Regressionskoeffizienten b_i – letztere werden häufig auch als Logit-Koeffizienten bezeichnet – die Einflussstärke der jeweils betrachteten unabhängigen Variablen. X_i stellt somit eine Wahrscheinlichkeitsbeziehung zwischen dem Ereignis $Y = 1$ und den unabhängigen Variablen X_i her, weshalb sie als Link-Funktion bezeichnet wird. Der logistische Regressionsansatz lässt sich wie folgt definieren:

$$P(Y = 1) = \frac{1}{1 + e^{-z}}$$

$$\text{mit: } z = b_0 + b_1 x_1 + b_2 x_2 + \cdots + b_m x_m$$

wobei die z-Werte auch als Logits bezeichnet werden. Die logistische Regressionsfunktion unterstellt damit einen nichtlinearen Zusammenhang zwischen der Eintrittswahrscheinlichkeit der dichotomen abhängigen Variablen $P(Y = 1)$ und den unabhängigen Variablen als Modellprämisse.

Die unabhängigen Variablen, die auch als Kovariaten bezeichnet werden, können sowohl mit metrischen als auch mit nicht-metrischen Skalenniveaus in die Analyse eingehen, wobei diese auch „gemischt" in einer Analyse auftreten können. Im Unterschied zur linearen Einfachregression werden allerdings keine Je-desto-Hypothesen unmittelbar zwischen den unabhängigen Variablen und der abhängigen Variable formuliert, sondern zwischen den unabhängigen Variablen und der Eintrittswahrscheinlichkeit für das Ereignis $Y = 1$.

Bei der logistischen Regression werden die Modellparameter mit Hilfe der Maximum-Likelihood-Methode geschätzt. Ziel dieses Schätzverfahrens ist es, die Parameter b_i des logistischen Regressionsmodells, die die Einflussgewichte der unabhängigen Variablen widerspiegeln, so zu bestimmen, dass die Wahrscheinlichkeit (Likelihood), die beobachteten Erhebungsdaten zu erhalten, maximiert wird. Durch den Newton-Raphson-Algorithmus werden in einem iterativen Prozess die Parameterschätzungen so lange verändert, bis im Ergebnis die gemäß den Parameterschätzungen gewichteten Beobachtungswerte der unabhängigen Variablen die Wahrscheinlichkeit für das Ereignis $Y = 1$ maximieren.

Da die unabhängigen Variablen den Exponenten der e-Funktion bestimmen, nehmen sie zum einen nur indirekt und zum anderen in nichtlinearer Form Einfluss auf die Bestimmung der Eintrittswahrscheinlichkeit für das Ereignis $Y = 1$. Das hat zur Konsequenz, dass weder die Regressionskoeffizienten untereinander vergleichbar sind, noch die Wirkung der unabhängigen Variablen über die gesamte Breite ihrer Ausprägungen konstant ist. Insgesamt kann festgehalten werden, dass sich gleiche Veränderungen in den Beobachtungswerten der unabhängigen Variablen X_i in verschiedenen Bereichen der logistischen Funktion unterschiedlich auf die Eintrittswahrscheinlichkeiten $P(Y = 1)$ auswirken. Es kann daher nur die Richtung des Einflusses der unabhängigen Variablen erkannt werden. Negative Regressionskoeffizienten führen bei steigenden X-Werten zu einer kleineren Wahrscheinlichkeit für die Ausprägung $Y = 1$, während positive Regressionskoeffizienten bei entsprechender Entwicklung von X einen Anstieg der Wahrscheinlichkeit für Ereignis $Y = 1$ bedeuten.

Neben diesen Tendenzaussagen ist eine genaue Aussage über die Höhe der Einflussstärken mit Hilfe des Odds Ratio erzielbar, die auch als Effekt-Koeffizienten bezeichnet werden: Erhöht sich eine unabhängige Variable X_i um eine Einheit, so vergrößert sich das Chancenverhältnis zu Gunsten des Ereignisses $Y = 1$ (Odds) um den Faktor e^{b_i}.

Bei der Beurteilung der Modellgüte eines logistischen Regressionsansatzes insgesamt steht die Frage im Vordergrund, wie gut die unabhängigen Variablen in ihrer Gesamtheit zur Trennung der Ausprägungskategorien von Y beitragen. Eine Möglichkeit stellen die so genannten Pseudo-R^2-Statistiken dar, die den Anteil der erklärten „Variation" des logistischen Regressionsmodells zu quantifizieren versuchen. Sie sind deshalb vergleichbar mit dem Bestimmtheitsmaß R^2. Als beste Möglichkeit hat sich Nagelkerke-R^2 erwiesen, wo als Vergleichsmaßstab zur Beurteilung der vorliegenden Werte der Grenzwert des Bestimmtheitsmaßes der linearen Regression herangezogen werden kann. Abbildung 5.16 verdeutlicht die zwischen den einzelnen Größen der logistischen Regressionsanalyse unterstellten Zusammenhänge.

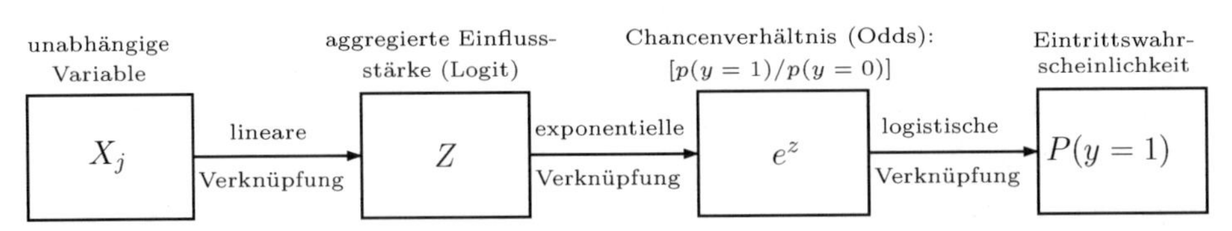

Abb. 5.16: Grundlegende Zusammenhänge zwischen den Betrachtungsgrößen der logistischen Regression

Neben einer dichotomen abhängigen Variablen können auch mehr als zwei Kategorien betrachtet werden, wobei in diesen Fällen eine **Multinomial-logistische Regressionsanalyse** angewendet wird.

6 Grundbegriffe der schließenden Statistik

Übersicht

6.1 Einführung in das statistische Testen und Schätzen

Mit Hilfe von Stichprobendaten soll beim Testen Licht in eine im Dunkel liegende Wirklichkeit (Realität) gebracht werden. Die Wirklichkeit ist eine Grundgesamtheit, über deren Merkmalseigenschaften Behauptungen (Hypothesen) vorliegen oder aufgestellt werden.

Beim Testen wird zunächst eine statistische Hypothese über einen interessierenden Sachverhalt formuliert. Eine geeignete Zufallsstichprobe wird gezogen; sie liefert Daten, die den interessierenden Sachverhalt betreffen und aufhellen sollen. Dies erfolgt unter Verwendung eines adäquaten wahrscheinlichkeitstheoretischen Modells. Im Rahmen dieses Modells wird die eingangs formulierte Hypothese über den Sachverhalt durch die Anwendung einer Entscheidungsregel verworfen oder gestützt. Der statistische Befund der Zufallsstichprobe wird somit entweder als nicht im Widerspruch zur Hypothese stehend bewertet oder als Widerlegung der Hypothese angesehen.

Der statistische Befund ist nunmehr insofern verallgemeinert, als er sich nicht mehr ausschließlich auf die Merkmalsträger der Zufallsstichprobe bezieht. Mit der Annahme oder Zurückweisung der zu prüfenden Hypothese kann ein Fehler begangen werden. Von Vorteil ist jedoch, dass die Wahrscheinlichkeit für den Fehler beziffert werden kann.

Beispielsweise wird behauptet, dass weniger als die Hälfte der Bürger die Steuerpolitik der gegenwärtigen Bundesregierung gutheißen. Dies ist die Hypothese, die zu prüfen ist. In einer für die Bürger repräsentativen, durch Zufall gesteuerten Befragung könnte sich nun als statistischer Befund ergeben, dass 53 % der Befragten die Steuerpolitik der Regierung unterstützen. Zu entscheiden ist, ob sich der Befund in der Stichprobe signifikant – das heißt wesentlich – von der zu prüfenden Hypothese unterscheidet oder ob der Unterschied als „zufällig zustande gekommen" beurteilt werden kann. Als Entscheidungshilfe wird ein zu der Problemstellung und der Datenlage passendes statistisches Modell gewählt. Möglicherweise ergibt sich als formale Lösung im Modell, dass die Hypothese nicht zu verwerfen ist. Dies bedeutet, dass die in der Befragung festgestellte Unterstützung von 53 % der Bürger nicht als unvereinbar mit der Behauptung angesehen werden muss, dass tatsächlich weniger als die Hälfte aller Bürger die Steuerpolitik der gegenwärtigen Bundesregierung gutheißen. In diesem Fall kann der Fehler begangen werden, die Hypothese nicht zu verwerfen, obwohl sie eine unzutreffende Kennzeichnung der Stimmungslage aller Bürger zum Ausdruck bringt. Die Wahrscheinlichkeit für diesen Fehler kann häufig im Rahmen des verwendeten statistischen Modells bestimmt werden.

Im Rahmen des Testens wird eine Aussage über einen interessierenden Sachverhalt dadurch getroffen, dass unter Berücksichtigung von Daten der Stichprobe entschieden wird, ob eine Hypothese über diesen Sachverhalt zu stützen oder zu verwerfen ist. Die Aussage erfolgt somit auf einem indirekten Weg (Inklusionsschluss). Beim Testen wird die objektive Überprüfung von Hypothesen ermöglicht. Art und Größe der Stichprobe sind hierbei von deutlichem Einfluss auf die Wahrscheinlichkeit der Verifizierung oder Falsifizierung einer Hypothese.

Ein direkter Weg (Rückschluss) wird beim Schätzen eingeschlagen. Hier besteht die Ausgangslage im statistischen Befund der Zufallsstichprobe, die den interessierenden Sachverhalt betrifft. Es wird versucht, den wahren und nicht bekannten Zustand des Sachverhalts möglichst gut abzuschätzen. Hierzu muss ein geeignetes Verfahren für die praktische Durchführung der Schätzung gewählt werden. Des Weiteren muss natürlich über die Qualität der Schätzung Klarheit bestehen. Angenommen, es soll eine Erhebung über das aktuelle Einkommen der Landwirte, die einen Hof bestimmter Größe bewirtschaften, durchgeführt werden. Eine geeignete Stichprobe wird gezogen und als Resultat wird unter anderem das durchschnittliche aktuelle Einkommen der zufällig ausgewählten und befragten Landwirte erhalten. Gewünscht ist aber eine Aussage über das durchschnittliche Einkommen aller Landwirte, also auch über das Einkommen jener Landwirte, die gar nicht befragt worden sind.

Der statistische Befund der Stichprobe wird beim Schätzen nunmehr insofern verallgemeinert, als er der bestmöglichen – numerischen – Aufhellung des interessierenden wahren Sachverhaltes dient. Auch hier sind keine sicheren Aussagen möglich. Von Vorteil ist jedoch, dass es einen Weg gibt, das Vertrauen in die Güte der Abschätzung zum Ausdruck zu bringen.

Hierzu soll erneut das Beispiel einer für die Bürger repräsentativen, durch den Zufall gesteuerten Befragung bezüglich der Steuerpolitik der gegenwärtigen Regierung betrachtet werden, nunmehr jedoch mit der Absicht einer Schätzung. Die Stichprobe ergibt, dass 53 % der Befragten die Steuerpolitik unterstützen. Ein naheliegendes und gutes Schätzverfahren besteht darin, diesen Anteilswert (p) der Stichprobe auch für jene Personen als gültig anzusehen, die gar nicht befragt worden sind (Punktschätzung). Selbstverständlich besteht die Möglichkeit, dass die nicht befragten Personen beispielsweise mit weniger als 51 % der Steuerpolitik der Regierung gewogen sind. Dies kann etwa durch die folgende ergänzende, die Sicherheit der Schätzung quantifizierende Aussage mitgeteilt werden (Intervallschätzung): „Zwischen 50 % und 56 % der Bürger unterstützen die Steuerpolitik der Regierung. Die Sicherheit dieser Aussage beträgt 95 %". Selbstverständlich ist die letzte Aussage keine Erfindung, sondern das Resultat einer wahrscheinlichkeitstheoretischen Berechnung.

Liegen Grundgesamtheiten oder Nichtzufallsstichproben vor, so werden nur Methoden der beschreibenden Statistik angewendet. Dies gilt für sehr große Zufallsstichproben und häufig auch dann, wenn neue Resultate mit alten zu vergleichen sind und wenn die Ereignisse eine weitergehende Analyse anhand von Methoden der schließenden Statistik nicht notwendig erscheinen lassen.

Die **bewertende Statistik** (induktive oder schließende Statistik beziehungsweise Inferenzstatistik) wird in folgende Bereiche gegliedert (Abb. 6.1).

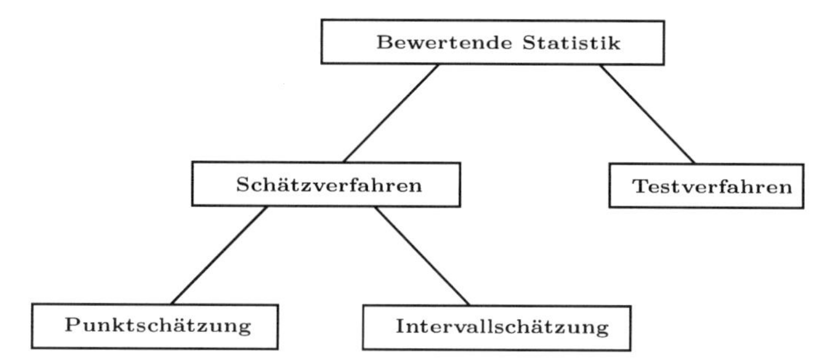

Abb. 6.1: Einteilung der schließenden Statistik

Die typischen Aufgabenstellungen der schließenden Statistik sind:

1. das Schätzen von Parametern (Punktschätzung), Angabe von Konfidenzintervallen (Intervallschätzung)
2. das Testen von Hypothesen

Konfidenzintervalle dienen dem Zweck, die Genauigkeit von Zählungen und Messungen zu bestimmen. Testverfahren werden angewandt, um vermutete Sachverhalte (Hypothesen) anhand von Versuchen gegenüber täuschenden Zufallseffekten abzusichern.

Das Vorgehen der Schätz- und Testverfahren ist gewissermaßen spiegelverkehrt: Entweder wird zunächst eine Stichprobe untersucht und mit bestimmter Wahrscheinlichkeit vorausgesagt, wie der wahre Wert in der Grundgesamtheit ist; oder es wird der wahre Wert der Grundgesamtheit vermutet und diese Hypothese durch eine Stichprobe geprüft, die mit bestimmter (hoher) Wahrscheinlichkeit den vermuteten Wert ergeben muss.

Es liegt auf der Hand, Stichprobe und Grundgesamtheit mit den gleichen statistischen Maßzahlen zu beschreiben. Statistische Maßzahlen, die die Grundgesamtheit beschreiben, sollen Parameter genannt und durch große lateinische oder kleine griechische Buchstaben bezeichnet werden (Tab. 6.1). Maßzahlen, die Stichproben kennzeichnen, werden Stichprobenmaßzahlen oder Schätzwerte (Schätzung der Parameter) genannt; dafür werden kleine lateinische Buchstaben verwendet.

Tab. 6.1: Statistische Parameter der Grundgesamtheit und Stichprobenmaßzahlen

Symbole:	**Grundgesamtheit Parameter**	**Aussprache deutsch**	**Stichprobe Schätzwerte**
arithmetisches Mittel	μ	Mü	$\bar{x}$
Median	$\tilde{\mu}$	Mü Schlange	$\tilde{x}$
Standardabweichung	σ	Sigma	s
Varianz	σ^2	Sigma Quadrat	s^2
Fallzahl	N		n
Proportion	π	Pi	p
Korrelation	ρ	Rho	r

Die Abb. 6.2 veranschaulicht den Zusammenhang zwischen Parameter und Schätzwerten.

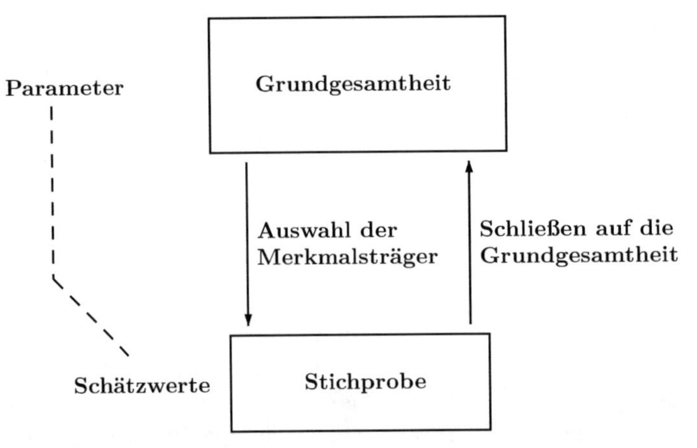

Abb. 6.2: Zusammenhang zwischen Grundgesamtheit, Stichprobe und Parameter, Schätzwerte

Mit Hilfe der schließenden Statistik lassen sich Fragen beantworten und Behauptungen überprüfen:

- Warzen verschwinden auch ohne Behandlung bei 30 % aller Personen.
- Welches Modell von Papierfliegern scheint weiter zu fliegen?
- Welche Zahnpasta ist für die Kariesprophylaxe zu empfehlen?
- Füllt eine Brauerei zu wenig ab?
- In Japan tritt Dickdarmkrebs seltener auf als Magenkrebs; in den USA ist es genau umgekehrt.
- Wie groß ist die Reißfestigkeit einer Garnsorte?

6.2 Philosophie des Schätzens

In vielen Fällen besitzen wir keinerlei Informationen über die statistischen Parameter der Grundgesamtheit. Die einzigen Hinweise auf die Größenordnung von μ, σ und π gibt uns die Stichprobe und ihre statistischen Kennziffern. Von dieser müssen wir auf die Parameter der Grundgesamtheit schließen. Das Abschätzen dieser Größen kann auf zweierlei Weise geschehen: Entweder schätzen wir über die Stichprobe die plausibelsten Werte von μ, σ und π oder wir geben Bereiche an, in denen diese Parameter mit einer gewissen Vertrauenswürdigkeit liegen werden.

Welche Bedingungen müssen erfüllt sein und wie muss bei der Auswahl vorgegangen werden, damit die Repräsentativität einer Stichprobe gewährleistet ist und dadurch Aussagen über Parameter ermöglicht werden?

Repräsentativität einer Stichprobe kann dann erreicht werden, wenn bei der Auswahl die Prinzipien der Zufälligkeit und der Unabhängigkeit gewahrt worden sind.

Soll eine gültige Schlussfolgerung sichergestellt sein, müssen bei der Auswahl folgende Bedingungen eingehalten werden:

1. Jedes Element einer Grundgesamtheit muss die gleiche Chance (beziehungsweise Wahrscheinlichkeit) haben, in die Auswahl aufgenommen zu werden (Wahrung des Zufallsprinzips).
2. Die Auswahl eines Elements darf die Wahrscheinlichkeit eines anderen Elements, ebenfalls ausgewählt zu werden, nicht beeinflussen (Wahrung des Prinzips der Unabhängigkeit).

Während der Parameter der Grundgesamtheit einen bestimmten – wenn auch meist unbekannten – fixierten Wert hat, variieren die Schätzwerte von Stichprobe zu Stichprobe. Angenommen, die durchschnittliche Anzahl der Studierenden von elf Instituten ist von Interesse. Dann wird für einzelne Stichproben, bestehend zum Beispiel aus jeweils zwei Instituten, wahrscheinlich immer ein anderes arithmetisches Mittel errechnet werden. Es könnten beim ersten Versuch 35, beim zweiten 62 oder beim dritten vielleicht

123 Studierende das Ergebnis sein. Der Mittelwert μ der Grundgesamtheit ist dagegen ein fester Wert. Ob das für die Stichprobe errechnete arithmetische Mittel dem Parameter entspricht beziehungsweise wie nahe es an ihn herankommt, ist nicht bekannt. Wäre die Stichprobe tatsächlich ein verkleinertes Abbild der Grundgesamtheit, das heißt, wäre es repräsentativ, müsste der errechnete Stichprobenmittelwert dem Parameter entsprechen. Bei solch kleinen Stichprobenumfängen n ist freilich Repräsentativität kaum zu erreichen. Aber selbst wenn aus der Bevölkerung Österreichs Zufallsauswahlen mit $n = 2000$ gezogen werden, würden die arithmetischen Mittel „zufällig" schwanken. Das heißt, der Zufall spielt bei der Auswahl einen Streich. Die vorliegenden Stichproben sind meist nur annähernd repräsentativ und es ist nicht bekannt, wie stark. Es kann keine exakte Aussage darüber gemacht werden, wie nahe an den tatsächlichen Mittelwert μ der Grundgesamtheit herangekommen wird. Mit Hilfe des Schlussverfahrens kann jedoch ein Bereich angegeben werden, in dem der Parameter mit einer bestimmten Sicherheit (Wahrscheinlichkeit) liegt.

Mit Verfahren der **Punktschätzung** ist es möglich, interessierende Parameter oder Verteilungen von Grundgesamtheiten zu schätzen und damit von einer Teilerhebung auf die Grundgesamtheit zu schließen. Das Ergebnis einer Punktschätzung ist ein einzelner Zahlenwert, der unsere „beste" Schätzung für den unbekannten Parameter darstellt. Gute Schätzungen liegen nahe dem wahren zu schätzenden Wert, eine exakte Schätzung ist allerdings praktisch unmöglich. Die Unsicherheit, die der Schätzung innewohnt, wird bei der Punktschätzung nicht berücksichtigt.

Alternativ erlauben **Intervallschätzungen** die Angabe eines ganzen Bereichs (Intervalls) möglicher Parameterwerte. Die Intervallschätzung ermöglicht eine Aussage darüber, mit welcher Wahrscheinlichkeit das geschätzte Intervall den wahren Wert überdeckt. Diese Wahrscheinlichkeit kann als Maß für die Präzision der Schätzung verwendet werden. Je nachdem, mit welcher Sicherheit das Intervall den gesuchten Parameter enthalten soll, ist das Intervall breiter oder schmaler. Die mit der Schätzung verbundene Unsicherheit wird hier also berücksichtigt.

Zur Schätzung von Parametern einer Grundgesamtheit gibt es die zwei Prinzipien der Punkt- und der Intervallschätzung. Beide treffen anhand der in einer Stichprobe enthaltenen Informationen Aussagen darüber, welchen Wert die interessierende Größe vermutlich hat.

- Bei der **Punktschätzung** wird ein Wert als Schätzung für die interessierende Größe angegeben.
  Vorteil: eindeutiger Wert.
  Nachteil: berücksichtigt nicht die Unsicherheit der Schätzung.
- Bei der **Intervallschätzung** wird ein ganzes Intervall möglicher Werte als Schätzung für die interessierende Größe angegeben.
  Vorteil: berücksichtigt die Unsicherheit der Schätzung.
  Nachteil: kein eindeutiger Wert.

Bei der Punktschätzung fixieren wir einen bestimmten Punkt auf der Merkmalsdimension, an dem wir mit größtmöglichem Vertrauen (Konfidenz) den tatsächlichen Parameter der Grundgesamtheit erwarten. Der Schluss von der Zufallsstichprobe auf die Grundgesamtheit anhand von Punktschätzungen – hierbei haftet dem Ausdruck Schätzung nichts Abträgliches an – ist unbefriedigend, da über die Abweichung des Stichprobenkennwertes vom Parameter nichts ausgesagt wird. Wichtig ist nun die Frage nach dem Bereich, in dem der gesuchte Parameter erwartet werden kann, nach dem Vertrauensbereich einer Intervallschätzung. Wenn möglich, sollte zu jedem Stichprobenkennwert der Vertrauensbereich für den entsprechenden Parameter gegeben werden.

Es liegt intuitiv nahe, die Parameter einer Grundgesamtheit durch die entsprechenden Kenngrößen der Stichprobe zu schätzen. So scheint der Mittelwert als Schätzwert für das arithmetische Mittel der Grundgesamtheit geeignet; eine Wahrscheinlichkeit wird durch die relative Häufigkeit geschätzt. Die Schätzfunktion (oder der Schätzer) ist eine Vorschrift, nach der aus den Daten einer Stichprobe des Umfangs n ein angenäherter Wert für den unbekannten Parameter berechnet wird. Die Werte, die die Schätzfunktion in Abhängigkeit von der jeweiligen Stichprobe annimmt, werden als Schätzwerte bezeichnet.

Für die Güte einer Schätzung orientiert man sich an vier Kriterien:

Erwartungstreue: Eine einzelne Stichprobengröße gibt kaum den unbekannten Parameter exakt wieder. Allerdings sollte die Schätzvorschrift nicht systematisch einen zu hohen oder zu niedrigen Wert liefern. Das Kriterium der Erwartungstreue fordert daher, dass der Durchschnitt (auf lange Sicht) aller theoretisch denkbaren Schätzwerte aus Stichproben des Umfangs n mit dem unbekannten Parameter übereinstimmen. Eine erwartungstreue Schätzung heißt unverzerrt (oder unbiased).

Konsistenz: Es ist plausibel Folgendes zu verlangen: Je größer der Stichprobenumfang n, desto genauer sollte die Schätzung sein. Ein Schätzer ist immer dann konsistent, wenn dessen Varianz für große n gegen 0 geht.

Effizienz: Die Varianz des Schätzers sollte möglichst gering sein. Je geringer sie ist, desto präziser ist die Schätzung. Eine hohe Effizienz bedeutet, dass auch eine kleine Stichprobe einen brauchbaren Schätzwert liefert. Die Effizienz ist insbesondere dann wichtig, wenn verschiedene Schätzer verglichen werden.

Exhaustivität: Ein Schätzer ist exhaustiv (erschöpfend, suffizient), wenn alle Informationen, die in den Daten einer Stichprobe enthalten sind, berücksichtigt werden.

Alle diese Forderungen scheinen nachvollziehbar und wünschenswert zu sein; wir werden jedoch sehen, dass sie nicht unbedingt bei allen bekannten Schätzfunktionen erfüllt sind. Die Tab. 6.2 fasst Schätzwerte und ihre Eigenschaften zusammen: Das arithmetische Mittel $\bar{x}$ ist im Vergleich zum Median $\tilde{x}$ der effizientere Schätzer für das arithmetische Mittel der Grundgesamtheit μ. Die Stichprobenvarianz ist der effizienteste Schätzer für die Varianz der Grundgesamtheit σ^2.

Tab. 6.2: Eigenschaften der Schätzwerte für die Parameter der Grundgesamtheit

Parameter der Grundgesamtheit	Schätzwert	Erwartungstreue	Konsistenz	Exhaustivität
μ	$\bar{x}$	ja	ja	ja
μ	$\tilde{x}$	ja (falls stetig und symmetrisch)	ja	nein
π	p	ja	ja	nein
σ^2	s^2	ja	ja	ja
σ	s	nein	ja	ja
ρ	r	nein	ja	ja

Punktschätzungen haben den Nachteil, nichts über das Risiko auszusagen, das wir eingehen, wenn wir uns auf eine Schätzung verlassen. Wenn wir es recht bedenken, ist es trotz „bester“ Schätzer reichlich unwahrscheinlich, den Parameter der Grundgesamtheit exakt zu treffen. Da es darauf auch meist nicht ankommt, wohl aber auf eine Aussage über die Zuverlässigkeit einer Schätzung, werden Intervallschätzungen bevorzugt.

Ein Bereich, der bei berechtigter Anwendung (Voraussetzungen erfüllt) und als allgemeine Vorschrift einen unbekannten Paramter mit einer bestimmten Wahrscheinlichkeit überdeckt, wird **Vertrauensbereich** oder **Konfidenzintervall** genannt. Häufig wird der Wert 95 % als Vertrauenswahrscheinlichkeit gewählt. Bei häufiger Anwendung dieses so genannten Konfidenzschlusses auf verschiedene Stichproben und verschiedene Grundgesamtheiten desselben Typs werden die berechneten Vertrauensbereiche in etwa 95 % aller Fälle den Parameter überdecken und nur in $\alpha = 5\,\%$ aller Fälle werden sie ihn nicht erfassen.

Zu beachten ist, dass der Parameter nicht mit einer Wahrscheinlichkeit von 0,95 in einem bestimmten Bereich liegt (im konkreten Fall liegt er entweder innerhalb oder außerhalb dieses Bereichs); stattdessen führt das dem 95 %-Vertrauensbereich zugrunde liegende Stichprobenverfahren mit einer Wahrscheinlichkeit von 0,95 zu einem Bereich, der im Mittel (auf lange Sicht) in 19 von 20 Fällen den Parameter enthält. In 95 % aller Fälle, in denen ein 95 %-Konfidenzintervall berechnet wird, liegt der wahre Parameterwert der Grundgesamtheit tatsächlich in dem ermittelten Intervall. Mit einer Sicherheit von 95 % kann also darauf vertraut werden, dass der wahre Parameterwert in dem aus der Stichprobe berechneten Konfidenzintervall liegt. In den übrigen 5 % der Fälle liegt das geschätzte Konfidenzintervall neben dem wahren Parameter, sodass die Stichprobendaten zu einer fehlerhaften Schlussfolgerung verleitet haben. Diese falschen Schlussfolgerungen sind auf den so genannten Stichprobenfehler zurückzuführen und kommen dadurch zustande, dass die Stichprobe durch Zufallseinflüsse bei der Stichprobenziehung in ihrer Zusammensetzung besonders stark von der Grundgesamtheit abweicht.

Ziehen wir beispielsweise 20 verschiedene Stichproben aus derselben Grundgesamtheit mit jeweils gleichem Stichprobenumfang n, so werden wir 20 verschiedene Konfidenzintervalle berechnen, von denen etwa 19 (auf lange Sicht) den wahren Parameter, zum Beispiel das arithmetische Mittel der Grundgesamtheit μ, überdecken (siehe Abb. 6.3).

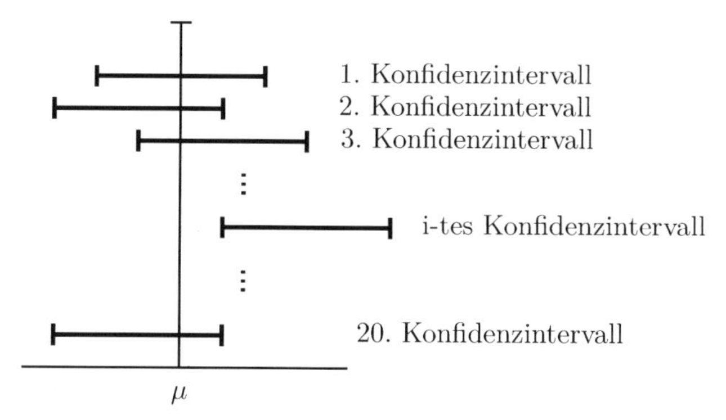

Abb. 6.3: 20 95 %-Konfidenzintervalle

Daher wissen wir bei der Angabe eines einzigen Konfidenzintervalls nicht, ob wir wie in Abb. 6.3 beispielsweise das 1. Konfidenzintervall, welches μ enthält, oder das i-te Konfidenzintervall, welches μ nicht überdeckt, ermittelt haben.

Der Vertrauensbereich wird mit wachsendem Stichprobenumfang n enger. Bei gleichem n sind durch Verringerung der Vertrauenswahrscheinlichkeit (das heißt Vergrößerung von α) ebenfalls engere Bereiche zu erhalten, also schärfere, aber weniger sichere Aussagen über den unbekannten Parameter. Übliche Vertrauensbereiche sind: 90 % Vertrauensbereich (mit $\alpha = 10\,\% = 0{,}10$), 95 %-Vertrauensbereich ($\alpha = 5\,\% = 0{,}05$) und 99 %-Vertrauensbereich ($\alpha = 1\,\% = 0{,}01$). Der Vorteil der Bereichsschätzung besteht in der Quantifizierung ihrer Unschärfe.

Der so gefundene Bereich für den Parameter der Grundgesamtheit wird als Konfidenz- oder Vertrauensbereich beziehungsweise -intervall bezeichnet und die Zuverlässigkeit, mit der diese Aussage gemacht werden kann, als Konfidenzniveau $1 - \alpha$. α wird daher als Irrtumswahrscheinlichkeit oder Fehlerwahrscheinlichkeit definiert.

Die Wahl des Konfidenzniveaus – man wählt in der Regel $1 - \alpha = 0{,}9$, $0{,}95$ oder $0{,}99$ – liegt im Ermessen des Statistikers. Er kann dieses seinen Genauigkeitsbedürfnissen entsprechend festlegen. Eine Vergrößerung des Konfidenzniveaus (das heißt eine Verkleinerung der Irrtumswahrscheinlichkeit) hat nämlich eine Vergrößerung des Schätzintervalls und somit eine „gröbere" Schätzung zur Folge.

6.3 Bestimmung von Konfidenzintervallen

Viele statistische Analysen konzentrieren sich auf die Schätzung unbekannter Größen mit Hilfe von wissenschaftlichen Versuchen und Studien. Zum Beispiel ist das Ziel einer klinischen Studie die Schätzung des mittleren Blutzuckerspiegels von Patienten nach Behandlung mit einem ausgewählten Medikament. Die Wahlbeteiligung einer gerade laufenden Wahl ist von Interesse, oder die Wachstumsrate von Karotten, gedüngt mit einem Substrat aus verschiedenen Nährstoffen und Mineralien, soll in einem Agrarexperiment geschätzt werden. Die Ergebnisse solcher Studien und Versuche liegen in Form von Schätzungen (Punktschätzungen oder Konfidenzintervalle) für die gesuchte Größe vor.

Konfidenzintervalle werden verwendet, um ausgehend von einer Stichprobe Rückschlüsse auf bestimmte Paramter der Grundgesamtheit zu ziehen. Beispielsweise wird mit Hilfe von Konfidenzintervallen geschätzt, in welchem Bereich der Mittelwert in der Grundgesamtheit liegt oder wie groß der Anteil einer bestimmten Teilgruppe in der Grundgesamtheit ist. Dabei verwendet man Konfidenzintervalle vor allem in Situationen, in denen man noch keine Theorie darüber besitzt, wie groß der gesuchte Paramter sein müsste. Wenn Sie schon eine Vorstellung von der Größe eines bestimmten Paramters haben und diese These überprüfen wollen, führen Sie einen Hypothesentest durch. Die Punktschätzung liefert einen Parameterwert, der im Regelfall nicht mit dem wahren Wert identisch ist. In jeder Anwendung ist es daher notwendig, neben dem Schätzwert selbst die Präzision mitanzugeben. Dafür ist der Standardfehler im Allgemeinen ein sinnvolles Maß.

Das hier betrachtete Konfidenzintervall besteht aus zwei Komponenten: einer Stichprobenkennzahl plus/minus einer Fehlergrenze. Die Fehlergrenze zeigt dabei an, in welchem Ausmaß damit gerechnet werden muss, dass der betrachtete Parameter in der Stichprobe von dem entsprechenden Parameter in der Grundgesamtheit abweichen kann. Um Konfidenzintervalle zu ermitteln, müssen Sie also die Stichprobenkennzahl (wie zum Beispiel das arithmetische Mittel in der Stichprobe) bestimmen und die Fehlergrenzen berechnen. Die genaue Formel zur Berechnung der Fehlergrenzen hängt dabei von dem jeweils betrachteten Parameter ab, folgt aber immer dem gleichen Ansatz.

Um einen Anhaltspunkt bezüglich der Genauigkeit der Schätzung zu gewinnen, konstruiert man aus den Daten der Stichprobe ein Konfidenzintervall (Vertrauensbereich). Generell gibt es bei der Konstruktion eines Konfidenzintervalls zwei Möglichkeiten:

- Mit der Wahrscheinlichkeit $1-\alpha$ erhält man ein Intervall, das den unbekannten Parameter enthält. Der Wert $1-\alpha$ wird als Konfidenzniveau (oder Konfidenzwahrscheinlichkeit) bezeichnet.
- Mit der Wahrscheinlichkeit α erhält man ein Intervall, das den unbekannten Parameter nicht enthält. Der Wert α wird als Irrtumswahrscheinlichkeit bezeichnet.

Das Konfidenzintervall selbst liefert leider keinen Anhaltspunkt dafür, welche dieser beiden Möglichkeiten eingetreten ist. Es ist deshalb immer notwendig und wichtig, die Irrtumswahrscheinlichkeit α mit anzugeben.

Das arithmetische Mittel der Grundgesamtheit μ wird durch das arithmetische Mittel $\bar{x}$ geschätzt. Ein Konfidenzintervall auf dem Niveau $1-\alpha = 95\,\%$ ist gegeben durch:

$$\left[\bar{x} - \frac{1{,}96 \cdot \sigma}{\sqrt{n}};\ \bar{x} + \frac{1{,}96 \cdot \sigma}{\sqrt{n}}\right]$$

Man erhält mit einer Wahrscheinlichkeit von 95 % ein Konfidenzintervall, das den unbekannten Parameter μ überdeckt.

Bei einer Irrtumswahrscheinlichkeit von $\alpha = 1\,\%$ ist der Wert 1,96 durch 2,58 zu ersetzen. Allgemein ist ein zweiseitiges Konfidenzintervall auf dem Niveau $(1 - \alpha)$ – für das arithmetische Mittel μ der Grundgesamtheit bei bekannter Streuung σ der Grundgesamtheit – definiert durch die Intervallmitte $\bar{x}$ und die Grenzen:

$$\left[\bar{x} - z_{1-\frac{\alpha}{2}} \cdot \frac{\sigma}{\sqrt{n}};\, \bar{x} + z_{1-\frac{\alpha}{2}} \cdot \frac{\sigma}{\sqrt{n}}\right]$$

Dabei bezeichnet der Index $1 - \frac{\alpha}{2}$ das jeweilige Quantil der Standardnormalverteilung.

Diesem $(1-\alpha)$-**Konfidenzintervall für das arithmetische Mittel μ bei bekannter Streuung σ der Grundgesamtheit** liegt der **zentrale Grenzwertsatz** zugrunde. Demnach sind alle theoretisch denkbaren arithmetischen Mittel aus Stichproben des Umfangs n normalverteilt (zumindest für $n \geq 25$) mit dem Parameter μ und $\frac{\sigma}{\sqrt{n}}$. Die Abb. 6.4 veranschaulicht das Prinzip des zentralen Grenzwertsatzes deutlich.

Das obige Konfidenz-Schätzverfahren ist (sehr) robust gegenüber Verletzungen einer Normalverteilungsvoraussetzung. Diese Robustheitsaussage gilt auch für die nachfolgende praxisrelevante Variante des soeben erhaltenen Konfidenzintervalls.

Da im Allgemeinen die Streuung in der Grundgesamtheit σ unbekannt ist, wird σ durch die Standardabweichung s der Stichprobe als Schätzer verwendet. Dies führt insbesondere bei kleinen Stichproben zu einer weiteren Ungenauigkeit der Schätzung. Falls die arithmetischen Mittel der Mittelwerte normalverteilt sind, lassen sich die Quantile der Standardnormalverteilung durch die entsprechenden Quantile der t-Verteilung (entdeckt von GOSSET) ersetzen. Folgendes $(1 - \alpha)$-**Konfidenzintervall für das arithmetische Mittel μ bei unbekannter Streuung σ der Grundgesamtheit** ergibt sich aus:

$$\left[\bar{x} - t_{n-1;\,1-\frac{\alpha}{2}} \cdot \frac{s}{\sqrt{n}};\, \bar{x} + t_{n-1;\,1-\frac{\alpha}{2}} \cdot \frac{s}{\sqrt{n}}\right]$$

$\frac{s}{\sqrt{n}}$ ist der Standardfehler des Mittelwertes $s_{\bar{x}}$. Beim Ausdruck $t_{n-1;\,1-\frac{\alpha}{2}}$ bezeichnet der Index $df = n - 1$ die Freiheitsgrade (degree of freedom) und $1 - \frac{\alpha}{2}$ das Quantil. Der erste Index ist deswegen nötig, weil es für jedes df eine spezielle t-Verteilung gibt. Ohne geeignete Software müssen die Quantile $t_{n-1;\,1-\frac{\alpha}{2}}$ in Tabellen nachgeschlagen werden.

Oft wird ein Konfidenzintervall graphisch anhand eines Fehlerbalkens dargestellt. Die Abb. 6.5 stellt das Konfidenzintervall $[13,775; 16,225]$ und einen Punktschätzer von 15 dar.

Zur Berechnung eines **approximativen Konfidenzintervalls für den Anteil** (Wahrscheinlichkeit) π muss vorausgesetzt werden, dass $n \cdot p > 5$ und $n \cdot (1 - p) > 5$, das heißt, der Stichprobenumfang n darf nicht zu klein sein und die relative Häufigkeit p beziehungsweise $1 - p$ sollte nicht zu extrem sein. Das $1 - \alpha$-Konfidenzintervall ergibt sich zu:

$$\left[p - z_{1-\frac{\alpha}{2}} \cdot \sqrt{\frac{p \cdot (1-p)}{n}};\, p + z_{1-\frac{\alpha}{2}} \cdot \sqrt{\frac{p \cdot (1-p)}{n}}\right]$$

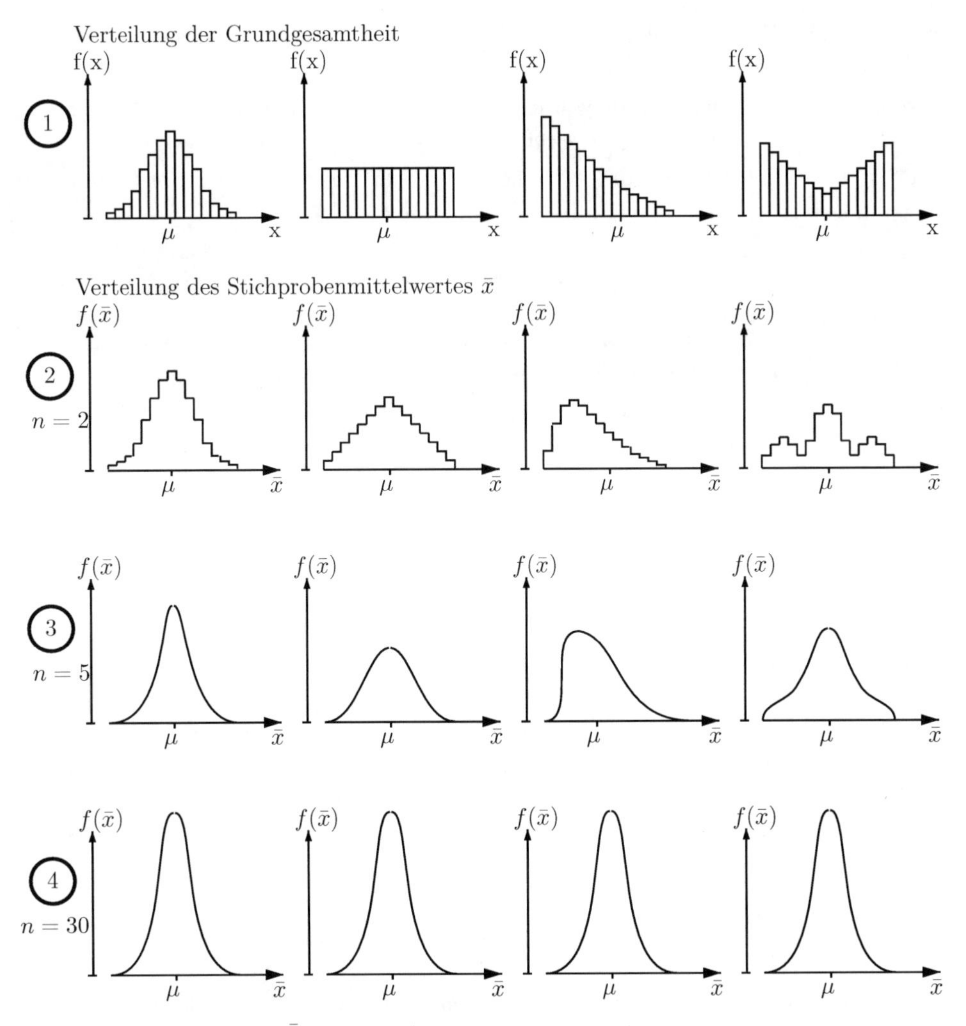

Abb. 6.4: Verteilung von $\bar{X}$ bei verschiedenen Grundgesamtheiten

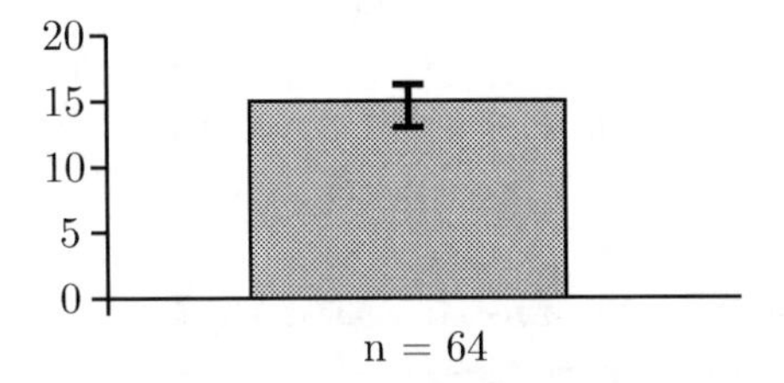

Abb. 6.5: Graphische Darstellung eines Konfidenzintervalls anhand eines Fehlerbalkens

Das für den Anteil π definierte Intervall ist vergleichbar mit dem Konfidenzintervall $\mu : p$ entspricht dem arithmetischen Mittel, die Wurzel der Standardabweichung der Schätzung.

Als Schachteldiagramm ergibt sich die Abb. 6.6. Oft wird das Konfidenzintervall noch durch die Größe $\frac{1}{2n}$ (Kontinuitätskorrektur) sowohl nach oben als auch nach unten korrigiert.

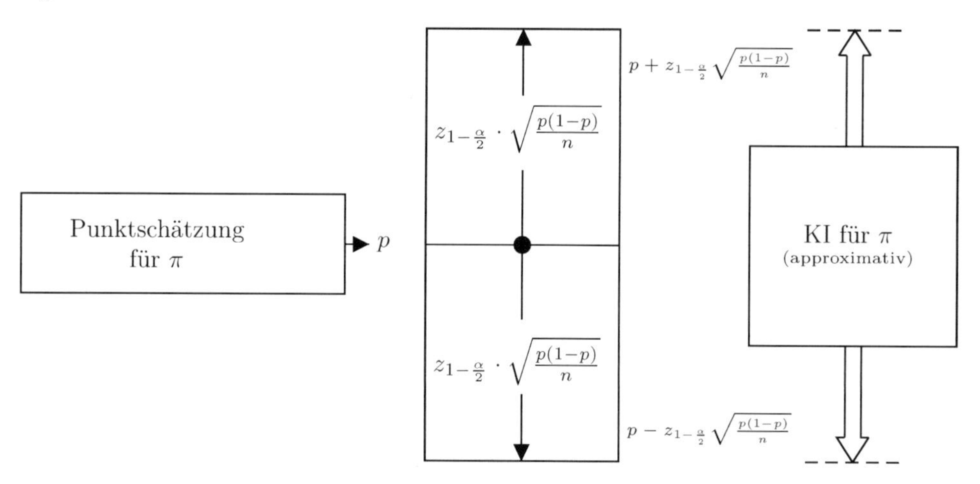

Abb. 6.6: Schachteldiagramm für das mit dem Anteil π definierte Konfidenzintervall

Insbesondere bei kleinen Stichprobenumfängen sind die **Konfidenzintervalle nach** CLOPPER-PEARSON zu verwenden, da die Approximation der Binomial- durch die Normalverteilung nicht mehr verwendbar ist. Die Intervallgrenzen für das Konfidenzintervall nach CLOPPER-PEARSON ergeben sich nach einer Umformung unter anderem aus den Quantilen der F-Verteilung. Dieses Verfahren von C. J. CLOPPER und Egon Sharpe PEARSON stammt aus dem Jahr 1939.

Beispiel 6.1

So ergibt sich das 80 %-Konfidenzintervall für den Anteil nach CLOPPER-PEARSON bei einer relativen Häufigkeit von 10 % und einem Stichprobenumfang von 10 zu:

$$[1{,}05\,\%;\ 33{,}69\,\%]$$

■

Wir haben durch die Wahl von $z_{1-\frac{\alpha}{2}} = -z_{\frac{\alpha}{2}}$ beziehungsweise $t_{n-1;\,1-\frac{\alpha}{2}} = -t_{n-1;\,\frac{\alpha}{2}}$ ein symmetrisches zweiseitiges Konfidenzintervall bestimmt. Dies ist das übliche Vorgehen; theoretisch können aber auch unsymmetrische Intervalle von Interesse sein, zum Beispiel durch Wahl von $t_{n-1;\,\frac{\alpha}{4}}$ und $t_{n-1;\,1-\frac{3\alpha}{4}}$, was in der Praxis selten der Fall ist. Nach den zweiseitigen Konfidenzintervallen werden nun einseitige Konfidenzintervalle betrachtet.

Eine Firma behauptet zum Beispiel, die Ausschusswahrscheinlichkeit π einer Produktion sei höchstens gleich 0,05, das heißt, π ist kleiner oder gleich 0,05; dafür wird $\pi \leq 0{,}05$ geschrieben. Bei einer Reklamation kann der Kunde oder die entsprechende Behörde zum Beispiel die Behauptung aufstellen, die Ausschusswahrscheinlichkeit sei mindestens gleich 0,06, das heißt größer oder gleich 0,06; die Ungleichung dafür lautet $\pi \geq 0{,}06$. Der

Hersteller von Zucker behauptet zum Beispiel, das mittlere Gewicht pro Paket betrage mindestens 980 g. Für diesen Sachverhalt steht auf dem Paket „Mindestgewicht 980 g". Hier lautet bezüglich des arithmetischen Mittels der Grundgesamtheit μ die entsprechende Ungleichung $\mu \geq 980$. Ein anderes Beispiel ist die Prognose, dass bei der nächsten Wahl eine bestimmte Partei die absolute Mehrheit erhält. Die entsprechende Aussage lautet dann: Der Stimmenanteil für die entsprechende Partei ist mindestens 50 %. Bei maschinellen Abfüllprozessen sollen die Schwankungen der Füllmengen möglichst klein sein. Dies ist genau dann der Fall, wenn die Standardabweichung der Grundgesamtheit σ der entsprechenden Grundgesamtheit klein ist. Hier liegt das Interesse in der Aussage, die Standardabweichung der Grundgesamtheit σ übersteige nicht eine bestimmte Grenze, zum Beispiel d, das heißt, σ ist kleiner oder gleich d; dafür wird $\sigma \leq d$ geschrieben.

In diesen Aussagen ist der jeweilige Parameter nur in einer einzigen Richtung, entweder nach oben oder unten, beschränkt. In die andere Richtung darf er beliebig weit fallen beziehungsweise wachsen. Natürlich kann es auch in dieser unbeschränkten Richtung Grenzen geben, die nicht überschritten werden können. Da zum Beispiel π nicht negativ sein kann, ist die Ungleichung $\pi \leq 0{,}05$ äquivalent mit $0 \leq \pi \leq 0{,}05$. Entsprechend können Standardabweichungen von Grundgesamtheiten σ nicht negativ sein. Da diese aber beliebig groß werden können, bedeutet $\sigma \geq 8$ nur, dass σ mindestens gleich 8 sein muss. Nach oben kann ohne weitere Untersuchung keine Schranke angegeben werden. Falls es in der offenen Richtung keine natürliche Grenze gibt, sind in dieser Richtung alle Werte des Zahlenstrahls möglich. Die Werte können also theoretisch bis unendlich gehen. Das zugehörige Intervall ist dann nicht beschränkt. Konfidenzintervalle mit nur einer einzigen Grenze heißen **einseitige Konfidenzintervalle**.

Einseitige Vertrauensintervalle (Konfidenzintervalle) können dadurch erhalten werden, dass im entsprechenden zweiseitigen Intervall eine Grenze weggelassen wird. Dadurch wird der entsprechende Bereich für den Parameter vergrößert. Die Aussage wird dadurch sicherer. Daher wird durch das Weglassen einer der beiden Grenzen die Vertrauenswahrscheinlichkeit vergrößert.

Allgemein gilt die folgende Regel für einseitige Konfidenzintervalle: Bei berechneten zweiseitigen Konfidenzintervallen werde eine der beiden Grenzen weggelassen. Dadurch ist ein einseitiges Konfidenzintervall für diesen Parameter zu erhalten.

Wird zum Beispiel in einem zweiseitigen Konfidenzintervall zur Vertrauenswahrscheinlichkeit 0,95 eine Grenze weggelassen, so ist ein einseitiges Konfidenzintervall zur Vertrauenswahrscheinlichkeit von 0,975 zu erhalten.

Ein einseitiges Konfidenzintervall zur Irrtumswahrscheinlichkeit α kann folgendermaßen konstruiert werden: Im zweiseitigen Konfidenzintervall zur Irrtumswahrscheinlichkeit $2 \cdot \alpha$ wird eine Grenze weggelassen. Zur Berechnung der anderen Grenze wird das $1-\alpha$-Quantil benutzt, zum Beispiel ein einseitiges oberes Konfidenzintervall des arithmetischen Mittels bei unbekannter Varianz

$$\left[\bar{x} - t_{n-1;\,1-\alpha} \cdot \frac{s}{\sqrt{n}};\, \infty\right[$$

und einseitiges, unteres Konfidenzintervall als arithmetisches Mittel bei unbekannter Varianz:

$$\left]-\infty;\ \bar{x}+t_{n-1;\,1-\alpha}\cdot\frac{s}{\sqrt{n}}\right]$$

Die Anwendungsfälle von Konfidenzintervallen sind vielseitig,wie die folgenden Beispiele zeigen.

Beispiel 6.2

Beim Wetterbericht werden zum Beispiel folgende Prognosen abgegeben: Höchsttemperaturen zwischen 8 und 11 °C, Tiefsttemperaturen zwischen 2 und 4 °C. Für die Höchst- beziehungsweise Tiefsttemperaturen werden zweiseitige Konfidenzintervalle angegeben. Die den Wetterbericht erstellenden Meteorologen vertrauen darauf, dass die tatsächlichen Temperaturen sich in diesem Bereich (Intervall) bewegen werden. Die Temperaturen insgesamt werden nach dieser Prognose zwischen 2 und 11 °C liegen.

Die Aussage „Nachts ist mit Frost zu rechnen" ist gleichwertig mit der Prognose „Die Temperaturen fallen nachts unter 0 °C". Um wie viel die Temperaturen unter den Gefrierpunkt sinken, spielt keine Rolle. Das angegebene Konfidenzintervall enthält die obere Grenze 0, während die untere Grenze nicht festgelegt wird. Es ist ein einseitiges, unteres Konfidenzintervall.

In der Prognose „Höchsttemperaturen über 35 °C" wird ein einseitiges oberes Konfidenzintervall mit der unteren Grenze 35, jedoch ohne obere Grenze angegeben.

Falls bei einer Wahlprognose nur prozentuelle Stimmenanteile für die einzelnen Parteien vorausgesagt werden, muss wohl davon ausgegangen werden, dass diese Prognosen nie exakt eintreffen werden. Die abgegebenen Prognosen sind nicht als Einzelwerte zu verstehen. Es soll damit nur zum Ausdruck gebracht werden, dass die tatsächlichen Stimmenanteile in der Nähe der prognostizierten Werte liegen werden. Mehr Information liefert jedoch eine Prognose, in der die zugelassene Abweichung näher präzisiert wird. Bei einer Voraussage auf einen Prozentpunkt genau wird eine mögliche Abweichung von einem Prozentpunkt zugelassen. Dann stellt zum Beispiel eine Prognose von 46 % Stimmenanteil ein zweiseitiges Konfidenzintervall mit den Grenzen 45 % und 47 % dar. Eine solche Prognose ist dann richtig, wenn der tatsächlich erreichte Stimmenanteil zwischen 45 % und 47 % liegt, also in dem zweiseitigen Vertrauensintervall [45 %; 47 %] enthalten ist. Die Prognose „Die Partei A erhält bei der Wahl die absolute Mehrheit" trifft dann zu, wenn diese Partei mehr als die Hälfte der Mandate (Sitze) erhält. Auch diese Prognose stellt bezüglich der Sitzverteilung ein Konfidenzintervall dar. Es ist nach unten durch die Zahl 50 % begrenzt, wobei diese Grenze 50 nicht zum Konfidenzintervall gehört, da genau 50 % der Sitze noch keine absolute Mehrheit ergeben. Es handelt sich um ein einseitiges, oberes Konfidenzintervall. Eine obere Grenze braucht für die absolute Mehrheit nicht angegeben zu werden. Die Prognose, dass an der Regierungsbildung mehrere Parteien beteiligt werden müssen, besagt, dass diese Parteien zusammen mehr als die Hälfte der Sitze erhalten, dass aber die absolute Mehrheit beim Weglassen einer dieser Parteien nicht mehr erreicht wird. Eine Partei ist nur dann in den das Nationalrat gewählt, wenn sie mindestens 5 % der Stimmen erhält. Die Prognose, dass eine kleine Partei an der 5 %-Klausel nicht scheitern wird, stellt für den prozentuellen Stimmenanteil ein einseitiges oberes Konfidenzintervall mit der unteren Grenze 5 % und ohne obere Grenze dar.

Bei vielen abgepackten Waren wird der Mindestinhalt angegeben, zum Beispiel „Inhalt mindestens 1 Liter“. Hiermit garantiert der Hersteller, dass der tatsächliche Inhalt die angegebene untere Grenze höchstens übersteigt, nicht jedoch unterschreitet. Es handelt sich dabei um ein einseitiges, oberes Konfidenzintervall. ■

6.4 Philosophie des Testens

Der Filialleiter eines Drogeriemarkts stellt fest, dass seit einiger Zeit im Vergleich zu den Mengen an Kunden, die sich im Schnitt täglich dort aufhalten, die Einnahmen relativ gering sind. Durch verschärfte Überwachung des Personals gerät ein Kassierer unter Verdacht, an seiner Kasse Einnahmen zu unterschlagen. Er wird verhaftet und vor Gericht gestellt. Staatsanwaltschaft und Verteidigung sammeln Zeugenaussagen, Indizien und Hinweise (mit anderen Worten: Daten), die für beziehungsweise gegen die Schuld des Angeklagten sprechen.

Bei der gerichtlichen Untersuchung geht die Staatsanwaltschaft von der Annahme aus, einen Schuldigen vor sich zu haben, und versucht, ihm diese Schuld anhand der erhobenen Daten für den Richter glaubhaft nachzuweisen. Auf der anderen Seite geht die Verteidigung davon aus, dass ihr Mandant unschuldig ist, und versucht ebenfalls mit Hilfe der Daten, dem Richter dies plausibel zu machen. Es gibt nun prinzipiell zwei Möglichkeiten:

1. **Strategie:** Es kann davon ausgehen, dass der Angeklagte schuldig ist (Schuldvermutung). Dann steht die Verteidigung unter Beweiszwang. Der Angeklagte kann nur freigesprochen werden, wenn genügend Indizien gegen seine Schuld sprechen.

2. **Strategie:** Es kann davon ausgehen, dass der Angeklagte unschuldig ist (Unschuldsvermutung). Dann steht die Staatsanwaltschaft unter Beweiszwang. Der Angeklagte kann nur dann schuldig gesprochen werden, wenn ausreichend viele Indizien für seine Schuld sprechen. Solange die Hinweise (Daten) nicht stark genug auf die Schuld des Angeklagten hindeuten, bleibt die Unschuldsvermutung bestehen („im Zweifel für den Angeklagten“) und der Angeklagte wird freigesprochen.

Zunächst gehen wir davon aus, dass der Angeklagte tatsächlich schuldig ist. Bei der ersten Strategie müsste die Verteidigung sehr starke Argumente beibringen, die auf seine Unschuld hinweisen, um einen (in diesem Fall fehlerhaften) Freispruch zu erreichen. Es ist nicht sehr wahrscheinlich, dass dies gelingen kann. Die Wahrscheinlichkeit für die korrekte Verurteilung eines Schuldigen ist damit sehr hoch. Bei der zweiten Strategie muss die Anklage die zündenden Argumente haben, um eine Verurteilung zu erreichen.

Die Wahrscheinlichkeit für die Verurteilung eines Schuldigen wird immer noch hoch sein, wenn die vorliegenden Daten stark genug für seine Schuld sprechen. Es wird aber häufiger als unter Strategie 1 vorkommen, dass ein Schuldiger freigesprochen wird.

Es soll nun andererseits davon ausgegangen werden, dass der Angeklagte unschuldig ist. Bei Strategie 1 muss die Verteidigung wieder sehr starke Argumente für seine Unschuld haben, damit er korrekterweise freigesprochen wird. Die Wahrscheinlichkeit für die fälschliche Verurteilung eines Unschuldigen ist damit sicher höher als unter Strategie 2. Bei der zweiten Strategie dagegen muss erneut die Anklage überzeugende Hinweise für die Schuld des Angeklagten beibringen, damit der Richter ihn (in diesem Falle fälschlicherweise) verurteilt. Das dürfte bei einem Unschuldigen zumindest schwieriger sein. Die Wahrscheinlichkeit für die Verurteilung eines Unschuldigen wird deutlich geringer sein als unter Strategie 1.

Insgesamt wird also mit Strategie 1 gesichert, dass Schuldige häufiger verurteilt werden. Dafür wird der Preis bezahlt, dass auch Unschuldige fälschlicherweise verurteilt werden. Mit Strategie 2 dagegen ist die Wahrscheinlichkeit für die Verurteilung eines Unschuldigen geringer. Dafür wird in Kauf genommen, dass ein Schuldiger leichter freigesprochen wird. Nach diesen Überlegungen ist Strategie 2 diejenige, die stärker dem Schutz von Unschuldigen dient. Sie wird daher in Rechtsstaaten verfolgt.

Die beiden möglichen Vermutungen (Angeklagter ist schuldig beziehungsweise Angeklagter ist unschuldig) können als **Hypothesen** bezeichnet werden, deren Gültigkeit anhand der vorliegenden Daten beurteilt werden soll. Dabei handelt es sich um Entscheidungen zwischen zwei einander ausschließenden Aussagen. Der Angeklagte kann in Bezug auf das ihm zur Last gelegte Verbrechen entweder schuldig oder unschuldig sein.

Ähnlich wie hier dargestellt, können in statistischen Untersuchungen zwei einander widersprechende Forschungshypothesen gegenübergestellt und eine Entscheidung auf Basis vorliegenden Datenmaterials herbeigeführt werden. Wie im Beispiel der Gerichtsverhandlung ist zu überlegen, welche Fehlentscheidungen gefällt werden können und was die Konsequenzen sind. Statistische Hypothesentests dienen zur Entscheidung zwischen zwei solchen Forschungshypothesen. Dabei wird zur Entscheidung eine Entsprechung der Unschuldsvermutung als Prinzip benutzt.

Beispiel 6.3

Entwicklungspsychologen gehen davon aus, dass sich das Sozialverhalten von Kindern schlechter entwickelt, wenn diese bereits im Vorschulalter zu lange fernsehen. Sitzen Vorschulkinder im Schnitt maximal 75 Minuten täglich vor dem Fernseher, so gilt dies noch als unkritisch, sind es aber mehr als 75 Minuten, so führt dies zu Störungen in der Entwicklung der Sozialkompetenz. Sollte sich herausstellen, dass österreichische Vorschulkinder täglich durchschnittlich zu viel fernsehen, so will das Familienministerium eine groß angelegte (und teure) Kampagne zur Aufklärung der Eltern starten. In einer empirischen Untersuchung soll überprüft werden, ob dies notwendig ist. Die hier interessierenden Forschungshypothesen sind: Vorschulkinder sitzen im Schnitt täglich bis zu 75 Minuten vor dem Fernseher beziehungsweise Vorschulkinder sitzen im Schnitt täglich mehr als 75 Minuten vor dem Fernseher. Die teure Kampagne wird nur gestartet, wenn es genügend starke Hinweise darauf gibt, dass die zweite der genannten Hypothesen tatsächlich gilt. Ansonsten bleibt es bei der „Unschuldsvermutung", dass die Kinder nicht zu viel fernsehen. ■

Das Ziel einer Studie kann eine Entscheidung zwischen zwei sich widersprechenden Aussagen bezüglich der interessierenden Größe sein. In der Statistik werden solche Aussagen als Hypothesen bezeichnet. Was genau ist unter einer Hypothese zu verstehen? Zum Beispiel ist in einem chemischen Experiment der Nachweis eines Stoffes mit Hilfe einer neuen Analysemethode von Interesse. Dann soll entschieden werden, ob sich die Chemikalien mit dieser neuen Methode tatsächlich nachweisen lassen oder ob das nicht der Fall ist. Ein anderes Beispiel ist die Zulassung eines neuen Medikaments. Dazu muss mit Hilfe einer klinischen Studie zunächst nachgewiesen werden, ob das neue Medikament tatsächlich wirksam ist. Hier können die Hypothesen wie folgt aufgestellt werden: Einerseits lautet die Hypothese: „Das neue Medikament ist wirksam", andererseits: „Das neue Medikament ist nicht wirksam." Ziel der klinischen Studie ist es, durch geeignete Datenerhebung herauszufinden, welche der beiden Hypothesen wahr ist. Die Wirksamkeit des Medikaments lässt sich natürlich numerisch formulieren. In dem oben beschriebenen Beispiel könnte die Wirksamkeit definiert sein als die Senkung des Blutzuckerspiegels unter einen bestimmten Wert. Dieser Wert betrage bei Erwachsenen circa 110 mg/dl Blut. Die Hypothesen „Medikament ist wirksam" und „Medikament ist nicht wirksam" können damit äquivalent formuliert werden in der Form „Das Medikament senkt den Blutzuckerspiegel im Mittel auf Werte kleiner oder gleich 110 mg/dl Blut", beziehungsweise: „Das Medikament senkt den Blutzuckerspiegel höchstens auf Werte größer als 110 mg/dl Blut."

Eine charakterisierende Eigenschaft von statistischen Hypothesen ist, dass sie sich gegenseitig ausschließen. Außerdem müssen die Hypothesen den Definitionsbereich des interessierenden Parameters, in unserem Beispiel ist dies der Blutzuckerspiegel, vollständig abdecken. Dies wird durch die obige dichotome Betrachtungsweise ($\leq$110mg/dl oder $>$110mg/dl) gesichert.

Eine Entscheidung zwischen zwei sich gegenseitig ausschließenden Hypothesen auf Basis erhobener Daten heißt Test. Allgemein werden die möglichen Ausgänge eines statistischen Experiments dichotom in Form von zwei Hypothesen aufgeteilt. Anschließend wird auf Grundlage von Wahrscheinlichkeiten eine Entscheidung zwischen den beiden Hypothesen getroffen. Die Vorgehensweise wird in der Statistik unter der Methodik des Testens von Hypothesen zusammengefasst (eine statistische Hypothese ist eine zu überprüfende Behauptung oder Aussage – auch Glaube oder Feststellung – über einen Parameter einer Grundgesamtheit oder eine Grundgesamtheit selbst).

Beispiel 6.4
Im Beispiel Vorschulkinder wird vermutet, dass Vorschulkinder täglich durchschnittlich mehr als 75 Minuten vor dem Fernseher verbringen. Der interessierende Parameter ist hier die mittlere Zeit pro Tag, während der Vorschulkinder fernsehen. Aufgestellt wird die Behauptung (Hypothese), dass die mittlere Zeit vor dem Fernseher mehr als 75 Minuten beträgt. ■

Ein statistisches Testproblem setzt sich aus einer Null- und einer Alternativhypothese zusammen. Die **Nullhypothese** ist diejenige Hypothese, welche auf ihren Wahrheitsgehalt hin überprüft werden soll. Sie beinhaltet den Zustand des Parameters der Grundgesamtheit, der bis zum jetzigen Zeitpunkt bekannt ist oder als akzeptiert gilt. Die Nullhypothese, bezeichnet mit H_0, wird als Ausgangspunkt einer statistischen Untersuchung gesehen, den es zu widerlegen gilt. Die **Alternativhypothese** beinhaltet bezüglich der interessierenden Größe die zur Nullhypothese entgegengesetzte Aussage. Sie ist die eigentliche Forschungshypothese und drückt aus, was mittels der statistischen Untersuchung gezeigt werden soll. Die Alternativhypothese wird mit H_1 (auch Einshypothese) oder auch H_A bezeichnet. Beide Hypothesen widersprechen sich bezüglich der interessierenden Größe, sie schließen sich gegenseitig aus. Vereint überdecken Null- und Alternativhypothese den gesamten Definitionsbereich des Parameters.

Beispiel 6.5
Im Beispiel der Vorschulkinder lautete die interessierende Forschungshypothese wie folgt: Die durchschnittliche Zeit, die Vorschulkinder täglich vor dem Fernseher verbringen, beträgt mehr als 75 Minuten. Hier interessiert die mittlere Fernsehdauer μ von Vorschulkindern pro Tag (in Minuten). Das heißt, es soll eine Aussage über den Parameter μ der Grundgesamtheit der Fernsehdauer getroffen werden. Bisher wurde davon ausgegangen, dass es tatsächlich weniger als 75 Minuten sind. Die Null- und Alternativhypothese lautete dann:

- Nullhypothese: $H_0 : \mu \leq 75$, die mittlere Zeit, die Vorschulkinder täglich vor dem Fernseher verbringen, beträgt höchstens 75 Minuten.
- Alternativhypothese: $H_1 : \mu > 75$, die mittlere Zeit, die Vorschulkinder täglich vor dem Fernseher verbringen, beträgt mehr als 75 Minuten.

■

Beschreibt $\theta \in \Theta$ den interessierenden Parameter der Grundgesamtheit (zum Beispiel μ, π, σ), dann kann ein statistisches Problem wie folgt definiert sein:

Problem (1): $H_0 : \theta = \theta_0$ gegen $H_1 : \theta \neq \theta_0$ (zweiseitig)

Problem (2): $H_0 : \theta \leq \theta_0$ gegen $H_1 : \theta > \theta_0$ (rechtsseitig)

Problem (3): $H_0 : \theta \geq \theta_0$ gegen $H_1 : \theta < \theta_0$ (linksseitig)

Dabei ist θ_0 ein beliebiger Wert aus dem zulässigen Definitionsbereich Θ. Welches dieser drei Testprobleme geeignet ist, hängt von der zu untersuchenden Fragestellung ab.

Beispiel 6.6
Die Firma Schoko stellt Schokoladentafeln her. Auf der Verpackung wird ihr Gewicht mit 100 g angegeben. Durch zufällige Schwankungen im Produktionsprozess bedingt, wiegt nicht jede Tafel exakt 100 g. Ein Kunde möchte wissen, wie es um das Durchschnittsgewicht μ aller hergestellten Tafeln bestellt ist. Er kauft 15 dieser Tafeln und ermittelt das mittlere Gewicht. Die folgenden Testprobleme könnten von Interesse sein:

Problem (1): $H_0 : \mu = 100$ g gegen $H_1 : \mu \neq 100$ g (zweiseitig)
Der Kunde ist nur daran interessiert, ob die vom Hersteller angegebenen 100 g exakt eingehalten werden. Ob bei einer eventuellen Abweichung von 100 g die Schokoladentafeln im Schnitt mehr oder weniger als 100 g wiegen, ist nicht von Interesse.

Problem (2): $H_0 : \mu \leq 100$ g gegen $H_1 : \mu > 100$ g (rechtsseitig)
Dieses Testproblem ist sinnvoll, wenn der Verdacht besteht, dass die Tafeln im Mittel mehr als 100 g wiegen. In diesem Fall würde der Kunde mehr Schokolade für sein Geld erhalten.

Problem (3): $H_0 : \mu \geq 100$ g gegen $H_1 : \mu < 100$ g (linksseitig)
Aus der Sicht des Kunden ist dies das sinnvollste Testproblem, da hier untersucht wird, ob die Schokolandetafeln im Mittel weniger als 100 g wiegen und er somit zu viel Geld für das Produkt zahlt.

■

Testprobleme werden unterschieden in einseitige und zweiseitige Testprobleme. Diese Einteilung erfolgt in Abhängigkeit von H_1, der Alternativhypothese. Wird die Hypothese $H_0 : \theta = \theta_0$ gegen die Alternative $H_1 : \theta \neq \theta_0$ aufgestellt, so deckt die Alternativhypothese den Parameterbereich links und rechts der Nullhypothese ab. In diesem Falle wird von einem zweiseitigen Testproblem gesprochen. Als einseitige Probleme werden dagegen Testprobleme bezeichnet, bei denen sich die Alternativhypothese nur in eine Richtung von dem unter der Nullhypothese angenommenen Wert des Parameters bewegt. Das Testproblem $H_0 : \theta \leq \theta_0$ gegen $H_1 : \theta > \theta_0$ bezeichnet ein rechtsseitiges Testproblem, während $H_0 : \theta \geq \theta_0$ gegen $H_1 : \theta < \theta_0$ ein linksseitiges Testproblem darstellt.

Wird mit Null- oder Alternativhypothese nur ein Wert aus dem Parameterbereich ausgewählt, dann wird diese eine **einfache Hypothese** genannt. So ist zum Beispiel $H_0 : \theta = \theta_0$ eine einfache Nullhypothese. Wird dagegen eine Menge von Werten für den Parameter zugelassen, so wird von einer **zusammengesetzten Hypothese** gesprochen. Im Testproblem $H_0 : \theta \leq \theta_0$ gegen $H_1 : \theta > \theta_0$ sind sowohl Nullhypothese als auch Alternative zusammengesetzt.

Mit Hilfe eines statistischen Tests soll eine Entscheidung zwischen der Null- und der Alternativhypothese getroffen werden. Basierend auf einer geeignet gewählten Prüfgröße liefert der statistische Test eine formale Entscheidungsregel. Die **Prüfgröße** ist dabei eine Funktion, die auf die Beobachtungen aus der Zufallsstichprobe (Daten) angewendet wird. Abhängig von dem aus den Daten errechneten Wert der Prüfgröße wird die Nullhypothese entweder nicht verworfen oder aber verworfen.

Die Prüfgröße in einem statistischen Testproblem wird in der Regel als Teststatistik bezeichnet. Die Teststatistik ist definiert als eine Funktion der die Daten erzeugenden Stichprobenvariablen.

6.5 Fehler 1. und 2. Art beim Testen von Hypothesen und Testentscheidung

Das Treffen einer falschen Entscheidung beim Testen von Hypothesen lässt sich nicht ausschließen. Unabhängig davon, welcher statistische Test angewendet wird, können falsche Testentscheidungen nicht grundsätzlich vermieden werden. Eine Begründung dafür ist, dass jede getroffene Testentscheidung nur auf einer begrenzten Anzahl von Daten aus der Grundgesamtheit beruht, also auf einer Zufallsstichprobe. Dadurch ist jede solche Entscheidung stets mit einer gewissen Unsicherheit behaftet. Die Zufallsauswahl, nach der die Stichprobe gezogen wurde, sollte so konstruiert sein, dass bei mehrfacher Wiederholung die entstehenden Stichproben „im Mittel“ die Grundgesamtheit abbilden (Repräsentativität). Dennoch kann die einzelne Stichprobe im ungünstigsten Fall ein verzerrtes Abbild der Grundgesamtheit liefern.

Ein statistischer Test kann zu den folgenden Entscheidungen führen:

1. Die Nullhypothese H_0 wird verworfen, die Entscheidung fällt auf H_1.
2. Die Nullhypothese H_0 wird beibehalten (kann nicht verworfen werden).

Je nachdem, welche der beiden Hypothesen tatsächlich gilt, ergeben sich hier zwei richtige und zwei falsche Entscheidungen. Diese vier Möglichkeiten lassen sich wie folgt erklären: Ein statistisches Testproblem setzt sich aus einer Null- und einer Alternativhypothese zusammen, wobei die Nullhypothese auf ihren Wahrheitsgehalt hin überprüft werden soll. Welche der beiden Hypothesen tatsächlich wahr ist, ist unbekannt. Die Testentscheidung, die basierend auf den Daten getroffen wird, bezieht sich immer auf die Nullhypothese. Die Nullhypothese wird beibehalten (sie wird nicht verworfen), wenn in den Daten nicht genügend „Hinweise“ enthalten sind, die für die Alternativhypothese sprechen. Andernfalls wird die Nullhypothese verworfen, was als Entscheidung für die Alternativhypothese aufgefasst werden kann.

Eine falsche Entscheidung liegt vor, wenn

- die Nullhypothese H_0 verworfen wird, obwohl sie wahr ist – hier wird vom Fehler 1. Art gesprochen –, oder
- die Nullhypothese beibehalten wird, obwohl sie falsch ist – in diesem Fall wird vom Fehler 2. Art gesprochen.

Eine richtige Entscheidung liegt demnach vor, wenn

- die Nullhypothese H_0 verworfen wird und sie tatsächlich falsch ist oder
- die Nullhypothese beibehalten wird und sie tatsächlich wahr ist.

Die Tab. 6.3 fasst die vier Entscheidungen eines statistischen Tests zusammen: Ob der Test nun zu einer richtigen oder einer falschen Entscheidung geführt hat, lässt sich nicht feststellen, jedoch können Wahrscheinlichkeiten für das Treffen einer Fehlentscheidung berechnet werden.

Tab. 6.3: Zusammenfassung der vier Entscheidungen eines statistischen Tests

	Nullhypothese (H_0)	
Entscheidung	H_0 wahr	H_0 falsch
lehne H_0 nicht ab	richtig $1-\alpha$ Sicherheitswahrscheinlichkeit	Fehler 2. Art β-Fehler
lehne H_0 ab	Fehler 1. Art α-Fehler Irrtumswahrscheinlichkeit	richtig $1-\beta$ Teststärke (auch als Power bezeichnet)

Beispiel 6.7
Eine Umfrage unter 30 Studierenden einer Universität im vergangenen Jahr ergab, dass 50 % der Befragten regelmäßig mindestens zweimal wöchentlich für 30 Minuten Sport betreiben. Durch den anhaltenden Fitness- und Wellness-Trend wird vermutet, dass der Anteil π der Sporttreibenden größer als 50 % ist. Getestet werden soll also die Nullhypothese $H_0 : \pi \leq 0{,}5$ gegen $H_1 : \pi > 0{,}5$. ■

Die Wahrscheinlichkeit für den **Fehler 1. Art** wird mit α bezeichnet (α-Fehler). Der α-Fehler bezeichnet die so genannte **Irrtumswahrscheinlichkeit**. Der Irrtum bezieht sich darauf, dass die Nullhypothese zu Unrecht abgelehnt wird. Als Sicherheitswahrscheinlichkeit wird $1-\alpha$ bezeichnet. Die Wahrscheinlichkeit für den **Fehler 2. Art** wird mit β bezeichnet (β-Fehler). Die Teststärke $1-\beta$ (Power) gibt an, wie wahrscheinlich es ist, dass ein tatsächlich bestehender Unterschied entdeckt wird (also die Wahrscheinlichkeit, die Alternativhypothese statistisch nachzuweisen, falls sie zutreffend ist).

Der exakte Wert der Fehlerwahrscheinlichkeit β hängt vom wahren Wert des Parameters unter der Alternativhypothese H_1 ab. Für jeden Wert, den der Parameter unter der Alternativhypothese annehmen kann, fällt der Fehler 2. Art anders aus.

Beispiel 6.8

Für das Beispiel Sport soll die Wahrscheinlichkeit β für den Fehler 2. Art berechnet werden unter der Annahme, dass der wahre Wert für π gerade $\pi = 0,55$ beträgt. Der Wert für die Wahrscheinlichkeit des Fehlers 2. Art ergibt 0,865, indem die bedingte Wahrscheinlichkeit, das heißt die Wahrscheinlichkeit, dass die Nullhypothese nicht abgelehnt wird, gegeben der wahre Wert für π ist 0,55, berechnet wird. Dies sagt aus, dass die erhöhte Sportrate unter den Befragten mit einer Wahrscheinlichkeit von circa 86,5 % unentdeckt bleiben wird. Fälschlicherweise wird also bei wiederholter Durchführung der Befragung mit jeweils neuen Stichproben $H_0 : \pi = 0,5$ in 86,5 % der Fälle nicht verworfen werden. Dass diese Wahrscheinlichkeit für den Fehler 2. Art so groß ist, ist auf die Tatsache zurückzuführen, dass die Parameterwerte unter der Null- und unter der Alternativhypothese ($\pi = 0{,}5$ gegen $\pi = 0{,}55$) sehr nahe beieinanderliegen. ■

Die Wahrscheinlichkeit für den Fehler 2. Art hängt direkt vom Parameterwert π unter der Alternativhypothese ab. Wird für π ein Wert von 0,80 angenommen, so ist die Wahrscheinlichkeit für den Fehler 2. Art wesentlich kleiner und beträgt nur noch circa 2,6 %. Im Gegensatz zur Wahrscheinlichkeit des Fehlers 1. Art α kann die Wahrscheinlichkeit für den Fehler 2. Art β nicht ohne Weiteres vor der Durchführung des Tests begrenzt werden. Dies ist darin begründet, dass die Wahrscheinlichkeit β vom Wert des Parameters unter der Alternativhypothese H_1 abhängt und ein ganzer Bereich von Werten für β möglich ist. Daher kann eine explizite Berechnung der Wahrscheinlichkeit für den Fehler 2. Art nur in Abhängigkeit eines vorher festgelegten Wertes für den interessierenden Parameter unter der Alternativhypothese H_1 erfolgen.

Beim Testen wird nur die Wahrscheinlichkeit für den Fehler 1. Art durch α kontrolliert, das heißt für den Fall, dass die Nullhypothese H_0 abgelehnt wird, obwohl sie richtig ist. Wenn also H_0 tatsächlich gilt, wird die Entscheidung nur in $\alpha \cdot 100\,\%$ der Fälle auf H_1 fallen. Die Entscheidung für H_1 ist in diesem Sinne statistisch abgesichert. Bei Entscheidung gegen H_0 und damit für H_1 wird von einem signifikanten Ergebnis gesprochen. In diesem Sinne bedeutet statistische Signifikanz „statistisch gesicherte“ Übertragbarkeit von Ergebnissen von einer Untersuchung auf andere Merkmalsträger.

Die Wahrscheinlichkeit für den Fehler 2. Art β wird dagegen nicht kontrolliert. Die Entscheidung, H_0 beizubehalten, ist statistisch nicht abgesichert. Kann H_0 nicht verworfen werden, so bedeutet das daher nicht, dass eine „aktive“ Entscheidung für H_0 getroffen wurde (es spricht nur nichts gegen H_0).

Sowohl Fehler 1. Art als auch Fehler 2. Art sind im Allgemeinen nicht zu verhindern. Ein guter Test sollte aber die Wahrscheinlichkeit für das Auftreten solcher Fehlentscheidungen möglichst klein halten. Am besten wäre ein Test, der die Wahrscheinlichkeit für das Auftreten beider Fehlerarten gleichzeitig klein hält. Dies funktioniert jedoch leider in der Regel nicht. Oft ist die Wahrscheinlichkeit für den Fehler 2. Art umso größer, je kleiner die Wahrscheinlichkeit für den Fehler 1. Art ist, und umgekehrt. Daher wird bei der Konstruktion von Tests unsymmetrisch vorgegangen.

Beispiel 6.9
Der Filialleiter eines Drogeriemarktes verdächtigt den Kassierer, an seiner Kassa Einnahmen zu unterschlagen. Für den Nachweis der Schuld wird in Rechtsstaaten – wie beim statistischen Testen – die unsymmetrische Vorgehensweise verwendet:

- Formuliere das Testergebnis so, dass die interessierende Aussage (Schuld des Angeklagten) in der Alternative (das heißt H_1) steht.
- Gib vor, wie groß die Wahrscheinlichkeit für den Fehler 1. Art – α-Fehler (Unschuldiger wird zu Unrecht verurteilt) – höchstens sein darf.
- Bestimme alle für das Problem möglichen Tests, die die Anforderung an den Fehler 1. Art erfüllen.
- Suche unter diesen Tests denjenigen mit der kleinsten Wahrscheinlichkeit für den Fehler 2. Art – β-Fehler (Schuldiger wird freigesprochen).

■

Da auf diese Weise nur die Wahrscheinlichkeit für die Fehlentscheidung in einer Richtung (H_0 verwerfen, obwohl H_0 gilt) mit einer Schranke nach oben abgesichert wird, ergibt sich die Notwendigkeit, die wichtigere Aussage (die statistisch abgesichert werden soll) als Alternative zu formulieren. Die Schranke, mit der die Wahrscheinlichkeit für den Fehler 1. Art nach oben abgesichert wird, heißt Signifikanzniveau. Das **Signifikanzniveau** α ist eine Obergrenze für die Wahrscheinlichkeit für den Fehler 1. Art und wird vor der Durchführung des Tests festgelegt. Daher wird in diesem Fall auch von einem **Signifikanztest** gesprochen. Dabei hängt die Wahl dieses Wertes maßgeblich von der zugrunde liegenden Problemstellung und den Konsequenzen ab, die aus einer falschen Entscheidung vom Typ Fehler 1. Art resultieren können. Gebräuchlichere Werte für den maximalen Wert des Fehlers 1. Art sind $\alpha = 0{,}05$, $\alpha = 0{,}1$ oder $\alpha = 0{,}01$. Es können beliebige Werte gewählt werden. Die Fehlerwahrscheinlichkeit kann auch als Risiko einer falschen Entscheidung interpretiert werden, für das Bereitschaft besteht, es einzugehen.

Beispiel 6.10
Ein Arzt hat ein neues Medikament entwickelt, das die gleiche Wirksamheit besitzt wie ein herkömmliches, aber wesentlich billiger ist. Er möchte nun zeigen, dass das neue Medikament auch nicht mehr schwere Nebenwirkungen hat als das alte. Ein α-Fehler läge dann vor, wenn der Signifikanztest fälschlicherweise anzeigt, dass das neue Medikament mehr Nebenwirkungen hat als das alte. Man behielte das alte Medikament bei, obwohl ein billigeres und gleich wirkungsvolles Medikament zur Verfügung stünde. Ein β-Fehler läge dann vor, wenn man mit dem Signifikanztest nicht entdeckt, dass das neue Medikament tatsächlich mehr Nebenwirkungen hat als das alte. Das neue Medikament würde

eingeführt und es hätten wesentlich mehr Patienten an schweren Nebenwirkungen zu leiden. Im vorliegenden Fall käme man wahrscheinlich zu dem Schluss, dass der β-Fehler (schwere Nebenwirkungen) gravierender ist als der α-Fehler (keine Kostenersparnis), obwohl zum Beispiel ein Vertreter der Krankenkassen dies auch anders sehen könnte. Die Gewichtung von α- und β-Fehler ist also immer eine subjektive Entscheidung. ■

Signifikanztests sagen demnach nichts über die Gültigkeit der Hypothesen aus, sondern nur über ihre Auftretenswahrscheinlichkeit. Die Hypothesen H_0 und H_1 repräsentieren dabei Alternativen, von denen nur eine zutrifft. Ob sie auch wahr ist, kann durch den Signifikanztest nicht ermittelt werden. Es kann lediglich auf Wahrscheinlichkeiten für das Zutreffen oder Nicht-Zutreffen solcher Hypothesen in der Grundgesamtheit aufgrund von Stichprobendaten geschlossen werden.

Fassen wir den Vergleich der statistischen Fehler anhand von drei Anwendungsbereichen zusammen (vergleiche Tab. 6.4).

Tab. 6.4: Vergleich zwischen Fehler 1. Art (α) und Fehler 2. Art (β)

	Fehler 1. Art „Behandlung falsch"	**Fehler 2. Art** „übersehen"
Feuermelder	Fehlalarm	kein Alarm bei Feuer
Rechtsprechung	Verurteilung eines Unschuldigen	einen Verbrecher laufen lassen
Klinische Studie	Unterschied nur zufällig „signifikant"	vorhandener Unterschied übersehen

Grundsätzlich gilt für jeden statistischen Test, der durchgeführt wird, dass das Signifikanzniveau α vor der Durchführung der Tests zu wählen ist. Da zur Durchführung eines statistischen Tests eine Statistiksoftware zum Einsatz kommt, wird zur Herbeiführung der Testentscheidung häufig nicht nur der berechnete Wert der Teststatistik angegeben, sondern zusätzlich der p-Wert. Der **p-Wert** ist definiert als die Wahrscheinlichkeit, dass die Teststatistik den an den Daten realisierten Wert oder einen im Sinne der Alternativhypothese noch extremeren Wert annimmt. Dabei wird diese Wahrscheinlichkeit unter der Annahme berechnet, dass die Nullhypothese wahr ist. Mit anderen (mathematisch nicht ganz exakten) Worten: Der p-Wert ist die Wahrscheinlichkeit dafür, dass sich die Daten wie beobachtet realisieren, falls in Wirklichkeit die Nullhypothese zutrifft.

Der p-Wert ist eine Wahrscheinlichkeit und nimmt daher immer Werte zwischen 0 und 1 an. Die Berechnung des p-Werts hängt von der Art des statistischen Testproblems ab (links-, rechts- oder zweiseitiges Testproblem), insbesondere von der Wahl der Alternativhypothese H_1.

Die Nullhypothese H_0 wird zum Signifikanzniveau α verworfen, falls der p-Wert kleiner α ist. Andernfalls kann die Nullhypothese nicht verworfen werden. Für einen p-Wert kleiner dem Wert von α wird gesagt, dass das Ergebnis statistisch signifikant zum Niveau α ist.

Ein statistischer Test läuft in den folgenden Phasen ab:

1. Formulierung des statistischen Testproblems durch Aufstellen von Null- H_0 und Alternativhypothese H_1;
2. Vergabe einer maximalen Irrtumswahrscheinlichkeit für den Fehler 1. Art, das heißt Wahl des Signifikanzniveaus α;
3. Auswahl und Berechnung der für das formulierte Testproblem geeigneten Teststatistik sowie Wahrscheinlichkeit des p-Werts der realisierten Teststatistik;
4. Anwendung der Entscheidungsregel, indem der p-Wert mit dem Signifikanzniveau α verglichen wird;
5. Festhalten des Testergebnisses. Je nachdem, welches Resultat die Entscheidungsregel geliefert hat, wird zum Niveau α
   - die Nullhypothese H_0 zu Gunsten der Alternativhypothese H_1 verworfen; das Ergebnis lautet: H_1 gilt oder Alternative statistisch gesichert.
   - die Nullhypothese H_0 nicht verworfen, da nicht genug gegen H_0 spricht. Das Ergebnis lautet: Es kann nichts gegen H_0 gesagt werden oder die Nullhypothese ist durch die Beobachtungen nicht widerlegt. Wird die Nullhypothese durch das Stichprobenergebnis (durch den Wert der Prüfgröße) nicht widerlegt, so wird die Entscheidung – aus Mangel an Beweisen, nicht etwa wegen erwiesener Richtigkeit – für ein vorläufiges Beibehalten der Nullhypothese fallen: Die Beobachtungen sind mit der Nullhypothese vereinbar.

Sollen p-Werte oder Konfidenzintervall verwendet werden? Der Vorteil der Konfidenzintervalle im Vergleich zu p-Werten ist, dass Konfidenzintervalle die Ergebnisse auf der Ebene der Datenmessung wiedergeben. Konfidenzintervalle geben im Unterschied zum p-Wert Aufschluss über die Richtung des zu untersuchenden Effekts. Rückschlüsse auf statistische Signifikanz sind mit Hilfe des Konfidenzintervalls möglich. Enthält ein Vertrauensbereich den Wert des „Null-Effekts“ nicht, so kann man von einem statistisch signifikanten Ergebnis ausgehen. p-Werte geben im Unterschied zu Konfidenzintervallen den Abstand von einem vorher festgelegten statistischen Grenzwert, dem Signifikanzniveau α, an. Beide statistischen Konzepte ergänzen sich.

6.6 Verschiedene Situationen – verschiedene Tests

Es gibt diverse Testverfahren für die unterschiedlichen Fragestellungen. Diese lassen sich nach mehreren Aspekten einteilen:

- Anzahl der Stichproben:
  Es gibt Einstich-, Zweistich- und Mehrstichprobentests. Bei den Einstichprobentests

wird ein Parameter (zum Beispiel das arithmetische Mittel der Grundgesamtheit μ) mit einem vorgegebenen Sollwert verglichen. Bei mehreren Stichproben werden zum Beispiel deren arithmetische Mittel der Grundgesamtheit einander gegenübergestellt oder eventuell Korrelationen zwischen ihnen untersucht.

- Art der Stichprobenerhebung:
  Zwei oder mehr Stichproben können verbunden oder unverbunden sein.
  - **Verbundene** (abhängig oder korrelierend genannt) **Stichproben** haben immer denselben Stichprobenumfang; zwei verbundene Stichproben werden auch „paarig“ genannt: Jeder Wert der einen Stichprobe bildet mit einem Wert der anderen Stichprobe inhaltlich ein Paar. Abhängige Stichproben stehen dann zur Verfügung, wenn an denselben Objekten zwei oder mehr verschiedene Bedingungen untersucht wurden. Verbundene Stichproben werden gewählt, wenn ein bestimmtes Merkmal im Laufe einer Therapie an einem Patienten zu mehreren Zeitpunkten erfasst wird.

Beispiel 6.11

* Zum Beispiel werden Probanden vor Beginn einer Intervention zur Reduktion des Cholesterinspiegels untersucht. Im Anschluss führt jede Versuchsperson ein spezielles Programm durch. Nach einem angemessenen Zeitpunkt wird der Cholesterinspiegel wieder gemessen. Es soll nun herausgefunden werden, ob dieses spezielle Programm wirklich geeignet ist, den Cholesterinspiegel zu senken.
* Würde zu Beginn und am Ende eines Statistikkurses eine Klausur geschrieben, dann könnte uns interessieren, ob der Kurs die Statistikkenntnisse verbessert.
* Werden 20 Besucher einer Werbeveranstaltung für eine Spielkonsole vor und nach dieser Veranstaltung nach ihrer Kaufabsicht gefragt, dann liegen zwei abhängige Stichproben vor. Mit ihnen kann festgestellt werden, welchen Einfluss die Werbeveranstaltung auf das Kaufverhalten hat.
* Weitere Beispiele von verbundenen Stichproben sind: Bei verschiedenen Personen werden die Reaktionszeiten auf ein Signal vor und nach dem Genuss einer gewissen Menge Alkohol bestimmt; bei einzelnen Wurststücken wird der Fettgehalt mit zwei verschiedenen Methoden gemessen; Kartoffeln werden durchgeschnitten und aus beiden Hälften wird mit zwei verschiedenen Verfahren der Stärkegehalt bestimmt; Einstellungsmessungen vor und nach einer politischen Wahlveranstaltung.

■

Bei der Verwendung von abhängigen Stichproben muss durch entsprechende Codes sichergestellt werden, dass die einzelnen Merkmalsausprägungen eindeutig zugeordnet werden können.

- **Unverbundene** (oder unabhängige) **Stichproben** sind bezüglich ihrer Beobachtungseinheiten unabhängig voneinander; ihre Stichprobenumfänge können unterschiedlich sein. Zwischen Merkmalsausprägungen verschiedener Stichproben existiert keinerlei Informationsbindung, es kann auch keine gegenseitige Zuordnung hergestellt werden. Solche Stichproben treten bei klinischen Studien auf, in denen zwei oder mehr Therapien an unterschiedlichen Patientengruppen verglichen werden.

  Beispiel 6.12

  * Vergleich einer Gruppe therapierter Angstpatienten (Treatment-Gruppe) mit einer Gruppe nicht therapierter Angstpatienten (Kontrollgruppe) hinsichtlich ihres Angstniveaus. Wenn die Patienten zufällig in den Behandlungs- und Kontrollgruppen aufgeteilt wurden, deutet ein signifikanter Unterschied auf die Wirksamkeit der Therapie hin.
  * Werden 20 Männer und 20 Frauen aus der Grundgesamtheit der potenziellen Kunden für eine Spielkonsole zufällig ausgewählt und nach ihrer Kaufabsicht befragt, dann ist die Stichprobe der Männer unabhängig von der Stichprobe der Frauen.
  * Eine unabhängige Stichproben liegt auch dann vor, wenn zum Beispiel eine 4. Klasse in Wien und eine 4. Klasse in Graz hinsichtlich ihres Wortschatzes untersucht werden.
  * Wir möchten die Hypothese prüfen, ob zwischen den Bewohnern der alten und neuen Bundesländer in Deutschland Einkommensunterschiede bestehen.

  ■

- Parameter oder Eigenschaften (die Art der Alternativhypothese), die überprüft werden:
  - **Lagetests** (auch Lokationstests), zum Beispiel ob sich die mittlere Länge des Bremsweges von Reifen mit unterschiedlichen Profilsorten bei jeweils gleicher Abbremsgeschwindigkeit unterscheidet.
  - **Streuungstests** (auch Dispersionstests), zum Beispiel ob die Schwankung des Kraftstoffverbrauchs eines Pkw-Modells den vom Hersteller genannten Wert von 0,8 Liter pro 100 Kilometer nicht überschreitet.
  - **Korrelationstests**, zum Beispiel ob die Kosten für ambulante familienunterstützende Dienste und die dafür verwendete Zeit korrelieren.
  - **Unabhängigkeitstests** (auch Kontingenztests), zum Beispiel ob Religionszugehörigkeit und das Wahlverhalten abhängig sind.
  - **Homogenitätstests**, zum Beispiel ob zwei konkurrierende Marktforschungsinstitute, die am gleichen Wochenende das Ergebnis ihrer Sonntagsfrage der vertretenen Parteien im Parlament herausgegeben, von der gleichen Grundgesamtheit

stammen; oder ob eine Gruppe, die sich gegen Grippe geimpft hat, mit geringerer Wahrscheinlichkeit daran erkrankt als eine nicht geimpfte.

– **Anpassungstests** (auch „goodness of fit test"), zum Beispiel ob beim Pferderennen auf einer etwa kreisförmigen Bahn die Gewinnchancen von der Startposition abhängen, wobei die Startposition von innen nach außen durchnummeriert wurde.

- Art der Daten:
  Die Frage nach der Art der Daten ist die Frage nach dem Informationsgehalt. Es ist daher zwischen nominalem, ordinalem und metrischem Skalenniveau zu unterscheiden.
- Verteilungsannahme:
  Wir trennen in die verteilungsabhängigen – auch parametrischen – Tests sowie die verteilungsunabhängigen – auch verteilungsfreien, nichtparametrischen oder parameterfreien – Tests.
  Bei **parametrischen Tests** werden Parameter der Grundgesamtheit untersucht und vorausgesetzt, dass die Verteilung des untersuchten Parameters in der Grundgesamtheit bekannt ist. So können zum Beispiel parametrische Tests an die Voraussetzung der Normalverteilung gebunden sein. Parametrische Tests sind hinsichtlich der Genauigkeit ihrer Aussage stärker als parameterfreie Tests, da sie ja auch wesentlich mehr Voraussetzungen erfordern.
  Parameterfreie Tests erfordern keine Annahme über die Art der Verteilung der Daten. Sie finden immer dann Anwendung, wenn zum Beispiel die Voraussetzungen für eine Verteilungsannahme nicht unmittelbar ersichtlich sind. Diese Tests arbeiten auf der Grundlage aller Untersuchungsergebnisse der Stichproben, das heißt, bei ihnen können wir nicht mit typischen Maßzahlen der Grundgesamtheit arbeiten. Sie kommen grundsätzlich in folgenden Situationen zur Anwendung:

  – wenn das testende Merkmal eine Nominal- oder Ordinalskala besitzt, sodass parametrische Tests nicht angewendet werden dürfen.
  – Die zu testenden Merkmale haben zwar ein metrisches Skalenniveau, aber die Datenlage gibt Anlass zur Annahme, dass zum Beispiel die zugrunde liegende Verteilung nicht normalverteilt ist.

  Dem Vorteil wenig restriktiver Anwendungsbedingungen steht aber der Nachteil gegenüber, dass nichtparametrische Tests nicht so trennscharf sind wie parametrische, und zwar gerade deshalb, weil Annahmen über die Verteilung nicht einfließen. Nichtparametrische Tests basieren auf Rangziffern oder Häufigkeiten der Merkmale. Die Verwendung von Rangziffern stellt gegenüber der Verwendung von Merkmalsausprägungen einen Verlust von Informationen dar. Dieser Informationsverlust bedingt die schwächere Trennschärfe des Tests.
- Verteilung oder Art der Prüfgröße:
  Hier werden beispielsweise t-Tests, Rangsummentests, Vorzeichentests und χ^2-Tests unterschieden.

Als Leitlinie zur Beantwortung der Frage, ob ein parametrischer oder nichtparametrischer Test verwendet werden soll, kann Folgendes gelten:

- Sind die Anwendungsbedingungen für die Verwendung eines parametrischen Tests erfüllt, so sollte dieser verwendet werden, da er bezüglich der beiden Hypothesen trennschärfer ist. Das bedeutet, dass in höherem Maße der parametrische Test zu richtigen Ergebnissen hinsichtlich der Nichtablehnung beziehungsweise der Ablehnung der H_0-Hypothese führt, wenn sie richtig beziehungsweise falsch ist.
- Wenn parametrische Tests aufgrund des Skalenniveaus der Merkmale oder weil zum Beispiel keine Normalverteilung angenommen werden darf, nicht zur Anwendung kommen können, so sollte ein nichtparametrischer Test eingesetzt werden. Bei Verwendung eines (trennschärferen) parametrischen Tests besteht die Gefahr, dass daraus ein falsches Testergebnis resultiert.

Parametrische Tests setzen Verteilungsannahmen für die Grundgesamtheit voraus, während parameter- oder verteilungsfreie Tests solche Voraussetzungen nicht erfordern. Nichtparametrische Tests werden insbesondere dort verwendet, wo häufig mit kleinen Stichprobenumfängen gearbeitet wird und damit einer Nichtanwendbarkeit des Zentralen Grenzwertsatzes gegeben ist.

7 Leitfäden der schließenden Statistik

Übersicht

7.1 Multiples Testen

Grundsätzlich beginnt jeder statistische Test mit einer inhaltlichen Fragestellung, die sich in einem Hypothesenpaar formulieren lässt. Auch die Reihenfolge der Schritte, insbesondere die Formulierung der Hypothesen vor der Datenerhebung, ist einzuhalten. Nur unter diesen Bedingungen ist der p-Wert als Überschreitungswahrscheinlichkeit zu interpretieren, die mit dem postulierten Signifikanzniveau α verglichen werden kann.

Nachgeschobene Fragestellungen sind die häufigsten und schwerwiegendsten Verstöße gegen dieses Prinzip. Dies passiert zumeist, wenn in den Daten etwas Auffälliges bemerkt wird, das statistisch zu sichern ist. Da aber über die Wahrscheinlichkeit eines Ereignisses nur dann geredet werden kann, bevor es eingetreten ist, sind solche Fragen grundsätzlich sinnlos und deshalb unzulässig.

Initiatoren klinischer Studien haben häufig das Bestreben, aus den aufwändigen Untersuchungen so viele Information wie möglich zu gewinnen. Wenn sie dann versuchen, die gewonnenen „Erkenntnisse“ statistisch abzusichern, geraten sie schnell in Konflikt mit den allgemeinsten Grundlagen der Statistik.

Das Problem multipler Tests entsteht bei dem Vergleich mehrerer Behandlungen miteinander, der Betrachtung multipler Endpunkte, wie zum Beispiel bei mehreren Untersuchungszeitpunkten (etwa pre-, postoperativ, 1 Monat, 1 Jahr), beziehungsweise unterschiedlichen Zielkriterien, wie wenn verschiedene Dosierungen (ordinal) hinsichtlich der Wirksamkeit oder der Toxizität miteinander verglichen werden sollen, oder bei mehreren Laborparametern sowie der Durchführung von Subgruppenanalysen (Wirksamkeit einer Therapie in speziellen Grundgesamtheiten, wie Männern und Frauen, jungen und alten Menschen).

Beispiel 7.1
Nach 16 Wochen soll die Wirkung der Blutsenkung zwischen einem Standard- und einem neuen Präparat untersucht werden. Zusätzlich werden jedoch auch verglichen:

- die Blutdrucksenkung nach vier und acht Wochen;
- der diastolische Blutdruck und die Blutfettwerte;
- noch zwei weitere Präparate und ein Placebo.

Anschließend soll noch eine Subgruppenanalyse durchgeführt werden. Daraus ergibt sich eine Vielzahl von möglichen Tests. ■

Was passiert, wenn mehrere Hypothesen an demselben Kollektiv gleichzeitig getestet werden? Wird der p-Wert jedes Tests weiterhin mit α verglichen, so kann bei jeder der Aussagen mit der Wahrscheinlichkeit α ein Irrtum auftreten. In der Summe über alle Tests steigt die Wahrscheinlichkeit, dass mindestens eine Falschaussage getroffen wird, dramatisch an. Anstatt das Niveau nur jedes einzelnen Tests zu betrachten, gibt es die „**familywise error rate**“ (FWER). Sie beschreibt die Wahrscheinlichkeit, dass mindestens eine von allen untersuchten Nullhypothesen fälschlicherweise abgelehnt wird. Oder anders ausgedrückt: In der Gesamtheit aller durchgeführten Tests tritt höchstens mit der vorgegebenen Wahrscheinlichkeit α irgendwo eine Ablehung einer eigentlich richtigen Nullhypothese auf. Wenn diese „Gesamt“-Wahrscheinlichkeit mit einer kleinen Größe (zum Beispiel $\alpha = 5\,\%$) kontrolliert wird, so ist recht sicher, dass keine falschpositive Aussage gemacht wird. Diese Kontrolle der FWER wird multiples Niveau α (auch versuchsbezogener Fehler 1. Art oder versuchsbezogene Irrtumswahrscheinlichkeit) genannt, um zu verdeutlichen, dass die Irrtumswahrscheinlichkeit aller Tests gleichzeitig beschränkt wird. Im Gegensatz dazu bedeutet lokales Niveau (das heißt der Fehler 1. Art eines einzelnen Tests), dass keine Gesamt-Fehler-Betrachtung erfolgt.

Wie wird die FWER kontrolliert? Anstatt jeden p-Wert mit dem Gesamtniveau α zu vergleichen, muss eine kleinere Grenze für jeden einzelnen p-Wert angesetzt werden. Analog kann auch umgekehrt vorgegangen und der p-Wert nach solchen Verfahren vergrößert (adjustiert) und mit dem multiplen Gesamtniveau α verglichen werden.

Unter α-Adjustierung werden Methoden verstanden, die das Signifikanzniveau für jeden einzelnen Test so verschärfen, dass insgesamt das multiple Niveau α gehalten wird beziehungsweise der multiple Fehler 1. Art unter Kontrolle ist. Bei allen vorgestellten Methoden wird das multiple Niveau α gehalten.

Bei einem einzelnen Test beträgt die Wahrscheinlichkeit, unter der Nullhypothese richtig zu entscheiden, $1 - \alpha$; bei zehn unabhängig durchgeführten Tests liegt diese Wahrscheinlichkeit nur noch bei $(1 - \alpha)^{10}$. Bei $\alpha = 5\,\%$ sind dies etwa $60\,\%$, das heißt, der gesamte Fehler 1. Art liegt bei $40\,\%$. Werden k unabhängige Nullhypothesen einzeln zum Niveau α getestet, so berechnet sich das multiple Niveau zu $1 - (1 - \alpha)^k \approx k \cdot \alpha$ (bei kleinem α). Bei $\alpha = 0{,}05$ und $k = 100$ unabhängigen Tests beträgt die versuchsbezogene Irrtumswahrscheinlichkeit $1 - (1 - 0{,}05)^{100} = 0{,}994$. Mit anderen Worten: Beim Testen von 100 unabhängigen, in Wahrheit „richtigen" Nullhypothesen folgt fast sicher mindestens ein falsch signifikantes Resultat. Mit dieser Berechnung lässt sich auch eine einfache Korrektur für multiples Testen durchführen. Das als ŠIDÁK-**Methode** (auch DUNN-ŠIDÁK-Korrektur) bekannte Verfahren besagt, dass das multiple Signifikanzniveau von α eingehalten wird, wenn die k einzelnen Tests jeweils zum Niveau $1 - (1 - \alpha)^{1/k}$ durchgeführt werden.

Die Berechnung der versuchsbezogenen Irrtumswahrscheinlichkeit ist weitaus schwieriger, wenn es sich um abhängige Tests handelt. Die wichtigsten Beispiele abhängiger Hypothesen ergeben sich, wenn bei mehreren Therapiegruppen entweder jede gegen jede oder alle übrigen gegen eine Kontrollgruppe oder Signifikanztests bezüglich mehrerer Zielvariablen der gleichen Stichprobe verglichen werden sollen. Dies ist in der Praxis der häufigste Fall. Da die versuchsbezogene Irrtumswahrscheinlichkeit von der Abhängigkeitsstruktur der Tests untereinander abhängt, kann keine allgemein gültige Formel hergeleitet werden. Aber die versuchsbezogene Irrtumswahrscheinlichkeit kann nach oben abgeschätzt werden: Sie kann auf keinen Fall größer sein als die Summe der individuellen Irrtumswahrscheinlichkeiten bei k (möglicherweise abhängigen) Test jeweils zum Niveau α. Aus dieser Ungleichung leitet sich die bekannte BONFERONNI-**Methode** ab, die besagt, dass das multiple Signifikanzniveau von α eingehalten wird, wenn die einzelnen Tests jeweils zum Niveau $\frac{\alpha}{k}$ durchgeführt werden. Dann ist die Summe der Irrtumswahrscheinlichkeiten höchstens α. Der Nachteil dieses Verfahrens liegt allerdings darin, dass sich dadurch der β-Fehler enorm erhöht.

Beispiel 7.2
Bei vier unabhängigen Tests bei einem Gesamtniveau von $\alpha = 0{,}05$ (multiples Niveau) ergibt sich das Signifikanzniveau jedes Tests nach ŠIDÁK zu $1 - (1 - 0{,}05)^{1/4} = 0{,}0127$ und nach BONFERONNI $\frac{0{,}05}{4} = 0{,}0125$, was sehr nah am exakten Wert von 0,0127 liegt.

■

Eleganter ist die **Methode von** HOLM. Um die Effekte der BONFERONNI-Korrektur etwas abzumildern, wird hier nicht für alle Tests das komplett adjustierte α verwendet. Die p-Werte der k Einzeltests werden zunächst der Größe nach sortiert. Dann werden sie der Reihe nach mit $\frac{\alpha}{k}, \frac{\alpha}{k-1}, \frac{\alpha}{k-2}, \ldots$ verglichen. Sobald eine Nullhypothese nicht abgelehnt werden kann, bricht das Verfahren ab; das heißt aber auch, alle anderen Nullhypothesen können nicht abgelehnt werden. Hier wird sukzessive das Niveau der einzelnen Tests erhöht. Dies macht die Gesamtprozedur trennschärfer als die einfache BONFERONNI-Prozedur. Das heißt, die sequenziell verwerfende HOLM-Prozedur (auch BONFERONNI-HOLM-Test genannt) weist eine höhere Power auf als die BONFERONNI-Prozedur und ist dieser in der Regel vorzuziehen. Eine Möglichkeit ist es auch, anstatt $\frac{\alpha}{k}$ die DUNN-ŠIDÁK-Korrekturen $1-(1-\alpha)^{1/k}$ zu verwenden.

Beispiel 7.3

Eine Sequenz von sechs Tests habe die p-Werte $p_1 = 0{,}001$, $p_2 = 0{,}009$, $p_3 = 0{,}020$, $p_4 = 0{,}025$, $p_5 = 0{,}030$, $p_6 = 0{,}040$ ergeben. Bei einem Gesamtniveau von $\alpha = 0{,}05$ (= multiples Niveau) ergibt der BONFERONNI-Ansatz lediglich beim ersten Test eine Signifikanz, da die p-Werte mit $\frac{\alpha}{6} = 0{,}0083$ verglichen werden müssen. Die BONFERONNI-HOLM-Prozedur bringt dagegen die zwei Hypothesen zur Ablehung:

$$p_1 = 0{,}001 < \frac{\alpha}{6} = 0{,}0083$$
$$p_2 = 0{,}009 < \frac{\alpha}{5} = 0{,}01$$

Der dritte Test weist aber nun eine Überschreitungswahrscheinlichkeit von $p = 0{,}02$ auf. Damit liegt dieser p-Wert über $\frac{\alpha}{4} = 0{,}0125$ und der Unterschied ist statistisch nicht mehr signifikant. An dieser Stelle endet die Testprozedur. Bei einer konventionellen α-Irrtumswahrscheinlichkeit von 5 % wären alle Tests signifikant. ■

Nicht ganz so universell ist das **Verfahren von** HOCHBERG (auch SIMES-HOCHBERG-Verfahren genannt), bei dem mit dem größten p-Wert begonnen wird. Für ein vorgegebenes α liegen mehrere (k) p-Werte vor, die wir der Größe nach absteigend geordnet haben: $p_{(k)} \geq p_{(k-1)} \geq p_{(k-2)} \geq \cdots \geq p_{(1)}$. Im Gegensatz zum BONFERONNI-HOLM-Test wird nun aber im ersten Schritt die Hypothese $H_0^{(k)}$ mit dem größten p-Wert getestet. Für $p_{(k)} \leq \alpha$ werden alle k Hypothesen abgelehnt. Wenn nicht, dann wird $p_{(k-1)}$ mit $\frac{\alpha}{2}$ verglichen; ist $p_{(k-1)} \leq \frac{\alpha}{2}$, so werden alle $H_0^{(i)}$ für $i = k-1,\ k-2,\ k-3,\ \ldots,\ 1$ abgelehnt. Wenn nicht, das heißt $H_0^{(k-1)}$ kann nicht abgelehnt werden, wird $p_{(k-2)}$ mit $\frac{\alpha}{3}$ verglichen usw. Allgemein:

$$H_0^{(i)} \text{ wird genau nicht abgelehnt,}$$
$$\text{wenn gilt: } p_{(j)} > \frac{\alpha}{j} \text{ für } j = 1, 2, \ldots, i$$

Diese Prozedur ist der BONFERONNI-Prozedur überlegen.

Die **Methode nach** HOMMEL ist zwar etwas komplizierter, dafür hat sie eine höhere Power als die SIMES-HOCHBERG-Korrektur. Nach HOMMEL werden alle Hypothesen verworfen, deren p-Werte kleiner oder gleich α/m sind, wobei:

$$m = \max_i p_{(k-i-j)} > \alpha\frac{j}{i} \text{ für } j = 1,\ 2,\ \ldots, i$$

Beispiel 7.4
In der Tab. 7.1 sind für $k = 10$ Tests die geordneten p-Werte dargestellt. Das multiple Signifikanzniveau wird mit $\alpha = 0{,}05$ festgelegt, die BONFERONNI-Korrektur beträgt $\frac{\alpha}{10} = 0{,}005$. Durch die strikte Anwendung von BONFERONNI für alle Tests werden die Hypothesen 1 und 2, nicht aber 3 bis 10 verworfen. Werden die sequenziellen Methoden verwendet, werden die Werte $\frac{\alpha}{k-i+1}$ für $\alpha = 0{,}05$ herangezogen, welche ebenso in der Tab. 7.1 angegeben sind.

Tab. 7.1: Zehn Tests mit geordneten p-Werten

i	1	2	3	4	5	6	7	8	9	10
$p_{(i)}$	0,0020	0,0045	0,0060	0,0080	0,0085	0,0090	0,0175	0,0250	0,1055	0,5350
$\frac{\alpha}{k-i+1}$	0,0050	0,0056	0,0063	0,0071	0,0083	0,0100	0,0125	0,0167	0,0250	0,0500

Nach HOLM's Methode gilt $p_{(i)} \leq \frac{\alpha}{k-i+1}$ für $i \leq 3$, daher werden $H_0^{(1)}$ bis $H_0^{(3)}$ verworfen; die anderen Hypothesen können nicht verworfen werden.

Nach SIMES-HOCHBERG werden die Hypothesen $H_0^{(7)}$ bis $H_0^{(10)}$ nicht verworfen (weil $p_{(i)} > \frac{\alpha}{k-i+1}$), aber die Hypothesen $H_0^{(1)}$ bis $H_0^{(6)}$ schon.

Bei HOMMEL's Methode werden alle Hypothesen verworfen, deren p-Werte kleiner oder gleich α/m sind, wobei:

$$m = \max_i p_{(k-i-j)} > \alpha\frac{j}{i} \text{ für } j = 1, 2, \ldots, i$$

Beginnen wir mit $i = 1$. Hier gilt $(i = 1, j = 1)$, $p_{(10)} = 0{,}5350 > \alpha = 0{,}05$. Bei $i = 2$ gilt (für $j = 1, 2$), $p_{(9)} = 0{,}1055 > \alpha\frac{1}{2} = 0{,}025$ und $p_{(10)} > \alpha = 0{,}05$. Für $i = 3$, $p_{(8)} = 0{,}025 > \alpha\frac{1}{3} = 0{,}0167$, $p_{(9)} > \alpha\frac{2}{3} = 0{,}033$, $p_{(10)} > \alpha$. Für $i = 4$, $p_{(7)} = 0{,}175 > \alpha\frac{1}{4} = 0{,}0125$, aber $(i = 4, j = 2)$, $p_{(8)} = 0{,}025 = \alpha\frac{1}{2}$. Daher gilt $m = 3$ und alle jene Hypothesen werden verworfen, deren p-Werte $\leq \frac{0{,}05}{3} = 0{,}0167$ betragen, also $H_0^{(1)}$ bis $H_0^{(6)}$.

Wir erkennen, dass durch die strikte Anwendung von BONFERONNI die wenigsten, durch die Methoden von SIMES-HOCHBERG und HOMMEL hingegen die meisten Hypothesen als signifikant erklärt werden. ∎

Die Verfahren von HOCHBERG und HOMMEL sind zulässig, das heißt, das multiple Niveau wird eingehalten, wenn die den p-Werten zugrunde liegenden Hypothesentests unabhängig oder wenn sie untereinander nicht negativ assoziiert sind. Dabei hat der Ansatz nach HOMMEL eine etwas höhere Power, während die Prozedur nach HOCHBERG schneller berechnet werden kann.

Die Abb. 7.1 zeigt einen Vergleich von fünf beliebten multiplen Testverfahren. Die Testmethoden auf der rechten Seite haben eine größere Power als jene der linken Seite. Ein Stern (*) zeigt an, dass der Test nicht immer die familywise error rate kontrolliert.

Eine andere Möglichkeit zur Kontrolle der FWER ist das Verfahren der hierarchischen Ordnung. Diese Methode eignet sich besonders bei klinischen Studien, in denen

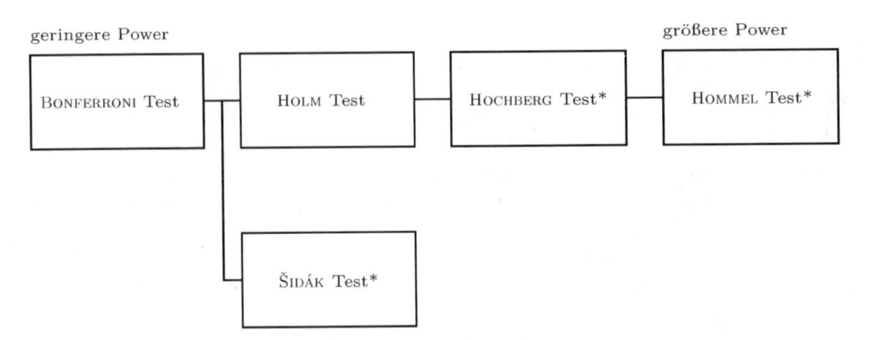

Abb. 7.1: Vergleich von fünf beliebten multiplen Testverfahren

klar geordnete Hauptzielkriterien vorliegen. Dabei werden die Hypothesen a priori (vor Versuchsbeginn) ihrer Wichtigkeit nach geordnet und die zugehörigen p-Werte dieser Ordnung in Folge mit dem gewählten multiplen Niveau verglichen. Hypothesen können so lange abgelehnt werden, bis zum ersten Mal der p-Wert einer Hypothese in der absteigenden Ordnung nicht mehr kleiner ist als das gewählte Niveau. Diese Prozedur bietet den Vorteil, dass alle p-Werte mit dem vollen Niveau (zum Beispiel 5 %) verglichen werden. Jedoch ist nach erstmaliger Überschreitung des Niveaus keine weitere Annahme von Hypothesen möglich, unabhängig von der Größe aller noch folgenden p-Werte.

Die genannten Verfahren verfolgen das Ziel, dass in der Gesamtheit aller durchgeführten Tests höchstens mit der Wahrscheinlichkeit α eine fälschliche Ablehnung einer Nullhypothese auftritt, unabhängig davon, welche dieser Hypothesen tatsächlich falsch oder richtig sind (familywise error rate, FWER). Dagegen kontrolliert zum Beispiel das **Verfahren von** BENJAMINI **und** HOCHBERG nur den Anteil falscher Entscheidungen bei der Ablehnung der Nullhypothese (false discovery rate, FDR), ist damit weniger stringent als die anderen Verfahren und hat daher eine höhere Power.

Das Problem des multiplen Testens kann dadurch entschärft werden, dass nicht wahllos jeder Test durchgeführt wird, der theoretisch denkbar ist, sondern dass vorab die konkrete Fragestellung präzise formuliert und dann überlegt wird, welche Tests dem inhaltlichen Problem angemessen sind. Häufig ist es sinnvoll, anstatt mehrerer einfacher Tests ein komplexeres Verfahren zu verwenden (so zum Beispiel eine Einfache Varianzanalyse statt mehrerer t-Tests), da dies eine effizientere Datenanalyse ermöglicht.

7.2 Normalverteilung

Normalverteilte Zufallsvariablen sind an der glockenförmigen Gestalt des Histogramms zu erkennen. Wurde sehr oft ein stetiges Merkmal beobachtet, so kann eine Häufigkeitsverteilung oder ein Histogramm aufzeichnet werden. Werden die einzelnen Klassenmittel des Histogramms verbunden, ist ein Streckenzug oder ein Polygon das Ergebnis. Wenn die

Klasseneinteilung immer feiner gewählt wird, dann wird sich dieses Polygon immer besser durch eine stetige Kurve, die Dichtefunktion, approximieren lassen. In vielen Fällen der Praxis zeigt sich, dass solchen empirischen Häufigkeitsverteilungen durch eine mehr oder weniger symmetrische Glockenkurve als Dichte angenähert werden kann (vergleiche Abb. 7.2).

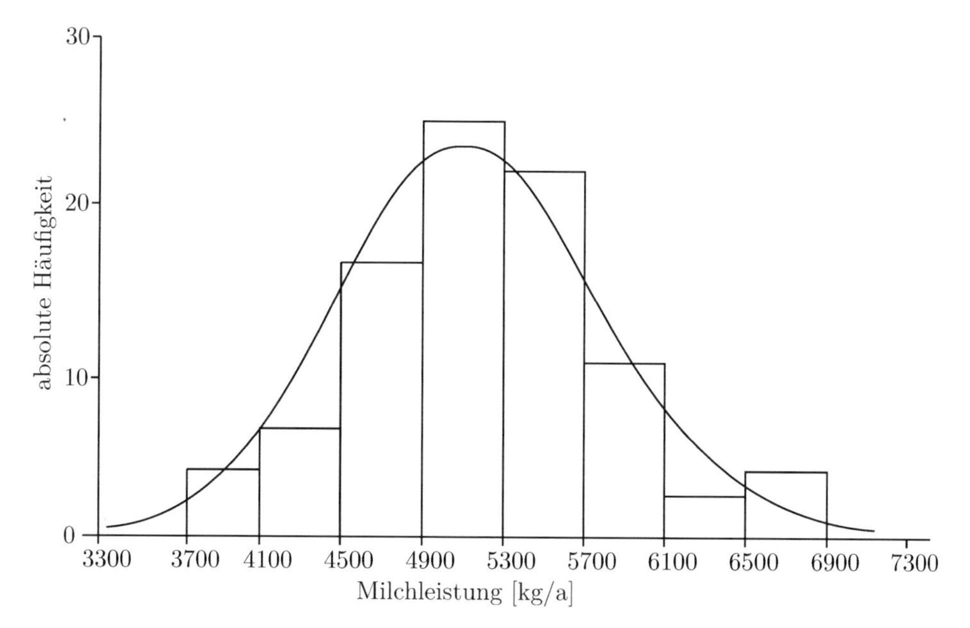

Abb. 7.2: Annähernd normalverteilte empirische Verteilung

Die mathematische Gleichung einer symmetrischen Glockenkurve lautet:

$$f(x) = a \cdot e^{-b \cdot x^2} \text{ mit } a, b > 0$$

Die Konstante a reguliert die Größe der Kurve in y-Richtung, die Konstante b reguliert, ob die Glockenkurve flacher oder steiler verläuft: Ein kleineres b bewirkt eine Abflachung der Glockenkurve. Die Funktionswerte sind stets größer als 0 und die Kurve schmiegt sich für $x \to \pm\infty$ asypmtotisch an die x-Achse.

Besonders typisch ist die symmetrische Glockenkurve für die Häufigkeitsverteilung von zufälligen Messfehlern bei oft wiederholten Messungen eines Merkmals. Das Maximum der Glockenkurve kennzeichnet den typischen Wert des Merkmals oder den wahrscheinlichsten Messwert. Die Abweichungen nach beiden Seiten von diesem typischen Mittelwert sind umso seltener oder umso wahrscheinlicher, je größer sie dem Betrag nach sind.

Viele Zufallsvariablen können als additive Überlagerung vieler einzelner, mehr oder weniger voneinander unabhängiger Einflüsse oder, anders ausgedrückt, als Summe vieler voneinander unabhängiger Zufallsgrößen aufgefasst werden. Nach dem zentralen Grenzwertsatz ist aber eine Summe von vielen voneinander unabhängigen, beliebig verteilten

Zufallsgrößen angenähert normalverteilt, und zwar umso besser, je größer die Zahl dieser Zufallsgrößen ist.

Die Aussage des zentralen Grenzwertsatzes wird durch die folgenden Beispiele veranschaulicht:

Beispiel 7.5

- Der Stromverbrauch eines Elektrizitätswerkes ist näherungsweise normalverteilt, da er sich als Summe des zufallsabhängigen Stromverbrauchs sehr vieler Haushalte ergibt.
- Die Gesamtleistung einer Versicherungsunternehmung ist näherungsweise normalverteilt, da sie sich als Summe der zufallsabhängigen Leistungen an sehr viele Versicherungsnehmer ergibt.
- Die Gesamtnachfrage nach einem Massenprodukt ist vielfach näherungsweise normalverteilt, da zahlreiche individuelle Einzelinteressen dahinter stehen.
- Der Tagesumsatz eines Einzelhandelsgeschäfts ist näherungsweise normalverteilt, da er sich aus individuellen Kaufentscheidungen hunderter einzelner Kunden ergibt.
- Der Benzinverbrauch eines Autos ist näherungsweise normalverteilt, da sich eine Fahrt aus vielen Teilstrecken zusammensetzt und jeweils von einer großen Zahl von Einflüssen bestimmt ist, zum Beispiel Verkehrsaufkommen, Verhalten des Fahrers, Temperatur, Benzinqualität, Luftdruck, Wind, Regen.

■

Wird eine Stichprobe im Umfang $n > 30$ gezogen, sind sowohl deren arithmetisches Mittel als auch die Merkmalssumme (praktisch) immer näherungsweise normalverteilt. Viele statistische Prüfverfahren, die sich von der Voraussetzung der Normalverteilung ableiten, sind robust gegenüber Abweichungen der realen Verteilung von der Normalverteilung. Die t-Verteilung strebt gegen eine Normalverteilung, wenn die Freiheitsgrade (der Stichprobenumfang) sehr groß werden. Dies gilt auch für die χ^2-Verteilung und die Binomialverteilung.

Die biologische Variabilität bei vielen Merkmalen und das Auftreten der unkontrollierbaren zufälligen Messfehler bei wiederholter Messung eines Merkmals lassen sich also durch das additive Zusammenwirken einer großen Zahl von Elementarfaktoren oder Elementarfehlern erklären. Diese Einzeleinflüsse überlagern sich mit verschiedenen Vorzeichen zu den einzelnen Realisationen oder Messungen. Wenn weiter angenommen wird, dass Einzelfaktoren weitgehend voneinander unabhängig und in etwa gleich groß und gleich verteilt sind, erklärt sich das Auftreten angenähert normalverteilter Größen in der Natur.

Eine experimentielle Demonstration vieler kleiner zufälliger Elementarfaktoren zu einer normalverteilten Zufallsgröße zeigt sich durch das GALTON-**Brett** (vergleiche Abb. 7.3). Werden Kugeln durch den Trichter gerollt, so werden diese durch die Nägel zufällig nach rechts oder links abgelenkt und sammeln sich unten in den Kästen. Jeder Nagel repräsentiert nun einen bestimmten (biologischen) Einflussfaktor oder Elementareinfluss. Die einzelnen Kästchen füllen sich selbstverständlich bei einer endlichen Kugelzahl unterschiedlich. Die Häufigkeitsverteilung oder das Histogramm approximiert in etwa die Glockenkurve. (Die von Sir Francis C. GALTON (1822–1911) entwickelte Anordnung, bei der mehrere Nägel befestigt sind, die wie gleichmäßige Dreiecke angeordnet sind, bildet zusammen ein gleichseitiges Dreieck. Die Anordnung entspricht einem PASCAL'schen Dreieck. Bei jedem Nagel kann die Kugel (mit gleicher Wahrscheinlichkeit) nach links oder rechts fallen. Die Wahrscheinlichkeit für eine Kugel, in einem bestimmten Fach zu landen, ist eine Binomialverteilung mit $p = \frac{1}{2}$ und n gleich der Zahl der Nagelreihen. Unsymmetrische (gekippte) GALTON-Bretter, bei denen die Wahrscheinlichkeiten für links und rechts nicht gleich groß sind, ergeben ein p ungleich 0,5 zwischen 0 und 1.)

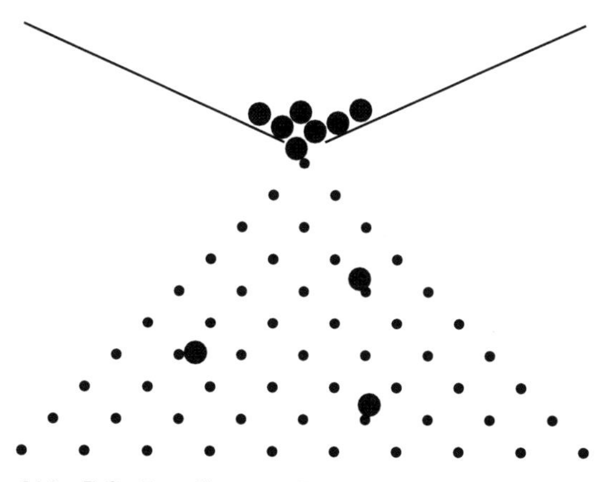

Abb. 7.3: Das GALTON-Brett

Wenn theoretisch die Zahl der Kugeln gegen unendlich geht und gleichzeitig die Zahl der Kästchen stark vermehrt sowie ihre Breite und die Kugelgröße entsprechend verringert wird, so geht das Histogramm, das den Füllungszustand der Auffangkästchen anzeigt, in die stetige Glockenkurve über.

Die stetige Verteilung mit der Wahrscheinlichkeitsdichte

$$f(x) = \frac{1}{\sqrt{2\pi}\sigma} \cdot e^{-\frac{(x-\mu)^2}{2\sigma^2}} \text{ für } -\infty < x < \infty \text{ und } \sigma > 0$$

heißt GAUSS'sche **Normalverteilung**, die durch die beiden Parameter μ und σ^2 eindeutig bestimmt ist. Anders ausgedrückt: Eine Zufallsgröße X, die die obige Verteilungsdichte besitzt, ist (μ, σ^2)-normalverteilt. Abb. 7.4 zeigt Normalverteilungen mit verschiedenen μ und σ. Die Normalverteilung ist symmetrisch und besitzt nur einen Maximalpunkt. Das heißt, es gibt genau einen Messwert, der in der Stichprobe am häufigsten vorkommt, also nur einen Modalwert.

Der Parameter μ bewirkt eine Horizontalverschiebung der Kurve nach rechts oder links, wobei deren Maximum immer bei $x = \mu$ liegt. Der Parameter σ bewirkt eine Streckung beziehungsweise Stauchung in x-Richtung. Je größer σ und damit auch die Varianz σ^2 ist, desto breiter wird die Kurve, für kleinere σ wird sie schmaler. Der Parameter μ lässt

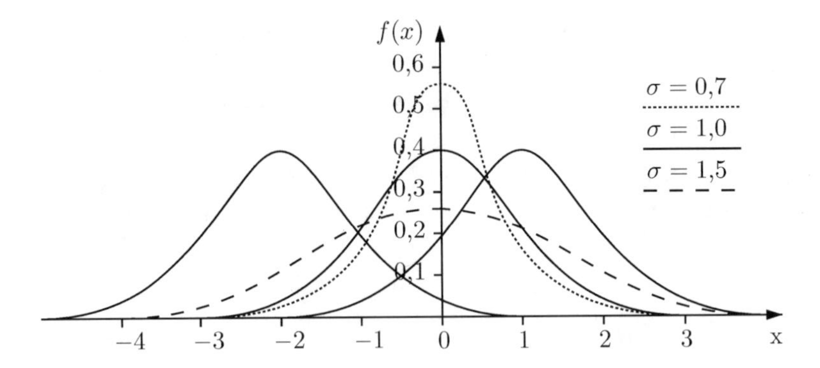

Abb. 7.4: Normalverteilungen mit verschiedenen μ und σ

sich als arithmetisches Mittel und σ als Standardabweichung interpretieren. Bei einer Normalverteilung entspricht der Modalwert dem Mittelwert und dem Median. Je weiter ein Messwert vom Mittelwert entfernt liegt, desto unwahrscheinlicher tritt er auf. Für alle Häufigkeitsverteilungen von stetigen Variablen gilt, dass die relativen Häufigkeiten durch Flächen repräsentiert werden. Unterhalb der Dichtekurve liegen dann immer 100 % der Fälle. Entsprechend gilt auch für alle Normalverteilungen, dass die gesamte Fläche unter der Normalverteilungskurve immer 100 % der Fälle repräsentiert. Kennzeichnend für alle Normalverteilungen ist weiter, dass sich die Flächenanteile bei allen Normalverteilungen immer in gleicher Weise verteilen. Aufgrund der Symmetrie der Verteilung gilt zunächst, dass 50 % der Fläche links und 50 % der Fläche rechts vom Parameter μ liegen. Werden um μ symmetrische Intervalle gebildet, so liegen bei jeder Normalverteilung über bestimmten Intervallen immer die gleichen Flächenanteile, egal um welche Normalverteilung es sich handelt. Die Tab. 7.2 stellt sechs häufig verwendete Intervalle vor. Es liegen also in dem Bereich plus und minus einer Standardabweichung um den Mittelwert circa 68,3 % der Messwerte, dies entspricht etwa zwei Drittel. In dem Bereich plus und minus von zwei Standardabweichungen um den Mittelwert befinden sich etwa 95,4 % der Messwerte. Im dreifachen Streubereich liegen gar 99,7 % aller Werte. Diese Eigenschaft wird als **68-95-99,7-Regel** bezeichnet.

Da die Fläche unter der Dichtefunktion immer 1 sein muss, nimmt mit größerem σ das Maximum kleinere Werte an und umgekehrt. Es gibt also unendlich viele Normalverteilungen, da μ beliebige und σ positive Werte annehmen kann. Eine besondere ist die standardisierte Normalverteilung oder Standardnormalverteilung mit Mittelwert $\mu = 0$ und Standardabweichung $\sigma = 1$, weil jede beliebige Normalverteilung auf die Standardnormalverteilung durch eine spezifische Lineartransformation zurückgeführt werden kann. Eine Normalverteilung X mit Parametern μ und σ^2 kann in eine Standardnormalverteilung Z durch

$$Z = \frac{X - \mu}{\sigma}$$

Tab. 7.2: Intervalle und entsprechende Flächenanteile bei Normalverteilungen

Intervall	**Flächenanteil**
$[\mu - 1{,}00 \cdot \sigma;\ \mu + 1{,}00 \cdot \sigma]$	68,3%
$[\mu - 1{,}64 \cdot \sigma;\ \mu + 1{,}64 \cdot \sigma]$	90,0%
$[\mu - 1{,}96 \cdot \sigma;\ \mu + 1{,}96 \cdot \sigma]$	95,0%
$[\mu - 2{,}00 \cdot \sigma;\ \mu + 2{,}00 \cdot \sigma]$	95,5%
$[\mu - 2{,}58 \cdot \sigma;\ \mu + 2{,}58 \cdot \sigma]$	99,0%
$[\mu - 3{,}00 \cdot \sigma;\ \mu + 3{,}00 \cdot \sigma]$	99,7%

transformiert werden.

Die Normalverteilung (oder GAUSS'sche Glockenkurve) ist eine bei biologischen, psychologischen und soziologischen Variablen häufig zu beobachtende Idealform einer Häufigkeitsverteilung. Sie ist dadurch gekennzeichnet, dass mittlere Ausprägungen einer Variablen am häufigsten vorkommen, während extreme Merkmalsausprägungen sehr selten sind. Graphisch dargestellte Normalverteilungen sind symmetrisch und haben einen glockenförmigen Verlauf. Eine Normalverteilung ist dann zu erwarten, wenn eine Variable von zahlreichen Faktoren beeinflusst wird, die voneinander unabhängig sind und additiv zusammenwirken.

Die nicht ganz glückliche Bezeichnung Normalverteilung darf nicht dazu verleiten, diese Normalverteilung als „normalerweise" vorliegende Verteilung anzusehen.

7.3 Effektstärke

Effektstärke (auch Effektgröße oder Effektmaß oder Maß der praktischen Signifikanz) bezeichnet ein (standardisiertes) statistisches Maß, das die (relative) Größe eines Effekts angibt. Ein Effekt (oder eine Wirkung) liegt vor, wenn in einem (zugehörigen) statistischen Test die Nullhypothese (= kein Effekt) abgelehnt wird. Die Effektgröße bezieht sich auf die Größe oder Stärke eines in den Daten beobachteten Effekts unter der Annahme, dass die Nullhypothese falsch ist. Im Bereich der klinischen und medizinischen Forschung zum Beispiel stellen sich die folgenden Fragen: Wie gut wirkt eine Behandlung? Wie groß ist der Einfluss eines Risikofaktors?

Die Bewertung der Ergebnisse einer Studie für die Praxis erfolgt nicht nur anhand des Nachweises eines Unterschieds durch ein statistisch signifikantes Testergebnis, sondern verlangt vielmehr die Bewertung der abgesicherten Relevanz. Dies bedeutet, dass zum Beispiel nicht nur untersucht werden sollte, ob eine Behandlung A tatsächlich „im Mittel" besser als B ist, sondern auch, ob sie um mindestens eine klinisch relevante Differenz besser ist. Die statistische Signifikanz sagt lediglich etwas über die Existenz eines Effekts, nicht jedoch über dessen Bedeutsamkeit und Relevanz im Kontext der Fragestellung aus. Das heißt, signifikante Ergebnisse müssen auch praktisch bedeutsam sein. Die Notwendigkeit von Effektstärken ergibt sich auch aus der Tatsache, dass Signifikanztests von der Stichprobengröße abhängen, Effektgrößen hingegen sind weitgehend unabhängig von der Stichprobengröße. Wenn nicht nur gefragt wird, ob es einen mehr als nur zufälligen Unterschied oder, allgemeiner, einen Effekt gibt, sondern wenn das Interesse im Ausmaß des Effekts liegt, können dafür Kennwerte angegeben werden, nämlich die Effektstärke (effect size).

Nach COHEN sollte für eine Effektstärke gelten:

- Sie ist eine dimensionslose Zahl,
- sie hängt nicht von der Maßeinheit der Ursprungsdaten ab,
- ihr Wert sollte nahe bei null liegen, wenn die Nullhypothese des zugehörigen Tests nicht abgelehnt werden konnte.

Daher erlauben Effektgrößen den Vergleich von Studien, die Instrumente mit unterschiedlicher Skalierung benutzt haben.

Generell unterscheiden wir Effekte auf zwei Ebenen: empirische Effekte, die das Ergebnis einer Untersuchung beschreiben, und Populationseffekte, die entweder angenommen oder aus den empirischen Daten geschätzt werden müssen. Die Größe eines empirischen Effekts ist für die inhaltliche Bewertung eines signifikanten Ergebnisses wichtig, da durch eine Erhöhung des Stichprobenumfangs theoretisch jeder noch so kleine Effekt signifikant gemacht werden kann. Diese kleinen Effekte sind aber inhaltlich möglicherweise völlig unbedeutend.

Die BRAVAIS-PEARSON-Korrelation r erfüllt in natürlicher Weise die Anforderungen, die COHEN an eine Effektstärke stellte. Auch andere Zusammenhangskoeffizienten, die mit der BRAVAIS-PEARSON-Korrelation in Zusammenhang stehen, können als Effektmaße verwendet werden, wie zum Beispiel der ϕ-Koeffizient oder die Rangkorrelation nach SPEARMAN oder KENDALL.

Nach COHEN gilt zur Beurteilung der Stärke des Zusammenhangs bei zwei intervallskalierten Merkmalen auf Basis des Effektstärkemaßes r folgende Vereinbarung:

$$|r| \approx 0,1: \quad \text{Es liegt ein schwacher Effekt vor.}$$
$$|r| \approx 0,3: \quad \text{Es liegt ein mittlerer Effekt vor.}$$
$$|r| \approx 0,5: \quad \text{Es liegt ein starker Effekt vor.}$$

Odds Ratio OR ist das gebrächliche Effektstärkemaß für Kontingenztafeln, jedoch werden auch abgeleitete Kennwerte verwendet, wie zum Beispiel das Risk Ratio RR, YULE's Q oder der Verbundenheitskoeffizient Y von YULE. Bei Vorliegen einer Fall-Kontroll-Studie wird das Odds Ratio und im Falle von Kohortenstudien das Risk Ratio (relative Risiko) verwendet. Risiken werden berechnet, indem die Zahl der Ereignisse durch die Gesamtzahl des zugrunde liegenden Kollektivs dividiert wird. Das **Risk Ratio**

RR sagt aus, um welchen Faktor sich ein Risiko in zwei Gruppen unterscheidet. Für die natürlichen Logarithmen von RR und OR lassen sich $1-\alpha$-Konfidenzintervalle angeben. Betrachten wir nun die Tab. 7.3 (entspricht der Tab. 3.9 aus Abschn. 3.3).

Tab. 7.3: Vierfeldertafel Krankheit und Risikofaktor

	Krankheit		
Risikofaktor	Ja	Nein	Zeilensumme
Ja	a	b	$a+b$
Nein	c	d	$c+d$
Spaltensumme	$a+c$	$b+d$	$a+b+c+d$

Für das OR ergibt sich $\ln(OR) \pm z_{1-\frac{\alpha}{2}} \cdot \sqrt{\frac{1}{a}+\frac{1}{b}+\frac{1}{c}+\frac{1}{d}}$, wobei der Wurzelausdruck der geschätzte Standardfehler von $\ln(OR)$ darstellt. Für das RR ergibt sich $\ln(RR) \pm z_{1-\frac{\alpha}{2}} \cdot \sqrt{\frac{b}{a\cdot(a+b)}+\frac{d}{c\cdot(c+d)}}$, wobei der Wurzelausdruck der geschätzte Standardfehler von $\ln(RR)$ darstellt. Die Konfidenzintervalle für OR und RR ergeben sich dann, indem die Exponentialfunktion der Intervallgrenzen gebildet wird. Für YULE's Q und den Verbundenheitskoeffizenten Y von YULE lässt sich ein approximatives $1-\alpha$-Konfidenzintervall angeben, nämlich:

$$Q \pm z_{1-\frac{\alpha}{2}} \cdot \frac{1}{2} \cdot (1-Q^2) \cdot \sqrt{\frac{1}{a}+\frac{1}{b}+\frac{1}{c}+\frac{1}{d}}$$
$$Y \pm z_{1-\frac{\alpha}{2}} \cdot \frac{1}{4} \cdot (1-Y^2) \cdot \sqrt{\frac{1}{a}+\frac{1}{b}+\frac{1}{c}+\frac{1}{d}}$$

Bei der Festlegung einer Effektgröße für die Differenz von zwei Anteilswerten (aus unabhängigen Stichproben) kommt es darauf an, auf welchem Niveau sich die Anteilswerte befinden. Die folgende Aufstellung in Tab. 7.4 enthält ausgewählte Paare von Anteilswerten, deren Unterschied jeweils einem kleinen, mittleren oder großen Effekt entspricht (bei einer zweiseitigen Fragestellung).

Tab. 7.4: Effektgrößen für die Differenz zweier Anteilswerte

klein	**mittel**	**groß**
$0,05-0,10$	$0,05-0,20$	$0,05-0,35$
$0,20-0,28$	$0,20-0,41$	$0,20-0,57$
$0,40-0,50$	$0,40-0,63$	$0,40-0,77$
$0,60-0,69$	$0,60-0,81$	$0,60-0,92$
$0,80-0,87$	$0,80-0,95$	
$0,90-0,95$		

Um einen einheitlichen Maßstab zu haben, mit dem Mittelwertsdifferenzen aus unterschiedlichen Untersuchungen mit verschiedenen Stichproben und Messinstrumenten verglichen werden können, kann das so genannte Effektstärkemaß COHEN's d berechnet werden. Im Falle von Mittelwertsdifferenzen sind Effektstärken standardisierte Mittelwertsunterschiede zwischen zwei abhängigen oder unabhängigen Stichproben. Die Standardisierung der Mittelwertsdifferenz erfolgt mit Hilfe der Standardabweichung.

Für zwei unabhängige Stichproben ist die Effektstärke d der arithmetischen Mittel der Gruppen A und B definiert als:

$$d = \frac{\bar{x}_A - \bar{x}_B}{s_p}$$

Hier ist s_p gleich der Wurzel aus den durchschnittlich geschätzten Populationsvarianzen in den beiden Gruppen:

$$s_p = \sqrt{\frac{(n_A - 1) \cdot s_A^2 + (n_B - 1) \cdot s_B^2}{(n_A - 1) + (n_B - 1)}}$$

s_p ist eine Schätzung der Merkmalsstreuungen in den Populationen, aus denen die zu vergleichenden Stichproben stammen. Dabei wird implizit vorausgesetzt, dass sich die Streuungen s_A und s_B nicht systematisch unterscheiden. Ist diese Annahme verletzt, verliert die Effektstärke d an Aussagekraft. Dies gilt ebenfalls, wenn das Merkmal nicht in beiden Gruppen jeweils symmetrisch und glockenförmig verteilt ist. Weil wir annehmen, dass σ_A^2 und σ_B^2 gleich sind, können wir eine gepoolte (zusammengelegte) Stichprobenvarianz s_p^2 (pooled variance) berechnen. Die Zweckmäßigkeit für die Zusammenlegung der Stichprobenvarianzen liegt darin, eine bessere Schätzung der Varianz zu erhalten. Die gepoolte Stichprobenvarianz ist eine gewichtete Summe der Einzelvarianzen. Wie zu erkennen ist, erhält s_A^2 genau dann mehr Gewicht als s_B^2, wenn n_A größer als n_B ist. Wenn n_A gleich n_B ist, ist s_p^2 der Durchschnitt der einzelnen Stichprobenvarianzen.

GLASS-Delta ist eine Effektgröße, die in der klinischen Forschung häufig angewandt wird. Die Annahme homogener Varianzen ist hier nicht nötig und auch oft nicht zutreffend. Angenommen, eine Gruppe bekommt eine Behandlung, eine weitere nicht. Die Behandlung führt nun dazu, dass einige Patienten krank bleiben und einige genesen. Dies hätte zur Konsequenz, dass die Varianz in der Experimentalgruppe zunimmt. Die Varianzen der Kontroll- und Experimentalgruppen unterscheiden sich dann also. Es ist auch der umgekehrte Effekt denkbar, dass die Unterschiede aufgrund der Therapie geringer werden. Daher wird die Mittelwertsdifferenz immer gemäß der Standardabweichung der Kontrollgruppe, also beispielsweise der Unbehandelten, normiert. Der Effekt zeigt an, um wie viele Standardabweichungen sich die Behandlungsgruppe von der Kontrollgruppe entfernt hat.

Für zwei abhängige Stichproben ist die Effektstärke d der arithmetischen Mittel der Gruppen A und B definiert als:

$$d = \frac{\bar{x}_A - \bar{x}_B}{s_d}$$

s_d ist die Standardabweichung der Differenz zwischen A und B. Auch hier geht es um den standardisierten Mittelwertsunterschied. Standardisiert wird an der Standardabweichung der Differenz zwischen Gruppe A und Gruppe B.

Kurz zusammengefasst ist die Effektstärke d das Verhältnis des mittleren Unterschieds bezogen auf die Standardabweichung. Die Effektstärke d gibt an, um wie viele Standardabweichungen sich die beiden arithmetischen Mittel unterscheiden. Um COHEN's d für abhängige Stichproben mit der Metrik für unabhängige Stichproben vergleichbar zu machen, kann die Korrelation r der Messwerte berücksichtigt werden.

$$d = \frac{\bar{x}_A - \bar{x}_B}{\sqrt{s_A^2 + s_A^2 - 2rs_A s_B}}$$

Im Falle von $r = 0$ entspricht es COHEN's d für unabhängige Stichproben. Es ist weiter zu erkennen, dass je größer die Korrelation r, desto größer ist bei sonst gleichen Bedingungen die Effektstärke. Eine andere, wenig erfreuliche Konsequenz ist, dass die Effektstärken zwischen verschiedenen Studien nicht mehr vergleichbar sind, wenn sich die Korrelationen der Messwertreihen unterscheiden.

Nach der Klassifikation von COHEN gilt folgende Vereinbarung zur groben Orientierung bei der Beurteilung der Effektstärke d:

$$|d| \approx 0,2 : \text{Es liegt ein schwacher Effekt vor.}$$
$$|d| \approx 0,5 : \text{Es liegt ein mittlerer Effekt vor.}$$
$$|d| \approx 0,8 : \text{Es liegt ein starker Effekt vor.}$$

In Anlehnung an Abschn. 6.1 wird COHEN's d als Schätzwert für den in der Grundgesamtheit vorliegenden Parameter δ verwendet. Für die Populationseffekte ergibt sich COHEN's δ für unabhängige Merkmale, wo angenommen wird, das die Populationsstreuungen der zwei Populationen theoretisch gleich groß sind (Varianzhomogenität)

$$\delta = \frac{\mu_A - \mu_B}{\sigma}, \ \sigma_A = \sigma_B = \sigma$$

und für abhängige Merkmale

$$\delta = \frac{\mu_A - \mu_B}{\sigma_d} = \frac{\mu_A - \mu_B}{\sqrt{\sigma_A^2 + \sigma_B^2 - 2\rho\sigma_A\sigma_B}}$$

mit σ_d die Standardabweichung der Differenz der Grundgesamtheiten.

Effekte können auch als prozentuelles Maß berechnet werden, deren Grundgedanke der Vergleich von Varianzen darstellt. Dabei drückt das Effektstärkemaß insgesamt aus, wie groß der Anteil der systematischen Varianz an der Gesamtvarianz ist. Wird der Wert mit 100 multipliziert, so lässt sich dieser Anteil in Prozent angeben. Das Maß gibt dann an, wie viel Prozent der Gesamtvarianz durch die systematische Varianz aufgeklärt werden. Der „Rest" der Gesamtvarianz, die Residualvarianz, heißt deshalb auch unaufgeklärte Varianz.

Die Orientierung an generellen Konventionen, die unabhängig von bestimmten Forschungsbereichen gelten sollen, ist problematisch, denn sie lassen die Unterschiedlichkeit wissenschaftlicher Fragestellungen außer Acht. Trotzdem können sie Anhaltspunkte für die Bewertung der Daten liefern. Die Frage, ob ein Effekt auch inhaltlich von Bedeutung ist, beantworten sie nicht. Diese Überlegungen gehen über die Fragen der Signifikanz und der Effektstärken hinaus.

Neben der Angabe von statistischen Signifikanzen sollten in empirischen Studien die Effektstärken als quantitative Maße für die Einschätzung von praktischer Bedeutsamkeit angegeben werden.

7.4 Überprüfung der Normalverteilungsannahme

Oft wird die Normalverteilung als Ursprungsverteilung der Merkmalsausprägungen angenommen. Bevor diese Annahme getroffen werden kann, müssen die Merkmalsausprägungen dahingehend untersucht werden, ob die Normalverteilung geeignet ist. Eine Überprüfung der Verteilungsannahme ausschließlich über ein Histogramm reicht nicht aus, da das Aussehen des Histogramms stark von den Klassenbreiten und den Klassengrenzen abhängt.

Zur Überprüfung der Normalverteilungsannahme stehen mehrere Möglichkeiten zur Verfügung.

1. mittels Vergleich deskriptiver Kennzahlen
2. mittels graphischer Überprüfungen (Entscheidung aufgrund des „Augenscheins")
3. mittels Normalitätstests (Entscheidung aufgrund des Ergebnisses eines Anpassungstests)

Zu 1.: Wie bereits besprochen, ist die Normalverteilung als symmetrische Kurve in Form eines Glockenquerschnitts vorstellbar. Mit der Kennzahl der Schiefe der Verteilung können Abweichungen von der Normalverteilungskurve beschrieben werden. Mit dem errechneten Wert der Schiefe werden Abweichungen von der Symmetrie-Eigenschaft ermittelt. So kann zum Beispiel der Schiefekoeffizient nach Yule $sk_Y = \frac{3\cdot(\bar{x}-\tilde{x})}{s}$ (siehe Abschn. 4.3) oder auch die 68-95-99,7-Regel (siehe Abschn. 7.2) verwendet werden. Auch die Erkenntnis, dass bei einer Normalverteilung das Verhältnis des Interquartilsabstands zur Standardabweichung gleich 1,34 ist, kann zum Vergleich verwendet werden.

Zu 2.: Für die visuelle Entscheidung ist der Ausgangspunkt das Zeichnen eines Histogramms mit darübergelegter Normalverteilungskurve (siehe Abschn. 7.2) und die Darstellung anhand eines Boxplots (vergleiche Abschn. 4.3). Eine Möglichkeit der Überprüfung der Normalverteilungsannahme ist eine visuelle Bewertung von Normalverteilungsstreudiagrammen. Ein doppeltes Wahrscheinlichkeitsstreudiagramm, das so genannte **P-P-Plot** (oder P-P-Wahrscheinlichkeitsdiagramm, wobei jedes „P" für „probability" steht) ist hierfür das gebräuchlichste Diagramm. In diesem werden auf der y-Achse die kumulierten theoretischen Wahrscheinlichkeiten der Normalverteilung abgetragen, während auf der x-Achse die kumulierten relativen Häufigkeiten des zu untersuchenden Merkmals platziert werden. Wenn das Merkmal perfekt normalverteilt ist, müssen die dazugehörigen Wahrscheinlichkeitswerte auf der im Diagramm eingezeichneten Diagonalen liegen. Je näher die Wahrscheinlichkeitswerte des Merkmals an der Diagonalen liegen, desto begründeter ist die Normalverteilungsannahme.

QQ-Plots (oder **Quantil-Quantil-Plots**) bieten eine graphische Möglichkeit, um zu entscheiden, ob zwei Messwertreihen aus Grundgesamtheiten mit der gleichen Verteilung stammen. Dazu werden einfach die Quantile der ersten Messwertreihe gegen die Quantile der zweiten Reihe im Koordinatensystem aufgezeichnet. Zusätzlich wird die Winkelhalbierende (45°-Linie) eingezeichnet. Für den Fall, dass beide Messwertreihen aus Grundgesamtheiten mit gleicher Verteilung stammen, sollten die Punkte annähernd entlang dieser Referenzlinie liegen. Je ausgeprägter die Abweichung von der Referenzlinie ist, desto stärker ist auch die Evidenz für den Schluss, dass die beiden Messwertreihen nicht die gleiche Verteilung aufweisen.

Ein wesentlicher Vorteil dieser Technik liegt darin, dass die Anzahl der Beobachtungen in den zu vergleichenden Reihen nicht gleich sein muss und dass verschiedene Aspekte der Verteilung, insbesondere Verschiebungen in der Lage und der Steilheit, Unterschiede in der Symmetrie beziehungsweise das Vorliegen von Ausreißern oder Extremwerten in einem Bild beurteilt werden können.

Wird für die Überprüfung eines speziellen „Verteilungsmodells" eine der Messwertreihen durch die Quantile dieser theoretischen Verteilungen ersetzt, dann ergibt sich ein Wahrscheinlichkeitsplot (probability plot). Im Falle, dass die theoretische Verteilung die Normalverteilung ist, sprechen wir auch von normal probability plot oder Normal-Quantil-Quantil-Plot. Bei der Wahl der Quantile der Normalverteilung gibt es mehrere Möglichkeiten. Falls die Standardnormalverteilung für die Berechnung der Quantile verwendet wird, ergibt sich bei Vorliegen einer exakten Normalverteilung der Messwertreihen eine Gerade mit Achsenabschnitt μ und Steigung σ. Das heißt, eine Schätzung der Parameter der Normalverteilung ist aufgrund des Normal-QQ-Plots möglich.

Die Abb. 7.5 zeigt die Form des Normal-QQ-Plots bei unterschiedlichen Verteilungsformen. Eine schiefe Verteilung führt zu einer gebogenen Kurve. Eine langschwänzige Verteilung führt zu einer (umgekehrt) S-förmigen Kurve. Falls „Ausreißer" vorhanden wären, würde dies zu isolierten Punkten in der rechten oberen oder der linken unteren Ecke führen. Es sei darauf hingewiesen, dass Verteilungen, die zum Beispiel linksschief oder breitgipfelig sind, durch geeignete Transformationen die Form einer Normalverteilung annehmen können. Zu beachten ist, dass auch Testergebnisse durch eine Datentransformation verändert werden können. Die nützlichsten Transformationen haben von Tukey den Namen „**first aid transformation**" erhalten: diese sind die Logarithmusfunktion, die Wurzelfunktion und Arcus-Sinus-Funktion der Wurzeln.

Beim Normal-QQ-Plot zeigen auffällige Abweichungen von der Diagonalen an, dass die Annahme der Normalverteilung eventuell nicht aufrechterhalten werden kann. Die

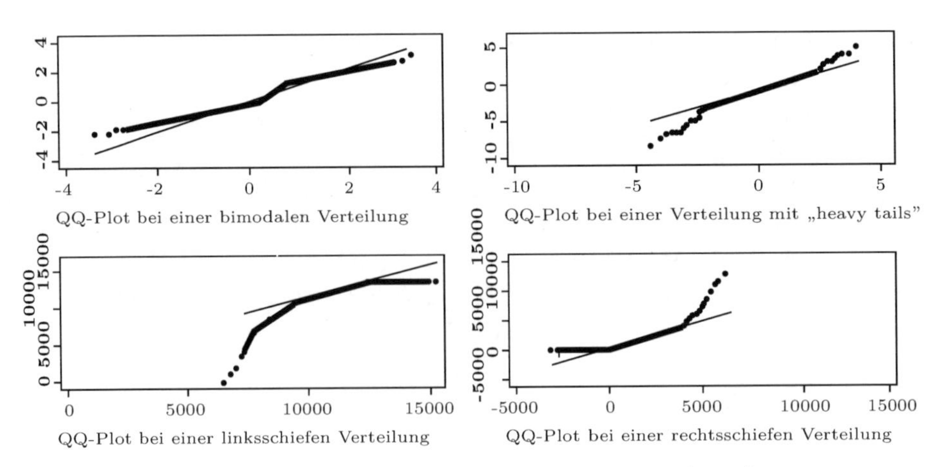

Abb. 7.5: Form des Normal-QQ-Plots bei unterschiedlichen Verteilungsformen

Abweichungen können bei Bedarf einer weiteren Untersuchung unterzogen werden, indem die Differenzen der Quantile näher betrachtet werden. Dazu werden die Quantile der empirischen Häufigkeitsverteilung auf der waagerechten Achse den Abweichungen von Quantilen der Normalverteilung auf der senkrechten Achse gegenübergestellt. Sind die beiden Verteilungen identisch, dann liegen sämtliche Punkte auf einer waagerechten, durch den Nullpunkt verlaufenden Geraden. Auffällige Abweichungsmuster von dieser Geraden deuten an, welche Unterschiede zwischen den beiden Verteilungen vorliegen. Ein derartiger QQ-Plot wird bereinigt genannt, da ein räumlicher Vergleich von Quantilen bewerkstelligt wird. Diese Darstellung lenkt die Aufmerksamkeit von der Untersuchung der Linearität der Punktwolke auf die Überprüfung des Musters der Abweichung.

Zu 3.: In der Statistik wird sehr oft eine bestimmte theoretische Verteilung der Daten vorausgesetzt. Viele Anwendungen basieren beispielsweise auf der Annahme, dass die Daten aus einer Normalverteilung stammen. Folgen die Daten tatsächlich einer bekannten Verteilung, kann diese Verteilung zudem mit wenigen Kenngrößen (Lage-, Skalen- und Formparametern) beschrieben werden. Mit einem Anpassungstest kann überprüft werden, ob ein bestimmtes theoretisches Modell geeignet ist, beobachtete Daten oder experimentelle Resultate angemessen zu erklären. Es geht also darum, eine empirisch gewonnene Verteilung oder eine Stichprobe mit einer vorgegebenen theoretischen Verteilung zu vergleichen, um dann die Entscheidung zu treffen, ob die empirische Verteilung so sehr von der theoretischen abweicht, dass die Nullhypothese der Gleichheit der Verteilungen verworfen werden muss. Falls die zu vergleichende Verteilung eine Normalverteilung ist, wird von Normalitätstests gesprochen. Das Prinzip der Anpassungstests beruht auf dem Vergleich zwischen empirischer und theoretischer Verteilung: Sind die Abweichungen zu groß, so ist davon auszugehen, dass die Daten nicht der angenommenen Wahrscheinlichkeitsverteilung entsprechen. Es gibt zahlreiche Anpassungstests für die Normalverteilung: Zu erwähnen sind die bekannten, nämlich der χ^2-Anpassungstest und der Kolmogorov-

SMIRNOV-Test, diese sind jedoch im Sinne der Power zum Beispiel dem SHAPIRO-WILK-Test unterlegen. Dieser besitzt unabhängig von der Stichprobengröße die höchste Power aller Nomalitätstests. Eine hohe Power ist deshalb wichtig, um ein geringes Risiko für die Testentscheidung „Messreihe normalverteilt“ zu haben, obwohl tatsächlich die Messreihe nicht normalverteilt ist (Fehler 2. Art β). Die verschiedenen Tests unterscheiden sich in der Art, wie diese Abstände ermittelt werden, und hinsichtlich der empfohlenen Anwendungsbereiche.

Häufig soll mit einem Anpassungstest belegt werden, dass eine empirische Verteilung einer theoretisch postulierten Verteilung entspricht (zum Beispiel als Beleg für die Annahme, dass eine empirische Verteilung nur zufällig von einer Normalverteilung abweicht, um parametrisch auswerten zu können). In diesem Falle wird also die H_0 beibehalten, was nur unter Akzeptanz einer geringeren $\beta-$Fehlerwahrscheinlichkeit geschehen sollte. Da jedoch die β-Fehlerwahrscheinlichkeit bei Beibehaltung von H_0 nur bestimmt werden kann, wenn gegen eine spezifische H_1 getestet wird, ist darauf zu achten, die β-Fehlerwahrscheinlichkeit durch ein hohes α-Fehlerniveau (zum Beispiel $\alpha = 0{,}2$) niedrig zu halten. Diese Vorgehensweise ergibt sich daraus, dass für β nur die unbefriedigende Obergrenze $\beta < 1 - \alpha$ angegeben werden kann. Eine Alternative hierzu wäre ein Äquivalenztest (vergleiche Abschn. 7.6).

Der **Chi-Quadrat-Anpassungstest** (Goodness-of-Fit-Test) testet, ob die beobachteten Häufigkeiten signifikant von den (bei Vorliegen der theoretischen Verteilung angenommenen) erwarteten Häufigkeiten abweichen. Die erwartete Häufigkeit wird berechnet, indem unter Annahme einer theoretischen Verteilung für jede Ausprägung (Klasse oder Gruppe) die entsprechende Wahrscheinlichkeit bestimmt und dieser Wert mit dem Stichprobenumfang multipliziert wird. Der Vorteil des χ^2-Anpassungstests besteht darin, dass er sich für Merkmale mit ordinalem oder nominalem Skalenniveau eignet. Bei metrischem Skalenniveau müssen die Daten in Klassen zusammengefasst werden. Die Power des χ^2-Anpassungstests ist im Vergleich zu anderen Anpassungstests nicht so hoch, da die Wahl der Klasseneinteilung das Ergebnis beeinflusst. Der χ^2-Anpassungstest beantwortet die Frage, ob die beobachteten Häufigkeiten einer Stichprobe signifikant von der erwarteten Häufigkeit einer vermuteten Verteilung abweichen. Der Test muss für praktische Zwecke erfüllen, dass die erwartete Häufigkeit für mindestens 80 % aller Klassen größer als 5 und für die restlichen 20 % größer als 1 ist.

Der KOLMOGOROV-SMIRNOV-**Test** überprüft, ob Daten aus einer vollständig bestimmten stetigen Wahrscheinlichkeitsverteilung stammen. Der Test setzt unter anderem voraus, dass die unbekannte Verteilungsfunktion stetig ist und die Daten ein metrisches Skalenniveau aufweisen. Der Test überprüft, ob die Verteilung der Daten einer vollkommen spezifizierten theoretischen Verteilungsfunktion entspricht. Als Teststatistik wird das Supremum (= kleinste obere Schranke) der Differenzen zwischen empirischer und theoretischer Verteilungsfunktion verwendet, wobei im zweiseitigen Fall das Supremum des Betrags der Differenzen verwendet wird, im einseitigen Fall hingegen das Supremum der Differenzen selbst. Als Teststatistik wird das Supremum der Abweichungen zwischen empirischer und theoretischer Verteilungsfunktion verwendet, weil möglicherweise das Maximum der Abweichungen nicht angenommen wird. Dies liegt an der Tatsache, dass die empirische Verteilungsfunktion eine rechtsstetige Treppenfunktion ist und daher an den Sprungstellen (= bei den Beobachtungen) die rechts- und linksseitigen Grenzwerte unterschiedlich sind. Die Abb. 7.6 zeigt die empirische $F_n(x)$ und die hypothetische Verteilungsfunktion der Normalverteilung im Falle einer Ablehnung der Nullhypothese ($p = 0,003$).

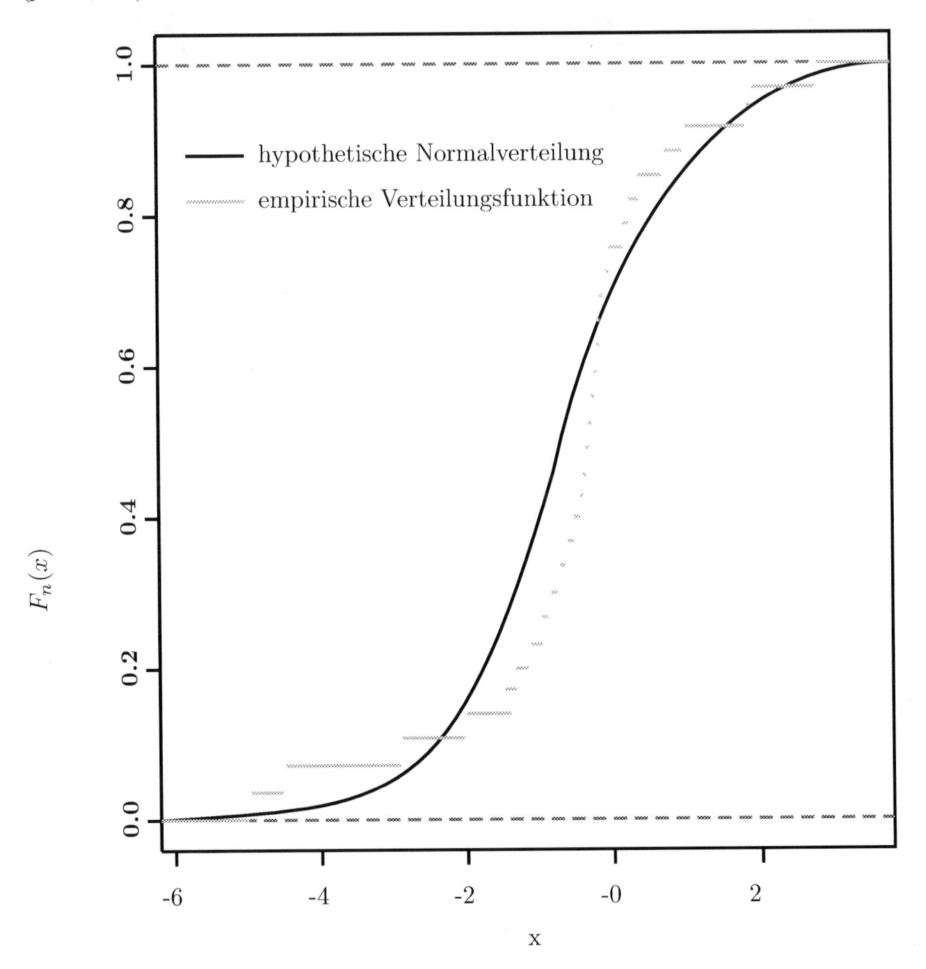

Abb. 7.6: Emprische und hypothetische Verteilungsfunktion bei Ablehnung der Nullhypothese mit $p = 0,003$

Bei Verletzung der Voraussetzung wird der Test konservativ (niedrige Power).

Der LILLIEFORS-**Test** ist eine Erweiterung des KOLMOGOROV-SMIRNOV-Tests für den Fall, dass von der theoretischen Verteilung nur der Verteilungstyp, nicht aber die konkreten Parameter vorliegen. Um die theoretische Verteilung an den Beobachtungsstellen berechnen zu können, werden die für die Verteilung notwendigen Parameter (für die Normalverteilung zum Beispiel Mittelwert und Standardabweichung) aus der Stichprobe geschätzt. Werden die Parameter der theoretischen Verteilung aus der auf Anpassung zu beurteilenden Stichprobe geschätzt, handelt es sich um eine zusammengesetzte Nullhypothese.

Der ANDERSON-DARLING-**Test** ist ein spezieller KOLMOGOROV-SMIRNOV-Test. Dieser Test setzt voraus, dass das untersuchte Merkmal metrisch und stetig ist. Weil die Differenzen an den Randbereichen höher gewichtet werden, ist der ANDERSON-DARLING-Test im Vergleich zum KOLMOGOROV-SMIRNOV-Test dort genauer. Der Test ist nur für spezielle Verteilungsformen geeignet, wie zum Beispiel Exponentialverteilung, Normalverteilung, WEIBULL-Verteilung und Log-Normalverteilung. Der Test für die Normalverteilung hat eine sehr hohe Power.

Da eine einzige Verteilung mit der Vielzahl aller anderen möglichen Verteilungen verglichen wird, reicht eine allein graphische Überprüfung oder eine mittels Kennzahlen im Allgemeinen nicht aus. Jedoch liegt die Gefahr der formellen Anpassungstests darin, dass sie eventuell gefährliche Abweichungen von den Voraussetzungen nicht sicher entdecken. Umgekehrt ist klar, dass kaum je ein Modell so genau sein wird, dass es nicht mit einer genügend großen Datenmenge widerlegt werden könnte.

7.5 Teststärkeanalysen

Bei statistischen Entscheidungen zwischen einer Nullhypothese H_0 und einer Alternativhypothese H_1 können zwei Arten von Fehlern auftreten: Zum einen kann H_0 gelten, aber es wird fälschlicherweise zugunsten von H_1 entschieden (Fehler 1. Art, α-Fehler), zum anderen kann H_1 gelten, aber es wird fälschlicherweise zugunsten von H_0 entschieden (Fehler 2. Art, β-Fehler). Die auf Sir Ronald Aylmer FISHER (1890–1962) zurückgehenden Nullhypothesen-Signifikanztests kontrollieren ausschließlich die α-Fehlerwahrscheinlichkeit und lassen β sowie dessen Komplement $1 - \beta$, die so genannte Stärke oder Power des statistischen Tests, unberücksichtigt. Dies hat zur Konsequenz, dass Nullhypothesen zwar mit kontrollierten Fehlerraten verworfen werden, aber nie angenommen werden können. Diese Methode sollte nach FISHER dann verwendet werden, wenn über die zu testende Hypothese nicht viel bekannt ist und es keine Voruntersuchungen gibt beziehungsweise eine Effektschätzung im Vorhinein nicht möglich ist.

Der Verzicht auf Teststärkenkontrollen hat äußerst bedenkliche Konsequenzen für die Publikationspraxis. Signifikante Befunde, die eine H_1 stützen, lassen sich vergleichsweise leicht publizieren, nicht signifikante Ergebnisse dagegen nur schwer oder gar nicht. Die Folge ist eine systematische Verzerrung der Befundlage zugunsten von H_1-konformen Hypothesen und gegen H_0-konforme Hypothesen. Zusammenfassend bleibt festzuhalten, dass Signifikanztests, welche Teststärkegesichtspunkte ignorieren, Gefahr laufen, „worse than nothing“ zu sein.

Offenbar muss die Teststärke bekannt sein, um einzuschätzen, welche Chance einer bestimmten Alternativhypothese bei einem statistischen Test gegeben wird oder gegeben wurde. Dieses Wissen liefern uns Teststärkeanalysen. Zugleich erfahren wir dadurch etwas über die komplementäre Wahrscheinlichkeit, dass fälschlich zugunsten von H_0 entschieden wird, obwohl eine bestimmte H_1 gilt.

Eine Effektschätzung sollte auf jeden Fall, und zwar auf Basis einer Kosten-Nutzen-Überlegung oder bereits existierender Befunde, erfolgen. Ein solches Vorgehen schlagen Jerzy NEYMAN (1894–1981) und Egon Sharpe PEARSON (1895–1980) vor. Beim **Signifikanztest nach** NEYMAN-PEARSON wird ebenfalls eine Nullhypothese aufgestellt. Daneben wird aber auch noch eine Alternativhypothese spezifiziert. Es wird im Vorhinein sowohl die Wahrscheinlichkeit für den Fehler 1. Art als auch für den Fehler 2. Art festgelegt. Daneben muss eine Effektstärke nach Kosten-Nutzen-Überlegungen oder bereits existierenden Ergebnissen angenommen werden. Anhand dieser Effektgröße, dem α- und β-Fehler wird nun die optimale Stichprobengröße berechnet. Ist die Überschreitungswahrscheinlichkeit dann kleiner α, fällt eine Entscheidung zugunsten der H_1, sonst zugunsten der H_0.

Die Teststärke ist die Wahrscheinlichkeit, mit der ein Signifikanztest zugunsten von H_1 entscheidet, wenn H_1 richtig ist. Es handelt sich um die Wahrscheinlichkeit eines signifikanten Ergebnisses bei Gültigkeit von H_1. Es sind drei Einflussgrößen, die die Teststärke bestimmen:

Signifikanzniveau: Die Teststärke vergrößert sich mit steigendem Signifikanzniveau. Wenn das Vorzeichen des Effekts hypothesenkonform ist, hat der einseitige Test eine höhere Teststärke als der zweiseitige.

Effektgröße: Die Teststärke beziehungsweise die Chance auf ein signifikantes Ergebnis erhöht sich mit größer werdendem Effekt, der gemäß H_1 postuliert wird.

Stichprobenumfang: Die Teststärke wächst mit größer werdendem Stichprobenumfang.

Die $H_0 : \mu_A = \mu_B$ wird durch jede Mittelwertdifferenz $\bar{x}_A - \bar{x}_B \neq 0$ verworfen, wenn der Stichprobenumfang n genügend groß ist. Soll die H_0 jedoch nur aufgrund einer praktisch bedeutsamen Differenz vom Betrag $\bar{x}_A - \bar{x}_B = d$ verworfen werden, ist es naheliegend, für die Untersuchung einen Stichprobenumfang zu wählen, der gerade die praktisch bedeutsame Differenz d (beziehungsweise alle größeren Differenzen, aber keine kleineren) signifikant werden lässt. Es sind empirische Differenzen denkbar, die bei einer großen (standardisierten) Differenz der Parameter μ_A und μ_B weder mit der $H_0(\mu_A - \mu_B = 0)$ noch mit der $H_1(\mu_A - \mu_B = d)$ zu vereinbaren sind.

Eine eindeutige Entscheidungssituation tritt ein, wenn wir den Stichprobenumfang so festlegen, dass aufgrund eines empirischen Ergebnisses entweder die H_0 (zum Beispiel mit $\alpha = 0{,}05$) oder die H_1 zu verwerfen ist. Dieser Stichprobenumfang führt bei einem maximal tolerierbaren β-Fehler-Risiko von zum Beispiel 5 % zu einer Teststärke von $1 - 0{,}05 = 0{,}95$; also beträgt die Wahrscheinlichkeit, sich zugunsten der H_1 (die der praktisch bedeutsamen Effektgröße entspricht) zu entscheiden, bei Richtigkeit dieser H_1 95 %.

Nach dieser Regel ist zu verfahren, wenn das Risiko, eine richtige H_0 fälschlicherweise zu verwerfen, für genauso gravierend gehalten wird wie das Risiko, eine richtige H_1 fälschlicherweise zu verwerfen. Diese Absicherung erfordert allerdings sehr große Stichprobenumfänge.

Die Stichprobenumfänge lassen sich reduzieren, wenn aufgrund inhaltlicher Überlegungen ein größeres β-Fehler-Risiko toleriert werden kann. Die weit verbreitete akzeptierte Auffassung geht davon aus, dass die Konsequenzen eines α-Fehlers in der Regel etwa viermal so gravierend sind wie die Konsequenzen eines β-Fehlers. Daher ergibt sich ein α/β-Fehler-Verhältnis von 1:4, zum Beispiel $\alpha = 5\,\%$ und $\beta = 20\,\%$, und daher die Teststärke von 80 %. Diese Teststärke besagt, dass vier von fünf Untersuchungen eines bestimmten Stichprobenumfangs den spezifizierten Effekt auf dem angegebenen α-Fehler-Niveau als signifikant ausgewiesen haben (wenn es ihn denn gibt). Die Teststärke wird als Maß für die Testempfindlichkeit angesehen, also wie sicher ein tatsächlicher Unterschied auch gefunden wird. Die Teststärke ist die Wahrscheinlichkeit, einen in der Population vorhandenen Unterschied in einer statistischen Untersuchung zu finden. Die Teststärke ist auch abhängig vom statistischen Testverfahren, welches verwendet wird. So haben Tests, die auf einem höheren Skalenniveau basieren, in der Regel eine höhere Power. Bei abhängigen Stichproben ist die Teststärke im Vergleich zu unabhängigen größer wie auch bei parametrischen im Vergleich zu nichtparametrischen Tests, jeweils unter Einhaltung der einzelnen Voraussetzungen.

Wenn Teststärkenanalysen durchgeführt werden, dann sind zwei Varianten besonders häufig, nämlich a priori- und post hoc Teststärkeanalysen, sowie noch eine dritte wichtige Variante – nämlich die Kompromiss-Teststärkeanalysen. A priori-Analysen sind idealistisch, post hoc-Anlaysen werden oft kritisch gebraucht und Kompromiss-Analysen können als pragmatisch bezeichnet werden. Bei **a priori-Analysen** wird vor einer Untersuchung die notwendige Stichprobengröße n gesucht, die bei Gültigkeit einer bestimmten H_1 und festgelegter α-Fehlerwahrscheinlichkeit eine gewünschte (hohe) Teststärke $1 - \beta$ garantiert. **Post hoc-Analysen** werden dagegen erst durchgeführt, wenn die Untersuchung bereits abgeschlossen ist (n also festliegt) und kritisch nachgefragt wird, welche Bewährungschance eine spezielle H_1 bei diesem n und dem gewählten α überhaupt hatte. **Kompromiss-Teststärkeanalysen** schließlich sind insofern pragmatisch, als sie der Tatsache Rechnung tragen, dass unsere Ressourcen oft nicht für das ideale n ausreichen. Wir müssen also mit einem suboptimalen n leben, wollen aber dennoch bestimmten Alternativhypothesen eine Chance geben und suchen folglich nach einem rationalen Kompromiss zwischen einem möglichst kleinen α und einer möglichst großen Teststärke (Power) $1 - \beta$. Dazu wird zunächst entschieden, wie wichtig β im Vergleich zu α sein soll. Anschließend wird auf der Basis dieser Gewichtung und der verfügbaren n nicht nur β bestimmt, sondern simultan auch α und der damit verbundene Effekt.

Zusammengefasst gibt es vier Größen, die sich wechselseitig determinieren:

- α-Fehler
- β-Fehler beziehungsweise Teststärke
- Effektgröße
- Stichprobenumfang

Die a priori und die post hoc Teststärkenbestimmung sind in Tab. 7.5 zusammengefasst.

Tab. 7.5: Vorgehensweise bei der a priori und post hoc Teststärkenbestimmung

	a priori	**post hoc**
bekannt	α-Niveau Effektgröße Teststärke	α-Niveau Effektgröße Stichprobenumfang
gesucht	optimaler Stichprobenumfang	Teststärke

Große Stichproben erhöhen die Chance auf ein signifikantes Ergebnis, wobei allerdings auch solche Effekte signifikant weden können, die ohne jede klinische Bedeutung sind. Umgekehrt lässt sich argumentieren, dass bei der Untersuchung kleiner Stichproben Effekte gefunden werden können, die zwar klinisch bedeutsam, aber statistisch nicht signifikant sind. Da nun Effekte wünschenswert sind, die sowohl klinisch bedeutsam als auch statistisch signifikant sind, liegt es aus Gründen der Versuchsökonomie nahe, den Stichprobenumfang so festzulegen, dass beiden Kriterien Genüge getan wird. Für die Festlegung einer Effektgröße ist die klinische Fragestellung maßgebend. Wenn jedoch die klinische Erfahrung nicht ausreicht, um eine Effektgröße sinnvoll begründen zu können, besteht die Möglichkeit, auf die von Cohen vorgeschlagene Dreiteilung der Effektgrößen zurückzugreifen. Hier werden kleine, mittlere und große Effekte unterschieden, wobei kleine Effekte häufig für die klinische Grundlagenforschung ausreichend sind. Große Effekte sollten in Untersuchungen angestrebt werden, deren Ergebnisse sich unmittelbar auf die Individualtherapie von Patienten auswirken. Die Tab. 7.6 zeigt optimale Stichprobenumfänge für $1 - \beta = 0{,}8$ und $\alpha = 0{,}05$ bei einem zweiseitigen Test. Dabei sei darauf hingewiesen, dass die in Tab. 7.6 genannten Stichprobenumfänge zu vergrößern sind,

- wenn eine höhere Teststärke erreicht werden soll ($(1 - \beta) > 0{,}8$);
- wenn das Signifikanzniveau sehr niedrig angesetzt wird ($\alpha < 0{,}05$);
- wenn ein sehr kleiner Effekt erwartet wird.

Werden die in Tab. 7.6 genannten Stichprobenumfänge verwendet, ist davon auszugehen, dass das Untersuchungsergebnis bei Gültigkeit einer durch die Effektgröße festgelegten spezifischen H_1 mit einer Wahrscheinlichkeit von 80 % auf dem $\alpha = 0{,}05$-Niveau signifikant ist.

Tab. 7.6: Optimale Stichprobenumfänge für $1-\beta=0{,}8$ und $\alpha=0{,}05$ bei zweiseitiger Fragestellung

Fragestellung	**Effektgröße δ**		
	δ **klein**	δ **mittel**	δ **groß**
Lokationsunterschiede bei unabhängigen Stichproben (Stichprobenumfänge pro Gruppe)	394	64	26
Lokationsunterschiede bei abhängigen Stichproben	199	34	15
Zusammenhänge	782	84	29
Vergleich von Anteilen (Stichprobenumfänge pro Gruppe)	469	83	31

7.6 Bewertung der Gleichwertigkeit zweier Therapien

Die klassische Fragestellung klinischer Studien besteht in dem Nachweis eines Wirkungsunterschieds zweier Behandlungen, etwa der Überlegenheit eines Wirkstoffs gegenüber einem Placebo oder der Reduktion einer Verlustrate von Implantaten nach Optimierung des Implantatdesigns gegenüber dem etablierten Design. Daneben gibt es viele medizinische Anwendungen, in denen nicht der Nachweis der Überlegenheit einer Behandlung, sondern vielmehr der Nachweis der Gleichwertigkeit (Äquivalenz) zweier Behandlungen von Interesse ist. Studien zur Prüfung der therapeutischen Gleichwertigkeit (Äquivalenz) zweier oder mehrerer Pharmaka werden Bioverfügbarkeitsstudien genannt. Bei der Anwendung statistischer Tests zum Prüfen der Hypothese auf Unterschied in der Wirksamkeit wird vielfach eine nicht abgelehnte Nullhypothese als Nachweis der Gleichheit gedeutet. Die Unzulässigkeit dieses Schlusses zeigen die folgenden Überlegungen:

- Die Entscheidungsregel eines statistischen Tests wird derart konstruiert, dass die Wahrscheinlichkeit für den Fehler erster Art maximal so groß ist wie eine vorgegebene Schranke α.
- Die Wahrscheinlichkeit für den Fehler zweiter Art β hingegen wird in einem statistischen Testverfahren nicht kontrolliert und kann im Extremfall Werte bis zu $1-\alpha$ annehmen.
- Die Wahrscheinlichkeit für einen Fehler 2. Art hängt entscheidend vom Stichprobenumfang ab; das heißt, bei kleinen Stichproben kann nur selten ein bestehender Unterschied nachgewiesen werden, sodass meist irrtümlich auf Gleichheit geschlossen wird.

Es ist unzulässig, einen Test, der im positiven Falle zur Absicherung eines Unterschieds führt, einfach umzukehren und aus der Abwesenheit eines signifikanten Unterschieds auf die Äquivalenz der zu vergleichenden Behandlungen zu schließen. Oder, einprägsamer formuliert: Nichtsignifikante Unterschiedlichkeit ist nicht dasselbe wie signifikante Übereinstimmung.

Beim Vergleich einer neuen Behandlung gegenüber einer Standardbehandlung kann der Nachweis der therapeutischen Äquivalenz von großer Bedeutung sein, falls die neue Behandlung weniger toxisch ist und somit die Anzahl und/oder Intensität unerwünschter Ereignisse durch die neue Behandlung verringert werden kann. Ein Äquivalenztest unterscheidet sich im Wesentlichen durch das Vertauschen der Null- und Alternativhypothese eines Tests auf Wirkungsunterschiede. Ursächlich für die Notwendigkeit und den Bedarf solcher Methoden war der Nachweis äquivalenter Bioverfügbarkeit eines möglichen Generikums für einen bereits zugelassenen Wirkstoff. Dementsprechend sind die Bedeutung und Kontrolle des Fehlers 1. und 2. Art vertauscht. Bei Ablehung der Nullhypothese kann somit die Gleichwertigkeit der Behandlungen als statistisch gesichert angesehen werden. Bei Nichtablehnen der Nullhypothese ist jedoch im Allgemeinen keine klare Aussage möglich.

Beim Vergleich zweier Anteile der Grundgesamtheit betrachten wir die Nullhypothese $H_0 : \pi_1 = \pi_2$ gegen $H_1 : \pi_1 \neq \pi_2$ eines Unterschieds zwischen zwei Erfolgsraten (Überlegenheitsnachweis). Soll die absolute Gleichheit zwischen den Erfolgsraten nachgewiesen werden, so bedeutet dies, dass der Abstand zwischen $\pi_1 - \pi_2$ „unendlich" klein sein muss. Für den Nachweis eines unendlich kleinen Unterschieds ist jedoch ein unendlich großer Stichprobenumfang erforderlich, eine praktisch nicht zu realisierende Situation. Beim Vergleich zweier Anteile wird daher ein Äquivalenzbereich durch die Angabe einer unteren und oberen Schranke δ_U (< 0) und δ_O (> 0) für die Differenz der Ereigniswahrscheinlichkeiten definiert:

$$\begin{aligned} H_0 : &\quad \pi_1 - \pi_2 < \delta_U \text{ oder } \pi_1 - \pi_2 > \delta_O \\ H_1 : &\quad \delta_U \leq \pi_1 - \pi_2 \leq \delta_O \text{ Äquivalenznachweis.} \end{aligned}$$

wobei π_1 den Anteil der erfolgreich mit der neuen Behandlung therapierten Patienten und π_2 den Anteil der erfolgreich mit der Standardbehandlung therapierten Patienten bezeichnet. Die zulässige obere und untere Abweichung wird oftmals gleich groß gewählt, das heißt, der Äquivalenzbereich ist häufig symmetrisch um 0: $[-\delta; +\delta]$, wobei $\delta > 0$. Ein Wirkungsunterschied innerhalb der Grenzen des Äquivalenzbereichs $[\delta_U; \delta_O]$ wird als klinisch nicht relevant angenommen und die Behandlungen werden als äquivalent (gleichwertig) angesehen. Falls wir einen maximal tolerablen Unterschied ($\delta > 0$), um den π_1 und π_2 abweichen dürfen, wählen, dann prüfen wir die folgenden Hypothesen:

$$\begin{aligned} H_0 : &\quad \pi_1 - \pi_2 < -\delta \text{ oder } \pi_1 - \pi_2 > \delta \\ H_1 : &\quad -\delta \leq \pi_1 - \pi_2 \leq \delta. \end{aligned}$$

Die Alternative bedeutet also, dass der mittlere absolute Unterschied in der Wirksamkeit zwischen Behandlungen geringer als δ ist. Belegt die Studie, dass die Therapie-Effekte nicht stärker als durch den vorgegebenen Toleranzbereich erlaubt voneinander abweichen, kann mit deren therapeutischer Äquivalenz geschlossen werden. Ersichtlich ist, dass die Alternativhypothese H_1 für kein noch so kleines δ identisch mit der Nullhypothese $H_0 : \pi_1 = \pi_2$ des zugehörigen zweiseitigen Testproblems ist, sodass beim Übergang zum Äquivalenzproblem die Hypothesen nicht nur vertauscht, sondern zusätzlich mehr oder minder geringgradig modifiziert werden.

Ein gängiges Verfahren zur Konstruktion eines Äquivalenztests ist die Methode der **Konfidenzintervall-Inklusion**, die auf WESTLAKE zurückgeht. Zunächst muss hierbei festgelegt werden, wann zwei Therapien noch als gleichwertig zu betrachten sind und wann nicht mehr. Dazu wird ein Bereich $[-\delta; \delta]$ formuliert, der den klinisch tolerablen Unterschied widerspiegelt. Dann wird auf Basis der Daten ein $(1-\alpha)$-Konfidenzintervall berechnet. Liegt dieses $(1-\alpha)$-Konfidenzintervall vollständig in dem Bereich $[-\delta; \delta]$, so wird auf dem Signifikanzniveau α für die Äquivalenz entschieden. Dieses Verfahren zur Konstruktion eines Äquivalenztests gewährleistet, dass die Wahrscheinlichkeit maximal so groß ist wie das Signifikanzniveau α. Ein Irrtum ist, auf die Gleichwertigkeit der Behandlungen zu schließen, wenn sich diese in Wirklichkeit doch stärker unterscheiden, als durch den Äquivalenzbereich vorgegeben ist. In Abb. 7.7 sind die möglichen Entscheidungen skizziert:

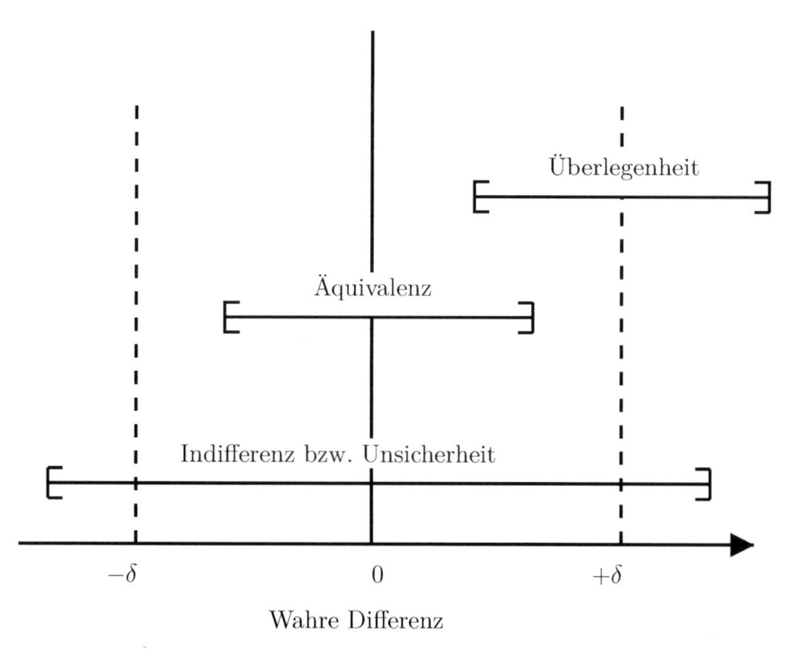

Abb. 7.7: Mögliche Lage von Konfidenzintervallen zur Bewertung der Gleichwertigkeit von Therapien

Ein approximatives $(1-\alpha)$-Konfidenzintervall (für $n_1 \geq 50$ und $n_2 \geq 50$) für die Differenz zweier unabhängiger Anteile $\pi_1 - \pi_2$ lässt sich wie folgt berechnen:

$$\left[p_1 - p_2 - z_{1-\frac{\alpha}{2}}\sqrt{\frac{p_1(1-p_1)}{n_1} + \frac{p_2(1-p_2)}{n_2}}; p_1 - p_2 + z_{1-\frac{\alpha}{2}}\sqrt{\frac{p_1(1-p_1)}{n_1} + \frac{p_2(1-p_2)}{n_2}}\right],$$

wobei $z_{1-\frac{\alpha}{2}}$ das $1-\frac{\alpha}{2}$-Quantil der Standardnormalverteilung ist, n_1 und n_2 die Stichprobenumfänge in den beiden Gruppen und p_1 und p_2 die beobachteten Anteile der beiden Gruppen. Der Wurzelausdruck stellt den Schätzwert des Standardfehlers der Differenz der Anteile bei unabhängigen Stichproben dar. Die Berechnungsmethode lässt sich verbessern, indem für $p_1 - p_2 < 0$ ($p_1 - p_2 > 0$) zu dieser Differenz der Wert $0{,}5\left[\frac{1}{n_1} + \frac{1}{n_2}\right]$ addiert (subtrahiert) wird.

Wir gehen davon aus, dass nachgewiesen werden soll, dass die Erfolgsrate π_1 der neuen Therapie nicht schlechter ist als die Erfolgsrate π_2 einer Standardtherapie. Um dies nachzuweisen, benötigen wir eine Schranke $-\Delta$, die angibt, ab wann eine Unterlegenheit der Erfolgsrate unter der neuen Therapie gegenüber der Erfolgsrate unter der Standardtherapie nicht mehr akzeptabel ist. Wir nehmen hier implizit an, dass größere Differenzen zwischen der neuen und der Standardtherapie die neue Therapie favorisieren. Für den Nachweis der „Nicht-Überlegenheit" der neuen Therapie gegenüber der Standardtherapie empfiehlt sich die Berechnung des zweiseitigen $(1-\alpha)$-Konfidenzintervalls, welches dann vollständig oberhalb von $-\Delta$ liegen muss. Eine erweiterte Aussage ergibt sich, wenn das

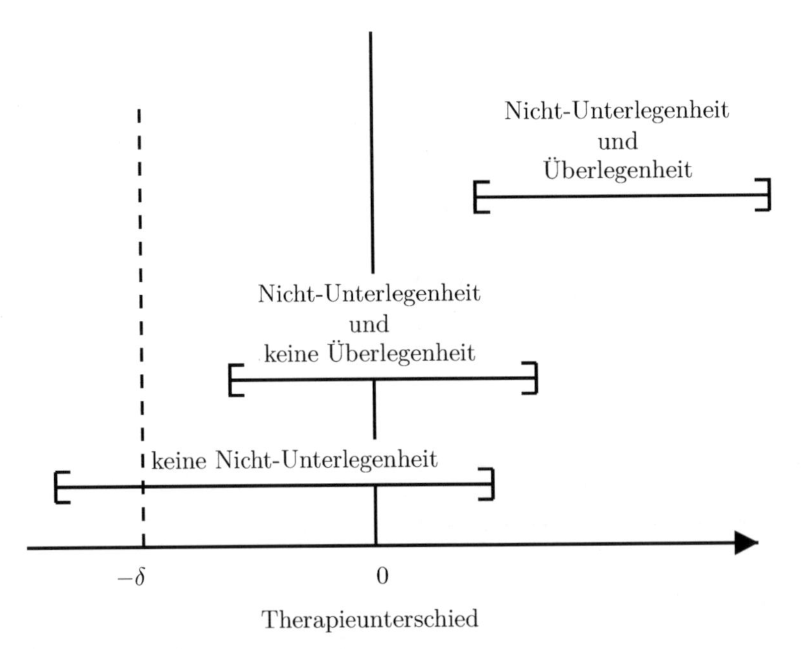

Abb. 7.8: Mögliche Lage von Konfidenzintervallen zur Bewertung der Nicht-Überlegenheit einer neuen Therapie gegenüber einer Standardtherapie

Konfidenzintervall zusätzlich auch vollständig oberhalb von 0 liegt. Dann liefert nämlich die neue Therapie offensichtlich höhere Werte, sodass auf die Überlegenheit der neuen Therapie gegenüber der Standardtherapie geschlossen werden darf (siehe Abb. 7.8).

Das vorgestellte Verfahren zur Konstruktion eines Äquivalenztests mittels der Methode der Konfidenzintervall-Inklusion kann für beliebige Zielkriterien herangezogen werden.

Generell geben Tests zum Nachweis therapeutischer Äquivalenz eine Toleranzgrenze zum klinisch noch vertretbaren („klinisch irrelevanten") Unterschied im primären klinischen Endpunkt einer Studie vor. Bei der Planung einer Studie zum Nachweis der Äquivalenz zweier Behandlungen kommt der Definition des Äquivalenzbereichs eine zentrale Rolle zu. Die Festlegung des Äquivalenzbereichs hat ausschließlich nach inhaltlichen Gesichtspunkten zu erfolgen und ist vor Durchführung der Studie bereits festzuhalten und zu begründen. Falls die Untergrenze des $(1-\alpha)$-Konfidenzintervalls nicht nur oberhalb der Äquivalenzschranke $-\Delta$, sondern auch oberhalb von 0 liegt, kann in einer Äquivalenzstudie (mit einseitiger Fragestellung) nicht nur auf Nicht-Überlegenheit, sondern sogar auf die Überlegenheit der neuen Behandlung gegenüber der Standardbehandlung geschlossen werden. Diese Vorgehensweise kann so interpretiert werden, dass im Anschluss an einen einseitigen Äquivalenztest mit signifikantem Ergebnis ein Test auf Überlegenheit der neuen Behandlung durchgeführt wird. Bei diesem angeschlossenen Test auf Überlegenheit muss das Niveau nicht adjustiert werden, da es sich nicht um ein multiples Testproblem handelt.

8 Verfahren zur Überprüfung von Unterschieds- und Zusammenhangshypothesen

Übersicht

8.1 Entscheidungsbaum für statistische Tests

Mittels der Inferenzstatistik werden Schlussfolgerungen (Inferenzen) von den Daten einer Stichprobe auf die Verhältnisse in der Population gezogen, aus der die Stichprobe stammt. Mittels eines statistischen Tests wird überprüft, ob die Forschungshypothese zutrifft oder nicht. Dabei können Zusammenhangs- und Unterschiedshypothesen unterschieden werden. Viele Fragestellungen lassen sich sowohl als Zusammenhangs- wie auch als Unterschiedshypothese formulieren.

Beispiel 8.1
Die Frage, ob ein Zusammenhang zwischen dem Geschlecht und der Häufigkeit einer Depression besteht, ist gleichbedeutend mit der Frage, ob sich Männer und Frauen in der Häufigkeit einer Depression unterscheiden. ■

Welche Art der Formulierung geeignet ist, hängt von der Fragestellung ab. Manchmal ist die Vorstellung von Zusammenhängen besser als von Unterschieden und umgekehrt.

Mit **Unterschiedshypothesen** können auch „Wenn-dann-Hypothesen“ formuliert werden wie zum Beispiel: „Wenn jemand einen Computer besitzt, dann geht derjenige seltener ins Kino.“ Unterschiedshypothesen betrachten den Fall, dass sich zwei (oder mehrere) Populationen bezüglich eines (oder mehrerer) Merkmale unterscheiden. Folgende Beispiele sind denkbar:

Beispiel 8.2

- Es existiert ein Unterschied zwischen Männern und Frauen in Bezug auf die Körpergröße.
- Es besteht ein Unterschied zwischen Mädchen und Buben in der Volksschule bezüglich der Leistungen in den Naturwissenschaften.
- Die Ausschussquote in mehreren Abteilungen ist unterschiedlich hoch.
- Die Abschlussquoten in verschiedenen Verkaufsregionen unterscheiden sich.
- Behandelte Personen weisen weniger Depressionssymptome als Unbehandelte auf.
- Es gibt einen Unterschied zwischen dem Intelligenzquotienten von Männern und Frauen.

■

Mit **Zusammenhangshypothesen** können wiederum auch „Je-desto-Hypothesen“ formuliert werden, wie zum Beispiel: „Je betrunkener jemand ist, desto weniger kann derjenige sich etwas merken.“ Zusammenhangshypothesen behaupten Zusammenhänge zwischen (mindestens) zwei Merkmalen, wie etwa bei folgenden Beispielen:

Beispiel 8.3

- Die gesundheitsbezogene Lebensqualität von Herzinfarktpatienten hängt mit ihrer Depressivität zusammen.
- Es gibt einen Zusammenhang zwischen der Anzahl der Sonnentage und dem Ernteertrag einer Getreidesorte auf vergleichbaren Parzellen.
- Zwischen der Wahl der Studienrichtung und dem Umweltbewusstsein besteht ein Zusammenhang.
- Es besteht ein Zusammenhang zwischen Prüfungsleistungen von Studenten und deren sozialem Engagement.
- Es besteht ein Zusammenhang zwischen der Gewissenhaftigkeit von Personen und deren Schulleistung.
- Es gibt einen Zusammenhang zwischen Konsum von Alkohol und dem Reaktionsvermögen im Straßenverkehr.

■

Es wird nun je ein Entscheidungsbaum vorgestellt, der die Auswahl von Unterschieds- (im Falle von der „zentralen Tendenz“ und Häufigkeiten) und Zusammenhangstest unterstützt. Dabei wird eine Reihe von Fragen vorgelegt, deren Beantwortung zu einem für die

Problemstellung angemessenen Verfahren führt. Bei Unterschiedshypothesen beschränken wir uns auf den Zweistichprobenfall für unabhängige und abhängige Stichproben im Falle der „zentralen Tendenz“ (siehe Abb. 8.1) und Zusammenhangshypothesen bei zwei interdependenten Merkmalen (siehe Abb. 8.3). Für typische Fragestellungen werden jeweils typische Lösungen präsentiert. Unterschiedshypothesen für Häufigkeiten werden bei mindestens zwei Stichproben vorgestellt (siehe Abb. 8.2). Der Skalenaspekt ist didaktisch aufschlussreich, darf aber nicht zu sehr in den Vordergrund treten, wenn die Auswahl geeigneter statistischer Verfahren interessiert, denn die Zahlen wissen nicht, woher sie kommen. Wesentlich ist, dass die Voraussetzungen der Verfahren weitgehend erfüllt sind.

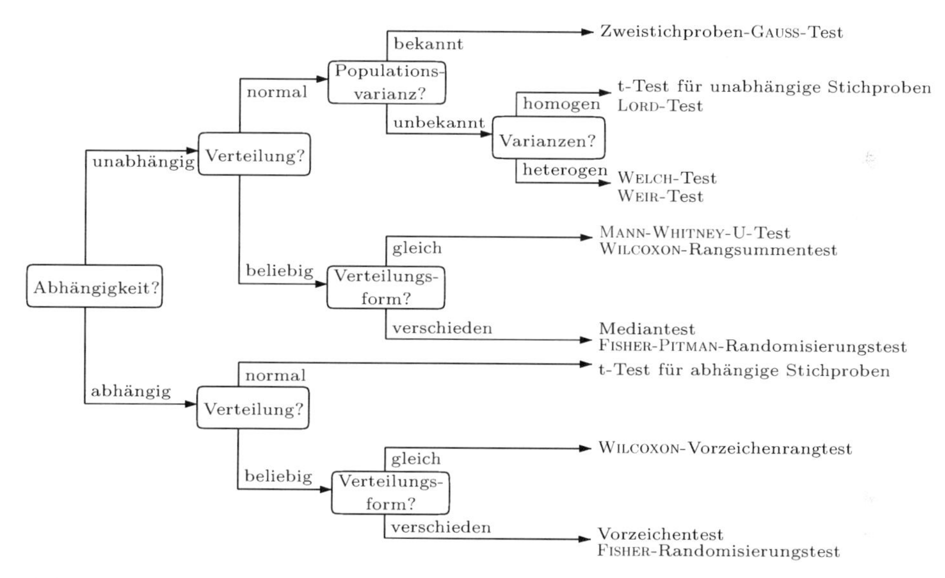

Abb. 8.1: Entscheidungsbaum für Unterschiedshypothesen bei Zweistichprobenfall und Vorliegen der zentralen Tendenz

Die Verzweigungspunkte im Entscheidungsbaum sind als Fragen formuliert. Deren jeweilige Beantwortung führt zu einer weiteren Verzweigung oder zu der gesuchten Antwort. Fragen zielen zum Beispiel auf die Form der Verteilungen, aus denen die Stichproben stammen, und auf die Varianzen ab. Nach der Beantwortung aller Fragen zeigt das Ende eines Pfeiles auf eines oder mehrere in Frage kommende Verfahren.

Es sei ausdrücklich darauf hingewiesen, dass inferenzstatistische Tests von Zusammenhangshypothesen in den meisten Fällen zusätzliche Voraussetzungen erfordern. Sind die Voraussetzungen eines Tests deutlich verletzt, sollte ein anderes statistisches Verfahren verwendet werden, welches diese Voraussetzung nicht benötigt.

Die in den Abbn. 8.1 bis 8.3 vorgeschlagenen Testverfahren werden anschließend in den Abschn. 8.2 bis 8.6 vorgestellt.

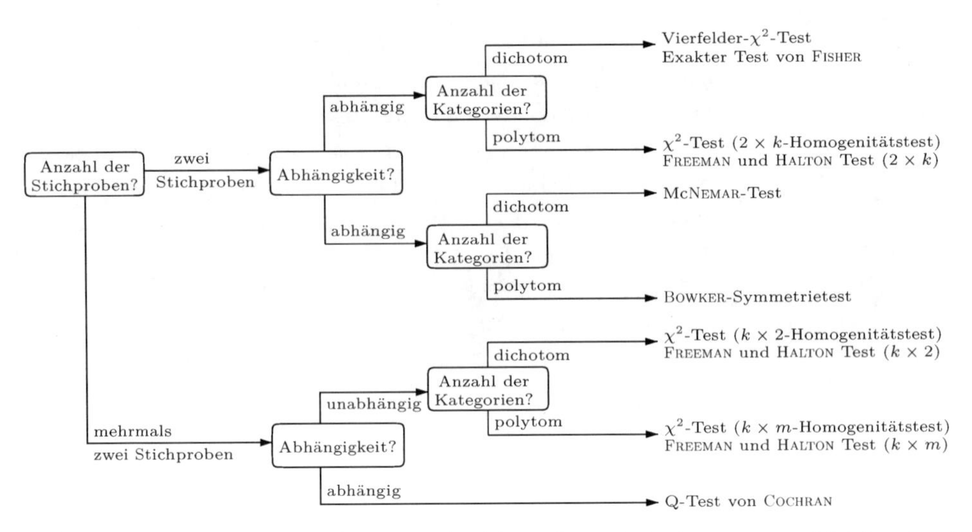

Abb. 8.2: Entscheidungsbaum für Unterschiedshypothesen bei mindestens zwei Stichproben bei Häufigkeiten

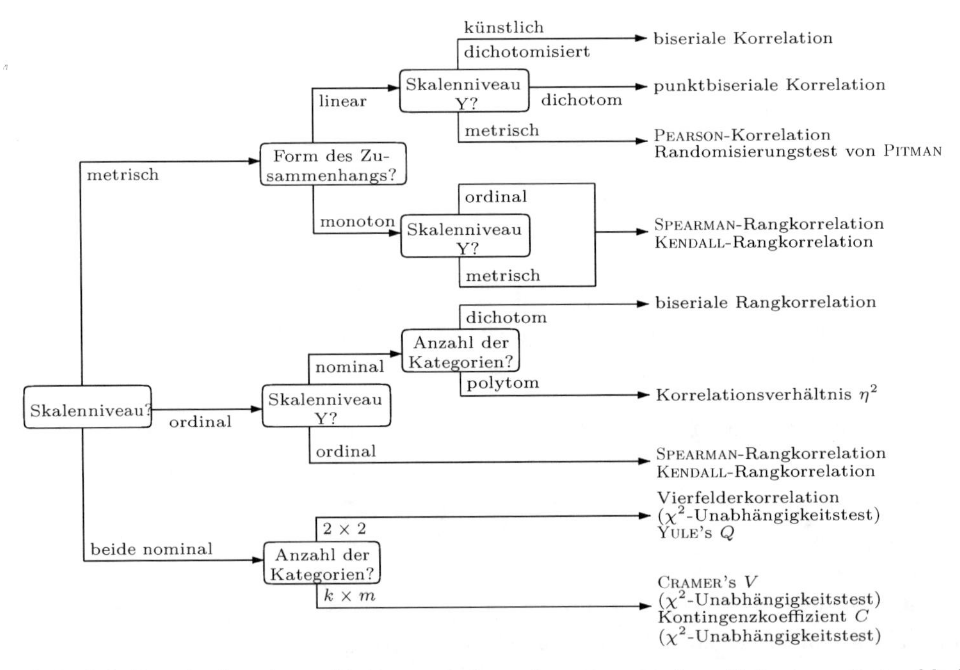

Abb. 8.3: Entscheidungsbaum für Zusammenhangshypothesen bei zwei interdependenten Merkmalen

8.2 Der t-Test für abhängige und unabhängige Stichproben

Der t-Test arbeitet mit den Populationsparametern der Streuung und des arithmetischen Mittels, die mit Hilfe der Stichprobe geschätzt werden. Er liefert eine Entscheidungshilfe dafür, ob ein gefundener Mittelwertsunterschied rein zufällig entstanden ist oder ob es wirklich bedeutsame Unterschiede zwischen den zwei untersuchten Gruppen gibt. Mathematisch gesprochen beurteilt dieses Verfahren, ob sich zwei untersuchte Gruppen systematisch in ihren arithmetischen Mitteln der Grundgesamtheit unterscheiden oder nicht. Der t-Test ist daher für Merkmale auf mindestens Intervallniveau geeignet.

Der wichtigste Wert für die Durchführung eines t-Tests ist die Differenz der Gruppenmittelwerte $\bar{x}_1 - \bar{x}_2$. Die zentrale Frage des t-Tests lautet: Wie wahrscheinlich ist die empirisch gefundene oder eine größere Mittelwertsdifferenz unter allen möglichen, rein theoretisch denkbaren Differenzen?

Für die Erklärung der Mittelwertsdifferenz gibt es neben der Annahme eines systematischen Unterschieds zwischen den beiden Gruppen eine weitere Möglichkeit: Die Differenz zwischen den arithmetischen Mitteln der Grundgesamtheit ist zufällig zustande gekommen und es gibt keinen echten Unterschied zwischen den beiden untersuchten Gruppen. Die beiden Gruppen stammen im Grunde aus zwei Populationen mit demselben arithmetischen Mittel. Die Differenz zwischen den Gruppen sollte demzufolge null betragen. Diese Annahme wird als Nullhypothese H_0 bezeichnet: $H_0 : \mu_1 - \mu_2 = 0$

Kann es überhaupt zu einer Differenz der Stichprobenmittelwerte kommen, wenn die Stichproben aus Populationen mit einem identischen Populationsmittelwert stammen? Ein solcher Unterschied ist deshalb möglich, weil die arithmetischen Mittel aus der Stichprobe fast nie genau dem Populationsmittelwert entsprechen (siehe Abschn. 6.3). Der Unterschied zwischen den arithmetischen Mittel der Stichprobe ist also noch kein Beweis dafür, dass die Stichproben aus zwei unterschiedlichen Populationen stammen. Unter der Annahme der Nullhypothese beruht die Variation der Stichprobenmittelwerte auf Zufall.

Die Alternativhypothese H_1 nimmt an, dass ein systematischer Unterschied zwischen den beiden zu vergleichenden Gruppen besteht. Anders gesagt geht sie davon aus, dass die Populationen, aus denen die Stichproben gezogen werden, einen unterschiedlichen Populationsmittelwert haben. Eine ungerichtete Alternativhypothese (zweiseitige Fragestellung) nimmt lediglich an, dass die Differenz der Populationsmittelwerte nicht gleich null ist. Die Differenz kann sowohl kleiner als auch größer null sein. Die zweiseitige Fragestellung für das Hypothesenpaar lautet:

$$H_0 : \mu_1 - \mu_2 = 0 \quad \text{oder} \quad \mu_1 = \mu_2$$
$$H_1 : \mu_1 - \mu_2 \neq 0 \quad \text{oder} \quad \mu_1 \neq \mu_2$$

Die Aufstellung gerichteter Hypothesen (einseitige Fragestellung) sollte nur vorgenommen werden, sofern eine zugrunde liegende begründete und anerkannte Theorie es zulässt.

Die ist allerdings bei genauerer Betrachtung nur selten gegeben. Häufig existieren Theorien für beide Richtungen der Mittelwertsdifferenz. In den meisten Fällen sollte daher zweiseitig getestet werden.

Für die Bewertung der Auftretenswahrscheinlichkeit einer empirisch gefundenen Differenz ist ein standardisiertes Maß für eine Mittelwertsdifferenz hilfreich. Die standardisierten Stichprobenkennwerte heißen t-Werte, die standardisierten Verteilungen sind die t-Verteilungen. Sie entsprechen nicht ganz der Standardnormalverteilung, sondern sind schmalgipfeliger. Dies liegt daran, dass die Form der t-Verteilung von den Stichprobengrößen beziehungsweise den Freiheitsgraden der Verteilung abhängt. Die allgemeine Definition des t-Werts lautet:

$$t = \frac{\text{empirische Mittelwertsdifferenz}}{\text{geschätzter Standardfehler der „Mittelwertsdifferenz“}}$$

Die Formel ermöglicht unter Kenntnis der entsprechenden Streuung die Umrechung einer empirischen Mittelwertsdifferenz in einen t-Wert. Anhand der t-Verteilung kann einem empirischen t-Wert eine Wahrscheinlichkeit (der p-Wert) zugeordnet werden, mit der exakt dieser oder ein größerer t-Wert unter Annahme der Nullhypothese auftritt.

Im Falle von zwei voneinander unabhängigen Stichproben (auch unverbunden, ungepaart (unpaired)) des Umfangs n_1 und n_2 aus zwei Grundgesamtheiten wird der **t-Test für unabhängige Stichproben** verwendet. Der Standardfehler der Differenz zweier Mittelwerte in der Population ergibt sich zu:

$$\sigma_{\bar{x}_1 - \bar{x}_2} = \sqrt{\frac{\sigma_1^2}{n_1} + \frac{\sigma_2^2}{n_2}}$$

Im Sonderfall, falls die beiden Streuungen σ_1^2 und σ_2^2 der Grundgesamtheit bekannt sind, ergibt sich die Prüfgröße aus dem Quotienten der empirischen Mittelwertsdifferenz und dem Standardfehler der Differenz zweier Mittelwerte in der Population. Die standardisierte z-Größe ist dann standardnormalverteilt. Diese Testmethode wird Zweistichproben-z-Test oder auch **Zweistichproben-Gauss-Test** genannt.

Bei gleichen Populationsvarianzen ($\sigma_1^2 = \sigma_2^2 = \sigma$) können wir hierfür schreiben:

$$\sigma_{\bar{x}_1 - \bar{x}_2} = \sqrt{\sigma^2 \cdot \left(\frac{1}{n_1} + \frac{1}{n_2}\right)} = \sigma\sqrt{\frac{1}{n_1} + \frac{1}{n_2}}$$

Ist die Standardabweichung σ der Grundgesamtheit unbekannt, so wird sie mit Hilfe der gepoolten Standardabweichung geschätzt:

$$s_p = \sqrt{\frac{(n_1 - 1)s_1 + (n_2 - 1)s_2}{n_1 + n_2 - 2}}$$

Die Prüfgröße beim t-Test für unabhängige Stichproben lautet:

$$t = \frac{\bar{x}_1 - \bar{x}_2}{s_p} \cdot \sqrt{\frac{n_1 n_2}{n_1 + n_2}}$$

Sie ist für kleine Stichproben mit $n_1 + n_2 - 2$ Freiheitsgraden t-verteilt und für größere Stichproben ($n_1 + n_2 \geq 50$) angenähert normalverteilt ist. Die Anwendung ist an folgende Voraussetzungen geknüpft:

- Bei kleinen Stichproben müssen sich die Grundgesamtheiten, aus denen die Stichproben entnommen wurden, normalverteilen.
- Die Schätzung des Standardfehlers der Differenz geht davon aus, dass die Varianzen in den zu vergleichenden Populationen gleich sind (Varianzhomogenität).

Der t-Test für unabhängige Stichproben reagiert robust gegen Verletzungen seiner Voraussetzungen. Dies gilt insbesondere, wenn gleich große Stichproben aus ähnlichen, möglichst eingipfelig-symmetrisch verteilten Grundgesamtheiten verglichen werden. Sind die Stichprobenumfänge deutlich verschieden, wird die Präzision des t-Tests nicht beeinträchtigt, solange die Varianzen gleich sind. Wenn jedoch die Populationsvarianzen in der kleineren Stichprobe größer sind als die Populationsvarianzen in der größeren Stichprobe, entscheidet der Test eher zu Gunsten von H_1 (progressive Testentscheidung). Im umgekehrten Fall fallen die Testentscheidungen eher konservativ, das heißt zugunsten der H_0 aus. Die Irrtumswahrscheinlichkeit ist größer als das Signifikanzniveau. Bei Verletzung der Unabhängigkeit der Stichproben sind positive Zusammenhänge ($r > 0$) zwischen den Stichproben unproblematisch, bei negativen Zusammenhängen ($r < 0$) gibt es Probleme und es sollte der t-Test für abhängige Stichproben verwendet werden. Insbesondere progressive Fehlentscheidungen sind zu vermeiden, da dabei mit einer erhöhten Wahrscheinlichkeit auf Unterschiede geschlossen werden kann, die faktisch nicht vorhanden sind. In diesem Falle sollten verteilungsfreie Verfahren, wie zum Beispiel der U-Test (siehe Abschn. 8.3), eingesetzt werden.

Um Unterschiede von Varianzen in der Grundgesamtheit bei zwei unabhängigen Stichproben zu überprüfen, ist zum Beispiel der F-Test möglich, der Normalverteilung voraussetzt und empfindlich gegen die Verletzung dieser Voraussetzung ist. Eine andere Alternative ist der LEVENE-Test, der auch zur Überprüfung der Varianzhomogenität in Varianzanalysen bei mehr als zwei Stichproben verwendet wird. Wenn sich die Varianzen der Population unterscheiden, kann das über den Nachweis von Unterschieden der mittleren betragsmäßigen Abweichungen der Messwerte vom Mittelwert der jeweiligen Gruppe belegt werden. Je größer die Varianz in der Population ist, desto größer ist die mittlere Absolutabweichung, wenn sich die Stichproben hinsichtlich der mittleren Abweichungen unterscheiden, dann auch hinsichtlich der Varianzen. Im LEVENE-Test werden demnach in beiden Gruppen die betragsmäßigen Abweichungen der Messwerte vom Mittelwert ihrer Gruppe berechnet. Anschließend wird mit einem Unterschiedstest für unabhängige Stichproben geprüft, ob sich die Mittelwerte dieser Differenzen unterscheiden. Die Voraussetzung der Normalverteilung von Absolutbeträgen der Differenzen ist beim LEVENE-Test nicht gegegeben, vielmehr ist die Prüfgröße approximativ t-verteilt. Der LEVENE-Test kann auch mit dem nichtparametrischen MANN-WHITNEY-U-Test durchgeführt werden statt mit dem unabhängigen t-Test. Diese Vorgehensweise ist besonders bei kleinen Stichproben zu empfehlen. Ein weiteres Verfahren zum Prüfen der Hypothese, ob zwei unabhängige Stichproben aus Grundgesamtheiten mit gleicher Varianz stammen, ist der Rangdispersionstest von SIEGEL und TUKEY. Dabei handelt es sich um ein verteilungsfreies Verfahren, welches lediglich als Voraussetzung Grundgesamtheiten verlangt, die stetig sind und die gleiche Form der Verteilung (gleiche „zentrale Tendenz") aufweisen. Der Test wird jedoch immer trennschwächer (Teststärke wird geringer), je mehr sich die beiden Grundgesamtheiten im Mittelwert unterscheiden. Der FLIGNER-KILLEEN-Test auf Varianzhomogenität gilt als robust gegenüber Verletzungen der Voraussetzung einer Normalverteilung. Es können auch mehr als zwei Gruppen miteinander verglichen werden.

Im Falle von kleinen Stichproben ($n_1 = n_2 \leq 20$) kann zur Überprüfung von unabhängigen Stichproben der LORD-**Test** (auch Spannweitentest) im Sinne eines Schnelltests verwendet werden und den t-Test für unabhängige Stichproben im Falle der Varianzhomogenität ersetzen. Der Test setzt Normalverteilung und Varianzgleichheit voraus. Als Prüfgröße wird die Differenz der arithmetischen Mittelwerte durch das arithmetische Mittel der Spannweiten normiert. Seine Power ist für kleine Stichproben praktisch ebenso groß wie die des unabhängigen t-Tests mit Varianzhomogenität.

Liegt Varianzheterogenität vor und ist die Stichprobenvarianz in einer Stichprobe mit relativ kleinem Stichprobenumfang im Vergleich zur anderen sehr groß, so kann der t-Test zu erheblichen Überschreitungen des Signifikanzniveaus führen. Dies lässt sich dadurch erklären, dass Unterschiede, die sich durch die große Stichprobenvarianz ergeben, als Verschiebungseffeke interpretiert werden. Wenn die Stichprobenvarianz die Varianz in der Population unterschätzt, wird der Standardfehler zu klein und die Differenz zu schnell signifikant. Überschätzt eine Stichprobenvarianz die Varianz in der Population, wird der Standardfehler zu groß und die Wahrscheinlichkeit für ein signifikantes Ergebnis sinkt. Im ersten Fall ist der Test also zu liberal und im zweiten zu konservativ. Aus diesem Grund ist die Behandlung des BEHRENS-FISHER-**Problems** von besonderem Interesse. Hierbei handelt es sich um das Problem, in einem Normalverteilungsmodell mit ungleichen Varianzen einen Unterschied in dem arithmetischen Mittel der Grundgesamtheit aufzudecken, das heißt die Hypothese $H_0 : \mu_1 = \mu_2$ zu testen. Soll der t-Test für unabhängige Stichproben mit heterogenen Varianzen durchgeführt werden, hat WELCH eine approximative Lösung vorgeschlagen, den WELCH-**Test**. Bei dem Standardfehler der Differenz zweier Mittelwerte

$$\sigma_{\bar{x}_1 - \bar{x}_2} = \sqrt{\frac{\sigma_1^2}{n_1} + \frac{\sigma_2^2}{n_2}}$$

werden die Populationsvarianzen direkt durch die Stichprobenvarianz geschätzt, da es nicht sinnvoll ist, einen gepoolten Varianzschätzer aus beiden Stichproben zu bilden. Die Prüfgröße ist dann approximativ t-verteilt, jedoch müssen die Freiheitsgrade korrigiert werden.

Einen weiteren Weg zur Lösung des BEHRENS-FISHER-Problems hat WEIR 1960 vorgeschlagen (WEIR-**Test**), wobei die Prüfgrößen für Stichprobenumfänge $n_1 \geq 3$ und $n_2 \geq 3$

betragen. Falls diese den Wert 2 unterschreiten, kann die Nullhypothese der Gleichheit der arithmetischen Mittel der Grundgesamtheit nicht abgelehnt werden (auf einem Signifikanzniveau von $\alpha = 0{,}05$).

Der **t-Test für zwei abhängige Stichproben** (auch t-Test bei gepaarten Stichproben oder t-Test für paarweise angeordnete Messwerte) betrachtet die Differenz der Werte d_i jedes einzelnen Merkmalsträgers. Durch das Bilden der Differenz geht nur der Unterschied der Messwerte in die Auswertung ein. Die allgemeinen Unterschiede zwischen den Personen, die auf beide Messzeitpunkte gleichermaßen wirken, werden nicht beachtet. Der Stichprobenkennwert des t-Tests für abhängige Stichproben ist der Mittelwert der Differenzen $\bar{d}$ aller erhobenen Merkmalsträger. Hierbei ist darauf zu achten, dass sich n auf die Anzahl aller Messwertpaare bezieht. Gilt die Nullhypothese, dann werden zufällig sowohl die Werte der einen wie der anderen Stichprobe die größeren sein. Eine Schätzung des Standardfehlers der Mittelwerte von Differenzen ergibt sich aus dem Standardfehler des arithmetischen Mittels:

$$s_{\bar{d}} = \frac{s_d}{\sqrt{n}}$$

Die Prüfgröße beim t-Test für abhängige Stichproben lautet:

$$t = \frac{\bar{x}_1 - \bar{x}_2}{s_{\bar{d}}} = \frac{\bar{d}}{s_{\bar{d}}}$$

Sie ist mit $n - 1$ Freiheitsgraden t-verteilt (n = Anzahl der Messwertpaare).

Bei kleinen Stichprobenumfängen (n = Anzahl der Messertpaare < 30) muss die Voraussetzung erfüllt sein, dass sich die Differenzen in der Grundgesamtheit normalverteilen. Diese Voraussetzung gilt als erfüllt, wenn sich die Differenzen in der Stichprobe annähernd normalverteilen. Wie beim t-Test für unabhängige Stichproben gilt jedoch auch hier, dass der Test auf Voraussetzungsverletzungen relativ robust reagiert.

Beispiel 8.4

In einer Fabrik wird ein neues Herstellungsverfahren eingeführt. Führt dieses neue Verfahren zu einer Erhöhung der Arbeitsproduktivität? Um dies zu überprüfen, wurde bei zehn zufällig ausgewählten Arbeitern die von ihnen pro Zeiteinheit gefertigte Stückzahl vor und nach der Einführung des neuen Produktionsverfahrens erhoben.

Mit Hilfe des t-Tests für abhängige Stichproben können wir nun überprüfen, ob dieses neue Verfahren zu einer signifikanten Erhöhung der Produktivität geführt hat. Hierbei soll mit einer Irrtumswahrscheinlichkeit von 5 % über die betriebsweite Einführung des neuen Fertigungsverfahrens entschieden werden. In Tab. 8.1 befinden sich die entsprechenden Werte.

Aufgrund der Tab. 8.1 ergibt sich $\bar{d} = \frac{-30}{10} = -3$. Die Stichprobenvarianz der Differenz berechnet sich aus:

$$s_d^2 = \frac{\sum_{i=1}^{n}(d_i - \bar{d})^2}{n-1} = \frac{250}{9} = 27{,}77$$

Tab. 8.1: Analyse der Steigerung der Arbeitsproduktivität

i	x_{i1}	x_{i2}	$d_i = x_{i1} - x_{i2}$	$(d_i - \bar{d})^2$
1	26	23	3	36
2	15	25	−10	49
3	24	25	−1	4
4	19	27	−8	25
5	23	21	2	25
6	25	31	−6	9
7	29	26	3	36
8	23	30	−7	16
9	22	20	2	25
10	24	32	−8	25
Summe	230	260	−30	250

Daraus berechnet sich aus $s_d = \sqrt{s_d^2} = \sqrt{27{,}77} = 5{,}27$ der Standardfehler zu $s_{\bar{d}} = \frac{s_d}{\sqrt{n}} = \frac{5{,}27}{\sqrt{10}} = 1{,}667$.

Die Prüfgröße des t-Tests für abhängige Stichproben lautet daher:

$$t = \frac{\bar{x}_1 - \bar{x}_2}{s_{\bar{d}}} = \frac{\bar{d}}{s_{\bar{d}}} = \frac{-3}{1{,}667} = -1{,}80$$

Sie ist mit $n - 1$ Freiheitsgraden t-verteilt; in unserem Fall sind die Freiheitsgrade daher $n - 1 = 10 - 1 = 9$. Die Überschreitungswahrscheinlichkeit für den empirischen t-Wert $-1,8$ beträgt $p = 0{,}105$. Damit besteht keine signifikante Erhöhung der Produktivität. Die Nullhypothese kann daher nicht abgelehnt werden. Betrachten wir nun die praktische Bedeutsamkeit und die Teststärke.

Die Effektstärke beträgt $d = \frac{\bar{x_1} - \bar{x_2}}{s_d} = \frac{-3}{5{,}27} = -0{,}57$. Es handelt sich also um einen mittleren Effekt. Wir berechnen nun die Teststärke post hoc. Als Signifikanzniveau wählen wir $\alpha = 0{,}05$, der Stichprobenumfang ist 10 und die empirische Effektstärke $-0{,}57$. Der Wert der Teststärke $1-\beta$ ist 0,364. Wenn wir dennoch an den Effekt glauben, würden wir hier eine sehr viel größere Stichprobe benötigen, um den Effekt von $-0{,}57$ statistisch absichern zu können.

Werden die Ergebnisse zusammengefasst, unterscheiden sich die Mittelwerte nicht signifikant. Der Unterschied ist als mittelmäßig zu bewerten. Die Teststärke ist klein. Das heißt, um einen mittleren Effekt statistisch abzusichern, wäre eine weitaus größere Stichprobe nötig gewesen. Wird an den Effekt geglaubt, sollte mittels Kosten-Nutzen-Überlegungen geprüft werden, ob es sich lohnt, einen solchen Effekt statistisch abzusichern. Falls wir den Populationseffekt von $\delta = 0{,}5$ beim t-Test für abhängige Stichproben bei einer Teststärke $1 - \beta$ von 80 % und einem Signifikanzniveau von 5 % mittels a priori Teststärkenanalyse annehmen, ergibt sich die Anzahl der Messwertpaare zu 34. ■

Varianzanalysen testen zum Beispiel unter den gleichen Testvoraussetzungen wie der t-Test für zwei unabhängige Stichproben, ob die arithmetischen Mittel der Grundgesamtheit von mehr als zwei Gruppen unterschiedlich sind. Methoden der Varianzanalyse (zum Beispiel Varianzanalyse für Messwertwiederholungen) werden auch beim Vergleich von mehr als zwei verbundenen Gruppen angewendet.

8.3 Der U-Test

In diesem Abschnitt werden verteilungsfreie Testverfahren vorgestellt. Diese können angewendet werden, wenn die Daten mindestens ein ordinales Skalenniveau besitzen, bei denen die Merkmalsträger in eine Rangordnung gebracht werden können. Rangordnungen sind sowohl durch schätzende als auch durch messende Verfahren herzustellen. Die schätzenden Verfahren setzen dem Stichprobenumfang jedoch enge Grenzen. Nur selten können mehr als 15 Merkmalsträger in eine eindeutige Rangordnung gebracht werden. Günstiger steht es mit den messenden Verfahren. Die Grundlage der Bildung von Rangplätzen sind hier nicht normalverteilte Messwerte mit eventuell zweifelhaftem Intervallskalencharakter.

Der von Henry Berthold MANN (gebürtiger Wiener) und Donald Ransom WHITNEY im Jahre 1947 entwickelte U-Test dient zum Vergleich von zwei unabhängigen Stichproben hinsichtlich ihrer „zentralen Tendenz". Anders formuliert: Es wird geprüft, ob die Merkmalsausprägungen in der einen Stichprobe rangmäßig höher ausfallen als in der anderen. Der U-Test ist das verteilungsfreie Pendant zum parametrischen t-Test für unabhängige Stichproben, jedoch ist beim U-Test weder die Normalverteilung noch eine Varianzhomogenität Voraussetzung. Wird der U-Test bei normalverteilten Werten angewendet, so besitzt er eine Effizienz von 95 % des t-Tests, bei großen Fallzahlen von 95,5 %. Ähnlich wie der t-Test für unabhängige Stichproben prüft der U-Test, ob die Unterschiede in den zwei Gruppen zufälligen oder systematischen Einflüssen unterliegen. Anders als der t-Test aber analysiert der U-Test die Messwerte nicht direkt, sondern die ihnen zugeordneten Rangplätze.

Der MANN-WHITNEY-**U-Test** prüft die Nullhypothese, ob zwei zu vergleichende Stichproben aus formgleich (homomer) verteilten Populationen mit identischem Medianwert stammen. Mit formgleich ist jedoch nicht notwendigerweise symmetrisch oder gar normalverteilt gemeint. Wird der U-Test signifikant, ist davon auszugehen, dass sich die Mediane der zugrunde liegenden Populationen unterscheiden (H_1). Dies erfolgt mit Hilfe der Rangplätze, die die Merkmalsträger der beiden Gruppen in Bezug zur gesamten Stichprobe einnehmen. Die Information über die Rangplätze verarbeitet er in eine Prüfgröße, den U-Wert. Für die Berechnung des U-Werts ist es notwendig, alle Merkmalsausprägungen in eine gemeinsame Rangreihe zu bringen. Danach wird für jede Gruppe die Summe der Rangplätze sowie der durchschnittliche Rangplatz der Gruppe berechnet.

Beispiel 8.5

Nach klinisch-psychologischer Erfahrung zeigen Patienten mit Erkrankungen psychogener Genese („Psychogene“) im einstündigen PAULI-Rechentest überdurchschnittlich viele Fehler im Vergleich zu Patienten mit Erkrankungen somatogener Genese („Somatogene“). Dies soll mittels der Nullhypothese, dass zwischen psychogen und somatogen Magenkranken kein Unterschied bezüglich der Fehlerprozentzahl im PAULI-Test besteht, einseitig getestet werden. Da die Fehlerprozente weder normalverteilt noch homogen variant zu sein pflegen und es sich um den Vergleich zweier unabhängiger Stichproben handelt, entschließen wir uns, statt des t-Tests den U-Test anzuwenden. Es liegen zwei Stichproben mit Stichprobenumfang n_1 beziehungsweise n_2 vor. In Tab. 8.2 sind die Messwerte und die gemeinsame Rangreihe angegeben.

Tab. 8.2: Daten für einen U-Test

psychogen Kranke (P)		**somatogen Kranke (S)**	
Wert	Rangplatz	Wert	Rangplatz
2,0	4	1,5	2
3,7	11	3,0	7
8,3	14	4,2	12
4,3	13	2,4	5
3,1	8	0,7	1
3,2	9	1,9	3
		3,5	10
		2,8	6
Summe	59	Summe	46

Als Nächstes werden die Summen der Ränge für psychogen Kranke ($T_1 = 59$) (Stichprobenumfang $n_1 = 6$) und für die somatogen Kranke ($T_2 = 46$) (Stichprobenumfang $n_2 = 8$) berechnet. Die Summe $T_1 + T_2$ muss der Summe aller Zahlen 1 bis $n = n_1 + n_2$ entsprechen, sodass als Kontrolle die folgende Berechnung möglich ist:

$$T_1 + T_2 = \frac{n \cdot (n+1)}{2}$$

$$59 + 46 = \frac{14 \cdot 15}{2} = 105$$

Die Summe von T_1 und T_2 stimmt mit den über die Formel berechneten Gesamtsummen überein. Dies spricht für die Richtigkeit der Werte für T_1 und T_2. Die durchschnittlichen Rangplätze beider Gruppen lauten entsprechend:

$$\bar{T_1} = \frac{T_1}{n_1} = \frac{59}{6} = 9,83$$

$$\bar{T_2} = \frac{T_2}{n_2} = \frac{46}{8} = 5,75$$

Aus dem bisher Besprochenen lässt sich bereits ersehen, dass die Gruppe der psychogen Erkrankten tendenziell höhere Rangplätze einnimmt als die Gruppe der somatogen Erkrankten. Doch ist dieser Unterschied auch statistisch signifikant? Diese Frage kann mit Hilfe der entsprechenden Prüfgröße U beantwortet werden.

Der statistische Kennwert U wird gebildet, indem für jeden Rangplatz eines Merkmalsträgers der einen Gruppe die Anzahl an Merkmalsträgern aus der anderen Gruppe gezählt wird, die diesen Rangplatz überschreiten. Hat beispielsweise eine Person in Gruppe 1 den Rangplatz 3, so wird gezählt, wie viele Merkmalsträger der Gruppe 2 einen Rangplatz größer als 3 innehaben.

In der Tab. 8.2 befinden sich in der zweiten und vierten Spalte die Rangplätze. Es ist ersichtlich, dass die somatogen Erkrankten (S) vermehrt die vorderen Plätze einnehmen und die psychogen Erkrankten (P) eher die hinteren Positionen. Dies wird noch deutlicher, wenn die Besetzungen der Rangplätze in linearer Reihenfolge aufgetragen werden (siehe Tab. 8.3).

Tab. 8.3: Lineare Darstellung der Rangplätze der psychogen Erkrankten (P) und somatogen Erkrankten (S)

1	2	3	4	5	6	7	8	9	10	11	12	13	14
S	S	S	P	S	S	S	P	P	S	P	S	P	P

In unserem Beispiel können wir U_1 folgendermaßen ermitteln: Der psychogen Erkrankte auf Rangplatz 4 wird von fünf somatogen Erkrankten überschritten. Der psychogen Erkrankte auf Rangplatz 8 wird von zwei somatogen Erkrankten überschritten, ebenso wie beim Rangplatz 9. Der Rangplatz 11 der psychogen Erkrankten wird von einem somatogen Erkrankten überschritten. Die Rangplätze 13 und 14 der psychogen Erkrankten werden von keinem somatogen Erkrankten überschritten. Der U_1-Wert ist die Summe der Rangplatzüberschreitungen der Gruppe der psychogen Erkrankten über jene der somatogen Erkrankten: $U_1 = 5+2+2+1+0+0 = 10$. Anstatt der aufwändigen Betrachtung der Einzelwerte lässt sich der U_1-Wert über die folgende Berechnungsvorschrift auch einfacher bestimmen:

$$U_1 = n_1 \cdot n_2 + \frac{n_1 \cdot (n_1 + 1)}{2} - T_1$$

Die Formel liefert uns das von Hand berechnete Ergebnis:

$$U_1 = n_1 \cdot n_2 + \frac{n_1 \cdot (n_1 + 1)}{2} - T_1 = 6 \cdot 8 + \frac{6 \cdot 7}{2} = 10$$

Das Ergebnis ist die Summe der Rangplatzüberschreitungen U_1 der Gruppe der somatogen Erkrankten gegenüber psychogen Erkrankten.

Anstatt die Rangplatzüberschreitung der Gruppe der psychogen Erkrankten gegenüber der Gruppe der somatogen Erkrankten zu berechnen, ist es ebenso möglich, die Rangplatzunterschreitungen der Gruppe der psychogen Erkrankten gegenüber der Gruppe der somatogen Erkrankten zu ermitteln. Diese Summe nennt sich U_2. In diesem Fall lautet die Frage, wie viele somatogen Erkrankte die jeweiligen psychogen Erkrankten im Rang unterschreiten. Die Rangplätze der psychogen Erkrankten auf dem vierten Platz unterschreiten drei somatogen Erkrankte, die Rangplätze 8 und 9 unterschreiten jeweils sechs, den Rang 11 unterschreiten sieben und die Rangplätze 13 sowie 14 unterschreiten alle somatogen Erkrankten, also jeweils acht: $U_2 = 3 + 6 + 6 + 7 + 8 + 8 = 38$. Die vereinfachte Berechnungsformel von U_2 beinhaltet die Gruppengröße und Rangsumme der zweiten Gruppe, hat aber ansonsten die bereits bekannte Form:

$$U_2 = n_1 \cdot n_2 + \frac{n_2 \cdot (n_2 + 1)}{2} - T_2$$

Demnach berechnet sich U_2 in unserem Beispiel zu:

$$U_2 = n_1 \cdot n_2 + \frac{n_2 \cdot (n_2 + 1)}{2} - T_2 = 6 \cdot 8 \frac{8 \cdot 9}{2} - 46 = 38$$

Die Werte von U_1 und U_2 bestätigen uns das, was wir schon aus Tab. 8.2 ersehen konnten: Die psychogen Erkrankten überschreiten sehr häufig die Plätze der somatogen Erkrankten, unterschreiten sie dagegen vergleichsweise selten. Diese Information liegt dank der erfolgten Berechnungen und der künstlich erzeugten Äquidistanz in statistischen Kennwerten vor, die eine Signifikanzüberprüfung erlauben.

Wie hängen U_1 und U_2 miteinander zusammen? Ihre Beziehung zeigt folgende Formel: $U_1 + U_2 = n_1 \cdot n_2$. Inhaltlich lässt sich die Beziehung wie folgt vorstellen: Je mehr Rangüberschreitungen U_1 es zwischen zwei Gruppen gibt, desto weniger Rangunterschreitungen U_2 liegen vor und umgekehrt. U_1 und U_2 stehen gewissermaßen komplementär zueinander. Je stärker sich die beiden Gruppen unterscheiden, desto mehr Rangüberschreitungen und weniger Rangunterschreitungen gibt es und umgekehrt. Besteht kein Unterschied zwischen den beiden Gruppen, gibt es genauso viele Rangunter- wie -überschreitungen.

Wie auch bei den parametrischen Verfahren erfolgt die Signifikanzüberprüfung des U-Tests unter Annahme der Nullhypothese. Sie proklamiert keinen bedeutsamen Unterschied in den Rangplatzüber- und -unterschreitungen der beiden Gruppen. Die Prüfgröße U des U-Tests ist nun der kleinere der beiden U_1 und U_2: $U = \min(U_1; U_2)$. An einer Stichprobenverteilung der U-Werte unter der Nullhypothese lässt sich die Wahrscheinlichkeit des empirischen Ergebnisses U unter der Nullhypothese bestimmen. Im Falle, dass beide Stichprobenumfänge größer als 20 sind, kann von einer Normalverteilungsapproximation der Prüfgröße U Gebrauch gemacht werden.

U_1 ist der kleinere der U-Werte, daher setzen wir diesen in den exakten Signifikanztest ein. Als Entscheidung ergibt sich, dass H_0 verworfen wird, da der p-Wert (bei $U = 10$, $n_1 = 6$, $n_2 = 8$) gleich 0,041 kleiner als das Signifikanzniveau $\alpha = 0{,}05$ ist. Daher liefern psychogen Magenkranke schlechtere Rechenleistungen (im PAULI-Test) als somatogen Kranke.

Prüfen wir unsere Ausgangsdaten mit dem t-Test für unabhängige Stichproben, resultiert daraus ein nichtsignifikanter Wert ($p = 0{,}073$). Wir konnten also – offenbar wegen der nichtnormalen Messwerteverteilung – mit dem U-Test „erfolgreicher" arbeiten als mit dem t-Test für unabhängige Stichproben. ■

Der U-Test verliert an Schärfe, wenn die Stichproben unterschiedlich groß sind, und an Aussagekraft (Validität), wenn die kleinere Stichprobe mehr streut als die größere. Hier und auch bei Deckeneffekten sollte der U-Test durch den Mediantest ersetzt werden. Ein Deckeneffekt (ceiling effect) entsteht, falls sich ein sehr großer Teil der Merkmalsträger im oberen Bereich der Messskala befindet. Ein Bodeneffekt (floor effect) entsteht, falls sich ein sehr großer Teil der Merkmalsträger im unteren Bereich der Messskala befindet. So ist zum Beispiel bekannt, dass Zufriedenheitswerte innerhalb bestimmter Bevölkerungsgruppen nur mit breiten Skalen von mindestens elf Punkten valide erhoben werden können. Wenn stattdessen zur Messung von Zufriedenheiten schmale Skalen mit nur fünf oder sieben Skalenpunkten benutzt werden, verortet sich ein übergroßer Anteil befragter Personen im oberen Bereich der jeweiligen Skala und es wird in der statistischen Analyse ein Deckeneffekt entstehen. Um die Möglichkeit von Decken- und Bodeneffekten zu erkennen, sollte eine Inspektion durch graphische Veranschaulichung (zum Beispiel Säulendiagramm oder Histogramm) durchgeführt werden.

Der **Mediantest** prüft die Nullhypothese, ob die beiden vergleichenden Stichproben aus Populationen mit identischem Median stammen. Bei Gültigkeit der H_0 sind in beiden Stichproben 50 % aller Messungen über und 50 % aller Messungen unter dem gemeinsamen Populationsmedianwert zu erwarten, der über die Messwerte der zusammengefassten Stichproben geschätzt wird.

Der an sich schwache Mediantest kann effizienter sein als alle anderen Lageunterschiedstests einschließlich des parametrischen t-Tests für zwei unabhängige Stichproben, wenn Ausreißermesswerte auftreten. Dies trifft besonders dann zu, wenn die lageniedrigere Stichprobe nach oben und die lagehöhere Stichprobe nach unten „ausreißt".

Zum MANN-WHITNEY-U-Test ist der WILCOXON-**Rangsummentest** äquivalent. Die Werte der zwei Stichproben werden jedoch zusammengefügt, sodass insgesamt $n_1+n_2 = n$ Werte vorliegen. Diese werden der Größe nach geordnet und ihre Rangzahlen zugeordnet. Die Prüfgröße des WILCOXON-Rangsummentests ist die Summe der Rangzahlen der Merkmalsausprägungen, die aus der Stichprobe 1 stammen. Zwischen der Prüfgröße des WILCOXON-Rangsummentests und dem MANN-WHITNEY-U-Test besteht eine lineare Bezieung, das heißt, der Unterschied der beiden Testverfahren besteht lediglich auf einer Transformation der Prüfgröße. Eine Verallgemeinerung des U-Tests für mehr als zwei unabhängige Stichproben ist der KRUSKAL-WALLIS-Test.

8.4 Der W-Test

Der WILCOXON-Test oder W-Test oder auch **Vorzeichenrangtest** von WILCOXON ist das nichtparametrische Pendant zum t-Test für abhängige Stichproben. Der von Frank WILCOXON 1945 entwickelte Test dient zum Vergleich zweier abhängiger Stichproben beziehungsweise ihrer zentralen Tendenzen (Mediane), wobei die Differenzen zusammengehöriger Messwertpaare nicht wie beim t-Test für abhängige Stichproben normalverteilt sein müssen. Im Falle nicht gegebener Normalverteilung der Differenzen oder beim Vorliegen eines Ordinalskalenniveaus ersetzt der WILCOXON-Test also den t-Test für abhängige Stichproben. Wird der WILCOXON-Test bei normalverteilten Differenzen angewandt, so besitzt er eine Effizienz von 95 % des t-Tests für abhängige Stichproben.

Hierbei muss allerdings vorausgesetzt werden, dass die paarigen Messungen hinreichend genau sind, sodass auch die Differenzen einigermaßen reliabel erscheinen. „Einigermaßen reliabel" bedeutet in diesem Zusammenhang, dass zumindest die Größenordnung der Differenzen stimmen muss. (Können bei ausreichender Messgenauigkeit die exakten Differenzen ausgewertet werden, sollte – zumindest bei größeren Stichproben – der t-Test für abhängige Stichproben eingesetzt werden.) Ist auf die Größenordung der Differenzen kein Verlass (oder sind zum Beispiel nur die Vorzeichen der Differenzen bekannt), sollte besser der „anspruchslosere" Vorzeichentest eingesetzt werden.

Der **Vorzeichentest** überprüft ausgehend von Messwertpaaren eines stetigen Merkmals, die Nullhypothese, ob der 1. Messwert eines Messwertpaares mit gleicher Wahrscheinlichkeit, nämlich der Wahrscheinlichkeit $\pi = 0{,}5$, größer oder kleiner ist als der 2. Messwert. Der Test betrachtet also pro Messwertpaar nur das Vorzeichen der Differenz der beiden Messungen, was den Namen „Vorzeichentest" begründet. Gemäß der Nullhypothese wird erwartet, dass positive Differenzen genauso häufig vorkommen wie negative Differenzen. Die Alternativhypothese behauptet, dass ein bestimmtes Vorzeichen (+ oder −) häufiger auftritt als das andere (gerichtete Alternativhypothese) beziehungsweise dass sich die Frequenzen für + und − in irgendeiner Weise unterscheiden (ungerichtete Alternativhypothese). Für jedes Messwertpaar wird also die Differenz ermittelt, die Anzahl der positiven und negativen Differenzen festgestellt und die Prüfgröße als Häufigkeit des selteneren Vorzeichens definiert.

Wie aber ist mit Nulldifferenzen (beziehungsweise der Angabe wie „keine Veränderung" oder „kein Unterschied) umzugehen? Einige plädieren dafür, die Nulldifferenzen einfach außer Acht zu lassen, das heißt den Stichprobenumfang um die Anzahl der Nulldifferenzen zu reduzieren. Zu beachten ist jedoch, dass dieses Vorgehen Entscheidungen zugunsten von H_1 begünstigt, denn letztlich sind Nulldifferenzen ein Beleg für die Richtigkeit von H_0. Andere empfehlen wiederum folgendes Vorgehen: Ist die Anzahl der Nulldifferenzen geradzahlig, erhält die eine Hälfte der Nulldifferenzen ein positives, die andere ein negatives Vorzeichen. Bei ungeradzahliger Anzahl wird eine Nulldifferenz nicht beachtet und damit der Stichprobenumfang n auf $n - 1$ reduziert.

Der W-Test für abhängige Stichproben arbeitet ebenfalls mit der Analyse einer Rangreihe. Die Bildung der für die statistische Auswertung notwendigen Rangplätze und der dadurch erzeugten künstlichen Äquidistanz erfolgt in vier Schritten:

1. Zuerst wird die Differenz der Messwertpaare gebildet, indem der Wert der zweiten Gruppe von der ersten abgezogen wird. Dieser Schritt entspricht der Vorgehensweise beim t-Test für abhängige Stichproben.

2. Von jeder Differenz wird der Betrag gebildet, das Vorzeichen also ignoriert.
3. Die Absolutbeträge der Differenzen bilden eine Rangreihe.
4. Schließlich werden die Rangwerte in zwei Klassen geteilt, in solche mit positivem Vorzeichen der zugehörigen Differenz und in solche mit negativem Vorzeichen. Es wird zunächst davon ausgegangen, dass Nulldifferenzen nicht vorkommen.

Die auf diese Weise gekennzeichneten Rangplätze heißen „gerichtete Ränge" (signed ranks). Unter der Annahme der Nullhypothese sollte die gleiche Anzahl an positiven wie negativen Differenzen auftreten, die ebenso von ihren Beträgen her ungefähr gleich sein sollten. Die Nullhypothese des WILCOXON-Tests ist daher, dass die Rangsummen positiver und negativer Messwertdifferenzen zweier Stichproben gleich sind beziehungsweise sich nicht unterscheiden. Die Formulierung der Hypothesen bezieht sich eigentlich nicht auf ein Maß der zentralen Tendenz, sondern auf die Verteilung der Ränge in der Grundgesamtheit. Zur Definition der Prüfgröße T berechnen wir nun die Summe der Ränge T_-, denen ein negatives Vorzeichen zugeordnet wurde, sowie die Summe der Ränge T_+, denen ein positives Vorzeichen zugeordnet wurde, wobei:

$$T_+ + T_- = \frac{n \cdot (n+1)}{2}$$

Als Prüfgröße T betrachten wir die kleinere der beiden Rangsummen.

$$T = \min(T_+; T_-)$$

Für kleine Stichproben wird der exakte Signifikanztest verwendet, für $n > 50$ kann asymptotisch normalverteilt getestet werden. Als Prüfgröße T dient im asymptotischen Test entweder die Summe der Ränge mit positivem Vorzeichen T_+ oder die Summe mit negativem Vorzeichen T_-, da eine Einschränkung auf die kleinere der beiden Rangsummen wegen der Symmetrie der Prüfverteilung nicht erforderlich ist.

Der W-Test setzt voraus, dass die n Paare von Beobachtungen wechselseitig unabhängig sind und dass die Paare der Stichprobe aus einer homogenen Population von Paaren stammen müssen. Sind die Beobachtungspaare von je ein- und demselben Individuum, so müssen folglich diese Individuen aus einer definierten Population von Individuen und dürfen nicht – wie beim Vorzeichentest – aus verschiedenen Populationen stammen. Bezüglich der Populationsverteilungen ist zu fordern, dass die Population der Differenzen bei Gültigkeit von H_0 um 0 symmetrisch (wenngleich nicht normal-) verteilt sein muss.

Der W-Test erfasst Unterschiede in der zentralen Tendenz zwischen A und B auch dann valide, wenn sie von Unterschieden der Dispersion begleitet sind. Damit ist der Vorzeichenrangtest auch auf Untersuchungspläne mit Behandlungen anzuwenden, die gleichzeitig auf die zentrale Tendenz und auf die Dispersion verändernd wirken. Es muss allerdings damit gerechnet werden, dass die Effizienz des W-Tests zur Erfassung von Unterschieden in der zentralen Tendenz durch simultan auftretende Dispersionsänderungen unter Umständen sogar geringer ist als die des im Prinzip schwächeren Vorzeichentests.

Bei Differenzen der Größe 0 (Nulldifferenzen) und deren Umgang wird Folgendes empfohlen: Treten p Nulldifferenzen auf, erhalten diese einheitlich den Rang $(p+1)/2$, wobei dieser Rang jeweils zur Hälfte mit einem positiven und einem negativen Vorzeichen versehen wird. Ist p ungeradzahlig, wird der Rang für eine Nulldifferenz je zur Hälfte dem positiven und dem negativen Vorzeichen zugewiesen. Eine Verallgemeinerung des W-Tests für mehr als zwei abhängige Stichproben ist der FRIEDMAN-Test.

Beispiel 8.6

An einer pädagogischen Hochschule wird untersucht, ob mit Hilfe des Mediums Internet unterschiedliche Lernerfolge erzielt werden können. Acht Zwillingspaare (eineiig) werden in zwei Gruppen I und II so aufgeteilt, dass die Paare vollständig getrennt sind. Zwei Wochen lang wird in jeder Gruppe dasselbe Stoffgebiet vermittelt. In Gruppe I wird nach herkömmlichen Methoden (Lehrer-Schüler-Kontakt), in Gruppe II mit einem Internet-Lernprogramm gearbeitet. Anschließend wird eine Testklausur geschrieben, in der das erworbene Wissen überprüft wird. Es kann angenommen werden, dass die Differenz stetig verteilt und bei Gültigkeit der Nullhypothese um 0 symmetrisch verteilt ist.

Die Punkteskala bei den zwei Gruppen ergibt sich nach Tab. 8.4.

Tab. 8.4: Punkteskala zur Untersuchung eines Effekts eines Internet-Lernprogramms im Vergleich zu herkömmlichen Methoden

Gruppe I	x_i	88	83	70	75	95	81	82	86
Gruppe II	y_i	95	82	72	80	105	87	86	78

Die Tab. 8.5 enthält die Punkteskala der Gruppe I x_i und Gruppe II y_i, die Differenz d_i, die nach diesen absoluten Differenzen ermittelte Rangreihe (wobei die kleinste Differenz den Rangplatz 1 erhält) und noch einmal in zwei Spalten getrennt die Rangplätze

Tab. 8.5: Rechenschritte zum WILCOXON-Test

i	x_i	y_i	$d_i = y_i - x_i$	$\|d_i\|$	**Rang**	**Rang bei** $d_i > 0$	**Rang bei** $d_i < 0$
1	88	95	7	6	6	6	
2	83	82	−1	1	1		1
3	70	72	2	2	2	2	
4	75	80	5	5	4	4	
5	95	105	10	10	8	8	
6	81	87	6	6	5	5	
7	82	86	4	4	3	3	
8	86	78	−8	8	7		7
Summe						28	8

für positive und negative Differenzen. T_+ hat den Wert 28 und T_- den Wert 8. Eine Kontrollmöglichkeit bietet die Beziehung:

$$T_+ + T_- = \frac{n \cdot (n+1)}{2}$$

Damit ergibt sich die Kontrollbeziehung zu:

$$28 + 8 = \frac{8 \cdot 9}{2}$$

Beide Seiten ergeben übereinstimmend den Wert 36. Als Prüfgröße ergibt sich der kleinere der beiden Rangsummen, also $T = 8$. Der p-Wert ist 0,195. Die Nullhypothese der Gleichheit der Internet-Methode mit der herkömmlichen Methode kann auf einem Signifikanzniveau von 5 % nicht abgelehnt werden. ■

Sollen Daten mit mindestens Intervallskalenniveau ohne Informationsverlust zum Zwecke der statistischen Hypothesenprüfung genutzt werden, stehen bei besonders kleinen Stichproben, da die untersuchten Merkmale nicht normalverteit sind, Randomisierungsverfahren oder auch Permutationsverfahren zur Verfügung. Randomisierungstests „erzeugen" ihre Prüfverteilungen jeweils auf Basis der konkret erhobenen Daten. Entscheidend für die Randomisierungstests ist die Annahme, dass jede Aufteilungsmöglichkeit unter der Bedingung einer gültigen Nullhypothese mit gleicher Wahrscheinlichkeit auftritt. Permutationen sind Umordnungen in der Reihenfolge einer Liste von Objekten. Solche Umordnungen können dazu eingesetzt werden, Testentscheidungen über die Signifikanz experimenteller Resultate zu treffen. Das prinzipielle Vorgehen besteht darin, durch geeignetes Permutieren der Daten eine Häufigkeitsverteilung der interessierenden Maßzahl zu erhalten. Die Permutationen müssen dabei so konzipiert sein, dass sie die zu prüfende Nullhypothese simulieren. Dann werden die Werte all dieser theoretisch denkbaren Permutationen der Daten betrachtet und ermittelt, wie viele der so entstandenen Werte noch extremer ausgefallen sind als der Wert der ursprünglich gegebenen Stichprobe. Falls der ursprüngliche Wert zu den extremsten α % der durch die Umordnungen erzeugten Werte gehört, darf die postulierte Nullhypothese auf dem α-Niveau verworfen werden.

FISHER's **Randomisierungstest** für abhängige Stichproben setzt voraus, dass die n Messwertpaare wechselseitig unabhängig aus einer definierbaren, nicht notwendig homogenen Population von Paaren entnommen worden sind beziehungsweise dass eine Population existiert, für die die erhobene Stichprobe repräsentativ ist. Wir betrachten die Differenz der Werte d_i jedes einzelnen Merkmalsträgers (sowie beim t-Test für zwei abhängige Stichproben).

Bei Geltung der Nullhypothese ($H_0 : \mu_1 - \mu_2 = 0$) erwarten wir, dass je eine Hälfte der Differenzen, die nicht den Wert null haben, positiv und negativ ausfällt. Im Falle der Alternativhypothese ($H_1 : \mu_1 - \mu_2 \neq 0$) werden je nach Richtung mehr positive oder mehr negative Differenzen erwartet. Der Randomisierungstest von FISHER gewichtet die

Vorzeichen direkt mit den numerischen Werten der Differenzen. Werden Nulldifferenzen außer Betracht gelassen, so sind unter H_0 bei $n = 1$ Merkmalsträger $2^1 = 2$ Differenzen mit unterschiedlichen Vorzeichen möglich und gleich wahrscheinlich ($\pi = 1/2$), nämlich eine positive und eine negative Differenz ($+-$). Bei $n = 2$ Merkmalsträgern können den resultierenden zwei Differenzen in $2^2 = 4$-facher Weise Vorzeichen zugeordnet werden ($++$, $+-$, $-+$, $--$), wobei jede Zuordnung unter H_0 die gleiche Wahrscheinlichkeit ($\pi = 1/4$) besitzt; bei $n = 3$ Merkmalsträgern ergeben sich $2^3 = 8$ Vorzeichenzuordnungen ($+++$, $++-$, $+-+$, $-++$, $-+-$, $--+$, $---$) und bei n Merkmalsträgern 2^n gleich wahrscheinliche Zuordnungen. Wenn nun als Prüfgröße die algebraische Summe der n beobachteten Differenzen d_i

$$S = \sum_{i=1}^{n} d_i$$

definiert wird und diese algebraische Summe für alle 2^n Vorzeichenkombinationen der n Differenzen gebildet werden, so entsteht die Verteilung der Prüfgröße S unter der Nullhypothese, also die Prüfverteilung für die spezielle Stichprobe der Differenzen d_i. Zur Überprüfung der H_0 stellen wir wie üblich fest, ob sich die von uns beobachtete Prüfgröße S unter den extremen S-Werten der Prüfverteilung befindet. Unter „extrem" sind je nach Fragestellung zu verstehen:

- bei einseitiger Frage entweder die höchsten oder die niedrigsten S-Werte und
- bei zweiseitiger Frage die höchsten und niedrigsten S-Werte, die jeweils höchstens 2,5 % aller (2^n) S-Werte umfassen (bei einem Signifikanzniveau von 5 %).

Dieser Permutationstest hat die gleiche Effizienz wie der abhängige t-Test für zwei Stichproben für normalverteilte Grundgesamtheiten. Der Randomisierungstest ist ein bedingter Test gegeben die beobachteten Werte der Stichprobe („conditionale on the sample"). Nach dem Prinzip des Permutationstests können damit praktisch alle statistischen Fragestellungen bearbeitet werden, jedoch zum Beispiel das BEHRENS-FISHER-Problem nicht. Im Falle von zwei unabhängigen Stichproben steht ein Randomisierungstest zu Auswahl, nämlich der FISHER-PITMAN-**Randomisierungstest**.

8.5 Der Korrelationstest

Auch die Korrelation nach BRAVAIS/PEARSON lässt sich einem Signifikanztest unterziehen. Dieser verläuft analog zum t-Test mit einem Unterschied: Der Stichprobenkennwert der Prüfgröße besteht nach BRAVAIS/PEARSON aus der Korrelation zweier Stichproben und nicht aus einer Mittelwertsdifferenz.

Die inferenzstatistische Absicherung der Korrelation nach BRAVAIS/PEARSON in Form von Signifikanztests setzt voraus, dass die Grundgesamtheit, aus der die Stichprobe entnommen wurde, bivariat normalverteilt ist. Dementsprechend sind die beiden Merkmale genau dann unabhängig, wenn sie unkorreliert sind. Eine Hypothese über die Unabhängigkeit der beiden Merkmale kann also mit einer Hypothese über deren Unkorreliertheit zum Ausdruck gebracht werden. Diese Voraussetzung gilt als erfüllt, wenn

- die Verteilung der x-Werte für sich genommen normalverteilt ist.
- die Verteilung der y-Werte für sich genommen normalverteilt ist.
- die zu einem x-Wert gehörenden y-Werte (Array-Verteilung) normalverteilt sind.
- die Streuungen der Array-Verteilungen homogen sind (Homoskedastizität).

In der Praxis beschränkt sich im Allgemeinen die Überprüfung der Voraussetzung, dass die Grundgesamtheit bivariat normalverteilt ist, auf den Nachweis der Normalität der beiden einzelnen Merkmale. Entsteht jedoch bei kleineren Stichproben der Verdacht, die Verteilungen könnte nicht bivariat normalverteilt sein, sollte zumindest überprüft werden, ob der bivariate Punkteschwarm annähernd eine elliptische Form hat.

Verletzungen der Voraussetzungen können dazu führen, dass Entscheidungen über die geprüfte Zusammenhangshypothese entweder mit einem erhöhten α-Fehler oder β-Fehler behaftet sind. Jedoch zeigt sich der Signifikanztest für den Korrelationskoeffizienten nach BRAVAIS/PEARSON als äußerst robust sowohl gegenüber Verletzungen der Verteilungsannahme als auch gegenüber dem vorausgesetzten Intervallskalenniveau. Als wichtiger Hinweis sei hier nochmalig betont, dass der Korrelationskoeffizient ρ den linearen Anteil des Zusammenhangs misst.

Kann die Voraussetzung der bivariat normalverteilten Grundgesamtheit als erfüllt gelten, stellt die Produkt-Moment-Korrelation einer Stichprobe eine erschöpfende und konsistente Schätzung des Populationsparameters ρ dar, die jedoch nicht erwartungstreu ist. Die Stichprobenkorrelation verschätzt die Populationskorrelation um den Betrag $1/n$, der mit größer werdendem Stichprobenumfang vernachlässigt werden kann.

Die Nullhypothese des Signifikanztests für die Korrelation nach BRAVAIS/PEARSON (PEARSON-**Korrelationstest**) besagt, dass eine empirisch ermittelte Korrelation r zweier Merkmale aus einer Grundgesamtheit stammt, in der eine Korrelation ρ von null besteht (also die Hypothese der Unabhängigkeit beziehungsweise Unkorreliertheit). Die Alternativhypothese behauptet, dass die tatsächliche Korrelation der Population von null verschieden ist. Das Hypothesenpaar lautet:

$$H_0 : \rho = 0 \qquad H_1 : \rho \neq 0$$

Auch bei Korrelationen ist das gerichtete Testen von Hypothesen möglich. Dafür muss die Richtung des postulierten Zusammenhangs a priori feststehen. Das Hypothesenpaar verändert sich dadurch entsprechend.

Für einen Stichprobenumfang $n > 3$ lässt sich die Prüfgröße analog zum t-Test wie folgt bestimmen:

$$t = \frac{r \cdot \sqrt{n-2}}{\sqrt{1-r^2}}$$

Die Prüfgröße ist t-verteilt mit $n - 2$ Freiheitsgraden.

Der Zusammenhang zwischen einem dichotomen Merkmal und einem intervallskalierten Merkmal wird durch die punktbiseriale Korrelation r_{pb} oder auch Produkt-Moment-biseriale Korrelation erfasst. Da eine punktbiseriale Korrelation durch die Kodierung des dichotomen Merkmals mit 0 und 1 der BRAVAIS-PEARSON-Korrelation entspricht, erfolgt die Signifikanzüberprüfung durch den gleichen Test wie bei dem Korrelationstest nach BRAVAIS/PEARSON. Der **punktbiseriale Korrelationstest** entspricht dem t-Test für unabhängige Stichproben (siehe Abschn. 8.2). Die Berechnungsformel der punktbiserialen Korrelation ist so konzipiert, dass wenn die y-Werte unter der Merkmalsausprägung x_0 des dichotomen Merkmals im Durchschnitt kleiner sind als die y-Werte unter der Merkmalsausprägung x_1 des dichotomen Merkmals, daraus eine positive Korrelation resultiert. Entsprechend ergibt sich eine negative punktbiseriale Korrelation, wenn die durchschnittlichen Merkmalsausprägungen der y-Werte in x_0 über den Ausprägungen von x_1 liegen. Das heißt, die Richtung des Zusammenhangs lässt sich sowohl aus den arithmetischen Mitteln als auch aus dem Vorzeichen der Korrelation schließen.

Gelegentlich wird ein intervallskaliertes Merkmal in zwei Kategorien eingeteilt. Interessiert der Zusammenhang zwischen einem solchen künstlich dichotomisierten Merkmal und einem intervallskalierten Merkmal, wird unter der Voraussetzung, dass beide Merkmale normalverteilt sind, die biseriale Korrelation r_{bis} berechnet. Die Signifikanzprüfung des **biserialen Korrelationstests** erfolgt im Allgemeinen mit der Standardnormalverteilung. Falls beide Merkmale normalverteilt sind, unterschätzt die punktbiseriale Korrelation den Zusammenhang.

Verschiedentlich wird die Aufgabe gestellt, den Zusammenhang zwischen einer Rangreihe und einem dichotomen Merkmal durch einen ρ-analogen Korrelationskoeffizienten zu beschreiben und zu überprüfen. Bei Fragestellungen dieser Art kommt die biseriale Rangkorrelation $r_{s(bis)}$ zum Einsatz. Zur Überprüfung, ob eine biseriale Rangkorrelation (biserial correlation, analog zum Beispiel triseriell, wenn Y als Trichotomie vorliegt) signifikant von 0 verschieden ist (**biserialer Rangkorrelationstest**), wird der U-Test benutzt (siehe Abschn. 8.3).

Die Begründung der Verwendung des t-Tests für unabhängige Stichproben bei der punktbiserialen Korrelation und des U-Tests bei der biserialen Rangkorrelation resultiert daraus, dass die bivariate Stichprobe der n Beobachtungspaare als zwei univariate unabhängige Stichproben aufgefasst werden können, die sich hinsichtlich eines dichotomen Merkmals unterscheiden. Die Überprüfung der Zusammenhangshypothese läuft damit auf die Überprüfung von Unterschieden in der „zentralen Tendenz" in zwei unabhängigen Stichproben hinaus.

Sind bei kleineren Stichproben die beiden Merkmale eindeutig nicht bivariat normalverteilt (jedoch mindestens intervallskaliert), kann die statistische Bedeutsamkeit des Korrelationskoeffizienten nach BRAVAIS/PEARSON mit dem **Randomisierungstest von PITMAN** (auch Korrelationstest von PITMAN) überprüft werden. Dabei werden durch Permutation der n y-Werte bei festgelegten x-Werten alle möglichen r-Werte als H_0-Verteilung bestimmt. Die Überschreitungswahrscheinlichkeit (p-Wert) ergibt sich aus der Anzahl aller r-Werte, die den beobachteten r-Wert erreichen oder überschreiten, dividiert durch alle möglichen Permutationen ($n!$).

Sind die Voraussetzungen für die Anwendung der parametrischen BRAVAIS-PEARSON-Korrelation – mindestens intervallskalierte und bivariat normalverteilte Merkmale – nicht erfüllt, kann mit Hilfe der Rangkorrelation von SPEARMAN der monotone Zusammenhang zwischen zwei an einer Stichprobe erhobenen Messwertreihen (oder originären Rangreihen) bestimmt werden. Vorausgesetzt werden Zufallsstichproben aus einer bivariaten Grundgesamtheit stetiger Merkmale. Auch im Falle des **Rangkorrelationstests nach** SPEARMAN kann die Nullhypothese $H_0 : \rho_s = 0$ für $10 \leq n \leq 20$ mit einer Prüfgröße wie beim Korrelationskoeffizienten nach BRAVAIS/PEARSON getestet werden. Für $n > 20$ wird die Approximation durch die Standardnormalverteilung empfohlen und die folgende Prüfgröße verwendet:

$$z = \sqrt{n-1} \cdot r_s$$

Von r_s als Schätzer für ρ ist selbst bei bivariater Normalverteilung abzuraten, da r_s den Wert ρ überschätzt.

Im Vergleich zu r schätzt r_s für sehr großes n und bei Vorliegen einer bivariat normalverteilten Grundgesamtheit mit $\rho = 0$ den Parameter ρ mit einer asymptotischen Effizienz von $9/\pi^2$ oder eben 91,2 %. Für wachsendes n und eine bivariat normalverteilte Grundgesamtheit ist $2 \sin\left(\frac{\pi}{6} r_s\right)$ asymptotisch gleich r. Für $n \geq 100$ kann daher neben r_s auch r angegeben werden.

Die Rangkorrelation von KENDALL wird mit der gleichen Zielsetzung eingesetzt wie die Rangkorrelation nach SPEARMAN. Anders als r_s geht r_τ jedoch nicht von der impliziten Annahme aus, dass aufeinander folgende Rangzahlen äquidistante Merkmalsabstände abbilden. Die Rangkorrelation von KENDALL nutzt die ordinale Information der Daten, also Informationen, die sich daraus ableiten lassen, welcher von je zwei Merkmalsträgern die höhere Merkmalsausprägung aufweist. Für $n > 40$ wird die Signifikanzprüfung des **Rangkorrelationstests nach** KENDALL asymptotisch über die Standardnormalverteilung getestet. Bei gleicher Irrtumswahrscheinlichkeit ist die Power des KENDALL-Rangkorrelationskoeffizienten kleiner als jene nach SPEARMAN. Asymptotisch haben der SPEARMAN- und KENDALL-Rangkorrelationskoeffizient die gleiche Power. Für Zusammenhänge, die nicht zu nahe an 1 liegen (etwa für $-0{,}8 \leq \rho \leq 0{,}8$) gilt die Faustregel $\rho_\tau = 2/3 \cdot \rho$.

Beispiel 8.7

Im Kaufhaus Polynix wurden in den letzten $n = 6$ Tagen die Anzahl X der Kunden pro Tag und der Umsatz Y in Tausend Euro pro Tag ermittelt und in Tab. 8.6 eingetragen. Aufgrund des Streudiagramms kann von einem linearen Zusammenhang ausgegangen werden. Der PEARSON-Korrelationskoeffizient r wird daher berechnet:

Tab. 8.6: Umsatz und Kundenanzahl im Kaufhaus Polynix

i	x_i	y_i	$(x_i-\bar{x})^2$	$(y_i-\bar{y})^2$	$(x_i-\bar{x})\cdot(y_i-\bar{y})$
1	360	52	4011,11	121	−696,67
2	850	60	182044,44	361	8106,67
3	200	18	49877,78	529	5136,67
4	500	46	5877,78	25	383,33
5	330	25	8711,11	256	1493,33
6	300	45	15211,11	16	−493,33
Summe	2540	246	265733,33	1308	13930
	$\bar{x}=423{,}33$	$\bar{y}=41$			

Er ergibt sich aus dem Quotienten der Stichprobenvarianz und dem geometrischen Mittel der Stichprobenvarianzen:

$$r = \frac{s_{xy}}{\sqrt{s_x^2 \cdot s_y^2}} = \frac{13930}{\sqrt{265733{,}33 \cdot 1308}} = 0{,}747$$

Das heißt, es liegt ein mittlerer (linearer) Zusammenhang vor. Es soll nun weiter getestet werden, ob aufgrund des mittleren linearen Zusammenhangs davon auszugehen ist, dass sich in der Grundgesamtheit ebenfalls ein Zusammenhang wiederfindet. Dazu wird das Hypothesenpaar betrachtet:

$$H_0 : \rho = 0$$
$$H_1 : \rho \neq 0$$

Dazu betrachten wir die folgende Prüfgröße

$$t = \frac{r \cdot \sqrt{n-2}}{\sqrt{1-r^2}}$$
$$t = \frac{0,747 \cdot \sqrt{4}}{\sqrt{1-0,747^2}} = 2,25$$

die im Falle der Gültigkeit der Nullhypothese t-verteilt mit $n-2 = 6-2 = 4$ Freiheitsgraden ist. Der p-Wert ergibt sich zu 0,088, das heißt, die Nullhypothese der Unabhängigkeit (bei Annahme einer bivariaten Normalverteilung!) kann nicht abgelehnt werden.

Berechnen wir die post-hoc-Teststärke. Wir wählen das Signifikanzniveau zu 5 % (zweiseitig), den Stichprobenumfang von $n = 6$ und die Effektstärke als 0,747 (starker Effekt). Die Teststärke $1-\beta$ ergibt sich zu 0,55. Damit ist die Teststärke zu gering, um einen so starken Effekt statistisch optimal abzusichern. ■

8.6 Der Chi-Quadrat-Test

Die Stärke des Zusammenhangs zweier qualitativer Merkmale wird mittels der Größe Chi-Quadrat χ^2 sowie davon abgeleiteten Parametern, etwa dem Kontingenzkoeffizienten nach PEARSON oder CRAMER's V, gemessen. In der schließenden Statistik ist zu überprüfen, ob dieser Zusammenhang signifikant ist oder als zufällig bezeichnet werden muss. Bei der Anwendung des χ^2-Tests als Test auf Unabhängigkeit sind die Null- und Alternativhypothesen wie folgt definiert:

- Die Nullhypothese postuliert die stochastische Unabhängigkeit der beiden Merkmale.
- Die Alternativhypothese fordert einen irgendwie gearteten Zusammenhang zwischen den Merkmalsausprägungen des einen Merkmals und jenen des anderen.

Beim **Chi-Quadrat-Unabhängigkeitstest** (oder auch Chi-Quadrat-Test für Kontingenztafeln) wird überprüft, ob die Summe der Differenzen zwischen den beobachteten Häufigkeiten und den bei Unabhängigkeit zu erwartenden Häufigkeiten signifikant ist. Die Gesamtdifferenz von beobachteter und erwarteter Häufigkeit wird als Summe von relativen, quadratischen Abweichungen ermittelt und zum Abweichungsmaß

$$\chi^2 = \sum_{\text{alle Felder}} \frac{(\text{beobachtete Häufigkeiten} - \text{erwartete Häufigkeiten})^2}{\text{erwartete Häufigkeiten}}$$

zusammengefasst. Der Unabhängigkeitstest verwendet die quadratische Kontingenz als Prüfgröße. Ein hinreichend großer χ^2-Wert erlaubt es, die Nullhypothese mit der Fehlerwahrscheinlichkeit α zurückzuweisen. Der χ^2-Wert ist wegen der Quadrierung außerstande, die Richtung der einzelnen Abweichungen zu berücksichtigen. Folglich kann der χ^2-Test keine gerichteten Hypothesen testen. Die Prüfgröße ist approximativ Chi-Quadrat-verteilt mit $k - 1$ mal $m - 1$ Freiheitsgraden, falls eine Kontingenztabelle der Größe $k \times m$ vorliegt. Die χ^2-Verteilung assoziiert jeden χ^2-Wert bei gegebener Anzahl der Freiheitsgrade mit einer bestimmten Wahrscheinlichkeit. Diese gibt an, wie wahrscheinlich die empirisch gefundende Häufigkeitsverteilung unter Annahme der Nullhypothese der Unabhängigkeit ist. Je größer der χ^2-Wert, umso unwahrscheinlicher ist es, dass in der Population, aus der die Stichprobe stammt, die Nullhypothese gilt. Ist die Wahrscheinlichkeit (der p-Wert) kleiner als ein vorher festgelegtes Signifikanzniveau, so wird die Nullhypothese verworfen. Der Chi-Quadrat-Unabhängigkeitstest kann für nominale, ordinale und metrische Merkmale gleichermaßen durchgeführt werden. Jedoch ist zu beachten, dass bei der Berechnung der Prüfgröße nur das Nominalskalenniveau beachtet wird. Der Unabhängigkeitstest kann auch als Anpassungstest verstanden werden. In diesem Sinne wird die Anpassung an eine unabhängige Verteilung getestet.

Für eine Vierfeldertafel (Vierfelderkorrelation) ergibt sich der Vierfelder-χ^2-Test, es lässt sich die Prüfgröße direkt mittels

$$\chi^2 = \frac{n \cdot (ad - bc)^2}{(a+b)(a+c)(c+d)(b+d)}$$

berechnen und ist approximativ χ^2-verteilt mit einem Freiheitsgrad.

Der Verbundenheitskoeffizient Y von YULE wie auch YULE's Q sind genau dann null, wenn die quadratische Kontingenz null ist. Daher kann die Nullhypothese, dass die Koeffizienten gleich null sind, mittels dem Chi-Quadrat-Test überprüft werden. Alternativ können die im Abschn. 7.3 vorgestellten Konfidenzintervalle zur Testentscheidung herangezogen werden.

Aus der Berechnungsmethode der Prüfgröße im Vierfelder-χ^2-Test ergibt sich, dass diese eine monotone Funktion in a ist; beide Größen führen deshalb zum gleichen Test. Die Verteilung von a ist bestimmt, wenn die Randsummen festgelegt sind, und wird dann hypergeometrische Verteilung genannt. Sie bestimmt den p-Wert. Der Test, der sich so ergibt, heißt der **Exakte Test von** FISHER (auch FISHER-YATES-Test). Der Exakte Test von FISHER kann für kleine Stichprobenumfänge ($n < 20$) benutzt werden und lässt auch einseitige Hypothesen zu. Der Begriff „exakt" ist im Sinne einer vollständigen Berücksichtigung relevanter Wahrscheinlichkeiten zu verstehen.

Hatten wir im Falle der Vierfeldertafel zum Beispiel 250 Personen zufällig ausgewählt und die Frage untersucht, ob das Geschlecht und Rauchergewohnheiten (Raucher oder Nichtraucher) unabhängig sind, waren wir einer Unabhängigkeitshypothese nachgegangen. Hätten wir allerdings von vornherein festgelegt, dass 125 Männer und 125 Frauen befragt werden sollten, wären die Randhäufigkeiten im Vorhinein determiniert gewesen. Wird die Studie derart angelegt, so liegen zwei Zufallsstichproben vor: eine vom Umfang n_1 aus der Grundgesamtheit der Frauen und eine weitere vom Umfang n_2 aus der Grundgesamtheit der Männer. Hier bietet es sich an, die Frage zu untersuchen, ob die Rauchgewohnheiten in beiden Populationen die gleichen sind, das heißt, ob der Anteil der Raucher unter den Frauen π_1 der gleiche ist wie jener unter den Männern π_2. Dies führt zur Aufstellung der Homogenitätshypothese:

$$H_0 : \pi_1 = \pi_2 \text{ gegen } H_1 : \pi_1 \neq \pi_2$$

Wir haben also nur aufgrund unterschiedlicher Auffassungen über die Art und Weise, wie die Daten erhoben wurden, zwei verschiedene Hypothesen, nämlich die Unabhängigkeitshypothese und die Homogenitätshypothese, formulieren können. Bei beiden Hypothesen können wir dieselbe Prüfgröße verwenden. Der χ^2-Test mit Homogenitätshypothese wird auch **Chi-Quadrat-Homogenitätstest** genannt. Wenn die Randsummen des einen „Merkmals" in Wirklichkeit keine Zufallsgröße sind, sondern im Voraus festgelegte Größen, wird der Frage nachgegangen, ob die Verteilung des Merkmals die gleiche ist wie für alle Gruppen. Die Nullhypothese heißt also, dass die Verteilungen des einen

Merkmals für alle verschiedene Gruppen gleich sind, dies ist die Homogenitätshypothese im allgemeinen Fall.

Die Benutzung des χ^2-Tests ist an folgende Voraussetzungen geknüpft:

- Die einzelnen Merkmalsausprägungen sind voneinander unabhängig: Jede Beobachtung hat dieselbe Chance, in eine bestimmte Klasse zu fallen, unabhängig davon, wie die vorangegangenen Beobachtungen ausgefallen sind.
- Jeder untersuchte Merkmalsträger kann eindeutig einer Kategorie beziehungsweise Merkmalskombination zugeordnet werden.
- Die erwarteten Häufigkeiten sind in 80 % der Zellen größer als 5 und keine erwartete Häufigkeit ist kleiner als 1.

Sind die erwarteten Häufigkeiten einer $k \times 2$-Kontingenztafel zu klein, ist statt des χ^2-Tests ($k \times 2$-Homogenitätstest) der folgende, auf FREEMANN und HALTON zurückgehende kombinatorische Test einzusetzen. Dieser Test stellt eine Verallgemeinerung des FISHER-YATES-Tests dar. Alle möglichen $k \times 2$-Kontingenztafeln werden erstellt, deren Punktwahrscheinlichkeit berechnet und all jene Werte summiert, die kleiner oder gleich der Punktwahrscheinlichkeit der beobachteten $k \times 2$-Kontingenztafel sind.

Ein signifikanter $k \times 2$-Test signalisiert, dass die untersuchten k Stichproben in Bezug auf ein dichotomes Merkmal nicht als homogen anzusehen sind. Häufig soll nun in Erfahrung gebracht werden, zwischen welchen Stichproben signifikante Unterschiede bestehen. Diese Frage lässt sich durch (additive) Zerlegung der Gesamttafel in Teiltafeln (Vierfeldertafeln) beantworten. Die Auswahl dieser Teiltafeln ist allerdings nicht beliebig, denn hierbei könnten abhängige Teiltafeln entstehen. Zudem müssen die Einzelvergleiche vor der Auswertung festgelegt werden (vergleiche Abschn. 7.1). Der Test von FREEMANN und HALTON ist bei allgemeinen $k \times m$-Kontingenztafeln anwendbar.

Das nachfolgende Testproblem wollen wir an einem Beispiel erläutern.

Beispiel 8.8

Um eine ausgeschriebene Mitarbeiterstelle einer Firma bewerben sich insgesamt 40 Interessenten. Die Bewerber werden einem psychologischen Test unterworfen und außerdem vom Personalchef aufgrund eines Vorstellungsgesprächs beurteilt. Fassen wir das Bewerbungsgespräch ebenfalls als einen Test auf, so wird jede der 40 Personen zwei Tests unterzogen. Gehen wir davon aus, dass die Tests nur nach „geeignet" (Test hat den Wert 1) und „nicht geeignet" (Test hat den Wert 0) unterschieden werden, so können wir das Ergebnis dieses Versuchs in einer Vierfeldertafel (siehe Tab. 8.7) wiedergeben. Eine Abhängigkeit der beiden Testergebnisse ist von vornherein klar. Ein Bewerber, der den psychologischen Test als geeignet passiert, wird nämlich (sofern der Test und der Personalchef dieselben Fähigkeiten beurteilen) mit größerer Wahrscheinlichkeit auch beim Bewerbungsgespräch positiv abschneiden als ein Bewerber, der beim psychologischen Test versagt hat. Es interessiert nun die Frage, ob der psychologische Test und der Test durch den Personalchef gleich schwer sind, also die Wahrscheinlichkeit für b gleich der Wahr-

Tab. 8.7: Ergebnisse zweier Bewerbungstests

		Psychologischer Test		
		0	1	Summe
Bewertung durch den Personalchef	0	6 $(= a)$	12 $(= b)$	18
	1	6 $(= c)$	16 $(= d)$	22
	Summe	12	28	40

scheinlichkeit für c ist. Dies kann exakt mit Hilfe der Binomialverteilung mit $k = b + c$ und $p = 1/2$ berechnet werden. ■

Liegen ausreichend viele Beobachtungen vor, so lässt sich anhand des Beispiels der **McNEMAR-Test** (auch test for significance of change), benannt nach Quinn McNEMAR (1900–1986), durchführen. Das McNEMAR-χ^2 berücksichtigt nur diejenigen Fälle, bei denen eine Veränderung eingetreten ist. Es überprüft die Nullhypothese, dass die eine Hälfte der „Wechsler" (Zelle b) in die andere (Zelle c) wechselt. Unter der Nullhypothese wird für jede der beiden Häufigkeiten b und c der Wert $(b + c)/2$ erwartet. Daher berechnet sich die Prüfgröße zu:

$$\chi^2 = \frac{\left(b - \frac{b+c}{2}\right)^2 + \left(c - \frac{b+c}{2}\right)^2}{\frac{b+c}{2}} = \frac{(b-c)^2}{b+c}$$

und ist approximativ Chi-Quadrat-verteilt mit einem Freiheitsgrad.

Beispiel 8.9
In Fortführung des Beispiels ergibt der McNEMAR-Test eine Prüfgröße:

$$\chi^2 = \frac{(b-c)^2}{b+c} = \frac{(12-6)^2}{18} = 2$$

Diese ist χ^2-verteilt mit einem Freiheitsgrad. Der p-Wert ergibt sich zu 0,238. Die Nullhypothese kann daher nicht abgelehnt werden. ■

Als Voraussetzungen gelten:

- Jedes Individuum muss aufgrund der zweimaligen Untersuchung eindeutig einem der 4-Felder der McNEMAR-Tafel zugeordnet werden können.
- Im Übrigen setzen wir – bei abhängigen Stichproben oder Messwiederholungen – voraus, dass die erwarteten Häufigkeiten für die Felder b und c größer als 5 sind.

Wichtig ist nochmalig festzuhalten, dass der McNEMAR-Test nicht behauptet, dass es gar keinen Unterschied zwischen den Stichproben gibt (in diesem Fall wäre zu erwarten, dass die Häufigkeiten b und c gleich 0 sind). Die Nullhypothese besagt lediglich, dass unterschiedliche Beurteilungen in beiden Richtungen gleich häufig sind, sodass unter der Nullhypothese $b = c$ erwartet werden würde.

Der McNemar-Test setzt ein dichotomes Merkmal voraus. Bei einem Merkmal mit mehr als zwei Merkmalsausprägungen (zum Beispiel r) entsteht anstelle der Vierfeldertafel eine $r \times r$-Kontingenztafel. Der **Symmetrietest von** Bowker überprüft, ob diese Matrix symmetrisch ist. Wenn Merkmalsträger mehrfach (r-mal) nacheinander auf ein dichotomes Merkmal hin untersucht werden, bietet sich der **Q-Test von** Cochran an. Die Prüfgröße Q ist asymptotisch χ^2-verteilt mit $r - 1$ Freiheitsgraden. Werden nur zwei Tests miteinander verglichen, also ist $r = 2$, so ergibt sich wieder der McNemar-Test. Der Q-Test von Cochran ist ein Spezialfall des Friedman-Tests.

Literaturverzeichnis

Lehrbücher

[1] Akkerboom, Hans (2008): Wirtschaftsstatistik im Bachelor: Grundlagen und Datenanalyse, 2. Auflage, Wiesbaden: Gabler Verlag

[2] Backhaus, Klaus / Erichson, Bernd / Plinke, Wulff / Weiber, Rolf (2005): Multivariate Analysemethoden: Eine anwendungsorientierte Einführung, 11., überarbeitete Auflage, Berlin – Heidelberg – New York: Springer Verlag

[3] Bamberg, Günter / Baur, Franz / Krapp, Michael (2008): Statistik, 14., korrigierte Auflage, München – Wien: Oldenbourg Verlag

[4] Bankhofer, Udo / Vogel, Jürgen (2008): Datenanalyse und Statistik: Eine Einführung für Ökonomen im Bachelor, 1. Auflage, Wiesbaden: Gabler Verlag

[5] Beck-Bornholdt, Hans-Peter / Dubben, Hans-Hermann (2001): Der Hund, der Eier legt: Erkennen von Fehlinformation durch Querdenken, Originalausgabe vollständig überarbeitet und Neuausgabe, Reinbek bei Hamburg: Rowohlt Taschenbuch Verlag

[6] Bellgardt, Egon (2000): Arbeitsbuch Statistik: Aufgaben und Lösungen für Wirtschaftswissenschaftler, aus Vahlens Übungsbücher der Wirtschafts- und Sozialwissenschaften, München: Verlag Franz Vahlen

[7] Benesch, Thomas (2008): Anschauliche und verständliche Datenbeschreibung: Methoden der deskriptiven Statistik, 4., überarbeitete und erweiterte Auflage, Wien – Graz: Neuer Wissenschaftlicher Verlag

[8] Benesch, Thomas (2009): Der Schlüssel zur Statistik: Datenbeurteilung mithilfe von SPSS, 2., überarbeitete Auflage, Wien: Facultas

[9] Bohley, Peter (2000): Statistik: Einführendes Lehrbuch für Wirtschafts- und Sozialwissenschaftler, 7., gründlich überarbeitete und aktualisierte Auflage, München – Wien: Oldenbourg Wissenschaftsverlag GmbH

[10] Bortz, Jürgen (2005): Statistik für Human- und Sozialwissenschaftler, 6., vollständig überarbeitete und aktualisierte Auflage, Berlin – Heidelberg – New York: Springer Verlag

[11] Bortz, Jürgen / Döring, Nicola (2006): Forschungsmethoden und Evaluation: Für Human- und Sozialwissenschaftler, 4., überarbeitete Auflage, Berlin – Heidelberg – New York: Springer Verlag

[12] Bortz, Jürgen / Lienert, Gustav A. (2003): Kurzgefasste Statistik für klinische Forschung: Leitfaden für die verteilungsfreie Analyse kleiner Stichproben, 2., aktualisierte und bearbeitete Auflage, Berlin – Heidelberg – New York: Springer Verlag

[13] Bosch, Karl (2002): Statistik: Wahrheit und Lüge, 1. Auflage, München – Wien: Oldenbourg Verlag

[14] Brunner, Edgar / Munzel, Ullrich (2002): Nichtparametrische Datenanalyse: Unverbundene Stichproben, 1. Auflage, Berlin – Heidelberg – New York u. a.: Springer Verlag

[15] Bühner, Markus (2006): Einführung in die Test- und Fragebogenkonstruktion, 2., aktualisierte und erweiterte Auflage, München u. a.: Pearson Studium

[16] Büning, Herbert / Trenkler, Götz (1994): Nichtparametrische statistische Methoden, 2. erweiterte und völlig überarbeitete Auflage, Berlin und New York: de Gruyter Verlag

[17] Clauss, Günter / Finze, Falk-Rüdiger / Partzsch, Lothar (2002): Statistik: Für Soziologen, Pädagogen, Psychologen und Mediziner – Grundlagen, 4., korrigierte Auflage, Frankfurt am Main: Wissenschaftlicher Verlag Harri Deutsch

[18] Dewdney, Alexander K. (1994): 200 Prozent von nichts: die geheimen Tricks der Statistik und andere Schwindeleien mit Zahlen, 1. Auflage, Basel – Boston – Berlin: Birkhäuser

[19] Diekmann, Andreas (2001): Empirische Sozialforschung: Grundlagen, Methoden, Anwendungen, 7., durchgesehene Auflage, Reinbek bei Hamburg: Rowohlt Taschenbuch Verlag GmbH

[20] Dürr, Walter / Mayer, Horst (1981): Wahrscheinlichkeitsrechnung und schließende Statistik, München – Wien: Hanser Verlag

[21] Fahrmeir, Ludwig (2011): Statistik: der Weg zur Datenanalyse, 7. Auflage, Berlin – Heidelberg – New York u. a.: Springer Verlag

[22] Faller, Hermann / Lang, Hermann (2010): Medizinische Psychologie und Soziologie, 3., vollständig neu bearbeitete Auflage, Berlin – Heidelberg – New York: Springer Verlag

[23] Ferschl, Franz (1985): Deskriptive Statistik, 3., korrigierte Auflage, Würzburg – Wien: Physica-Verlag

[24] Fliri, Franz (1972): Statistik und Diagramm, in: Fels, Edwin / Weigt, Ernst / Wilhelmy, Herbert (Hg.): Das geographische Seminar: praktische Arbeitsweisen, Braunschweig: Georg Westermann Verlag

[25] Gehring, Uwe W. / Weins, Cornelia (2009): Grundkurs Statistik für Politologen, 5., überarbeitete Auflage, Wiesbaden: VS Verlag für Sozialwissenschaften

[26] Genschel, Ulrike / Becker, Claudia (2000): Schließende Statistik: Grundlegende Methoden, Berlin – Heidelberg – New York: Springer Verlag

[27] Gessler, Jürgen R. (1993): Statistische Graphik, 1. Auflage, Basel – Boston – Berlin: Birkhäuser Verlag

[28] Hartung, Joachim / Elpelt, Bärbel / Klösener, Karl-Heinz (2005): Statistik: Lehr- und Handbuch der angewandten Statistik, 14., unwesentlich veränderte Auflage, München – Wien: Oldenbourg Verlag

[29] Hilgers, Ralf-Dieter / Bauer, Peter / Scheiber, Viktor (2006): Einführung in die Medizinische Statistik, 2., verbesserte und überarbeitete Auflage, Berlin – Heidelberg – New York: Springer Verlag

[30] Hippmann, Hans-Dieter (2003): Statistik: Lehrbuch für Wirtschafts- und Sozialwissenschaftler, 3., überarbeitete und erweiterte Auflage, Stuttgart: Schäffer-Poeschel Verlag

[31] Höfler, Michael (2004): Statistik in der Epidemiologie psychischer Störungen, 1. Auflage, Berlin – Heidelberg – New York: Springer Verlag

[32] Holland, Heinrich / Scharnbacher, Kurt (1991): Grundlagen der Statistik: Datenerfassung und -darstellung, Maßzahlen, Indexzahlen, Zeitreihenanalyse, 6., überarbeitete Auflage, Wiesbaden: Gabler Verlag

[33] Hüsler, Jürg / Zimmermann, Heinz (2006): Statistische Prinzipien für medizinische Projekte, 4., vollständig überarbeitete und erweiterte Auflage, Bern: Verlag Hans Huber

[34] Hussy, Walter / Jain, Anita (2002): Experimentelle Hypothesenprüfung in der Psychologie, 1. Auflage, Göttingen – Bern – Toronto – Seattle: Hogrefe

[35] KOCKELKORN, Ulrich (2012): Statistik für Anwender, 1. Auflage, Heidelberg: Springer Spektrum Verlag

[36] KOHN, Wolfgang (2005): Statistik: Datenanalyse und Wahrscheinlichkeitsrechnung, Berlin – Heidelberg – New York: Springer Verlag

[37] KOOLWIJK van, Jürgen / HELTEN, Elmar / ALBRECHT, Günter (1974): Techniken der empirischen Sozialforschung: ein Lehrbuch in 8 Bänden, 6. Statistische Forschungsstrategien, München – Wien: Oldenbourg Verlag

[38] KÖHLER, Wolfgang / SCHACHTEL, Gabriel / VOLEKSE, Peter (2002): Biostatistik: Eine Einführung für Biologen und Agrarwissenschaftler, 3., aktualisierte und erweiterte Auflage, Berlin – Heidelberg: Springer-Verlag

[39] KRÄMER, Walter (1994): So überzeugt man mit Statistik, Frankfurt – New York: Campus Verlag

[40] KRÄMER, Walter (1998): So lügt man mit Statistik, 8. Auflage, Frankfurt – New York: Campus Verlag

[41] KÜHLMEYER, Manfred (2001): Statistische Auswertungsmethoden für Ingenieure: Mit Praxisbeispielen, 1. Auflage, Berlin – Heidelberg – New York: Springer Verlag

[42] LACHS, Thomas G. / NESVADBA, Eva Maria (1986): Statistik – Lüge oder Wahrheit: Ein Leitfaden für Betriebsräte, 1. Auflage, Wien: Verlag des Österreichischen Gewerkschaftsbundes

[43] LIPPE, Peter (1999): Induktive Statistik, 5., völlig neu bearbeitete Auflage, München – Wien: Oldenbourg Verlag

[44] LITZ, Hans Peter (2003): Statistische Methoden in den Wirtschafts- und Sozialwissenschaften, 3., vollständig überarbeitete und erweiterte Auflage, München – Wien: Oldenbourg Verlag

[45] MARINELL, Gerhard / STECKEL-BERGER, Gabriele (2010): Einführung in die Statistik: Anwendungsorientierte Methoden zur Datenauswertung, 2. Auflage, München – Wien: Oldenbourg Verlag

[46] MÜLLER-BENEDICT, Volker (2001): Grundkurs Statistik in den Sozialwissenschaften: Eine leicht verständliche, anwendungsorientierte Einführung in das sozialwissenschaftlich notwendige statistische Wissen, Wiesbaden: Westdeutscher Verlag

[47] OSTERMANN, Rüdiger (1999): Statistik für Studierende der Sozialarbeit und Sozialpädagogik: Einführung, 2., völlig überarbeitete und stark erweiterte Auflage, München – Wien: Oldenbourg Verlag

[48] PFLAUMER, Peter / HEINE, Barbara / HARTUNG, Joachim (2005): Statistik für Wirtschafts- und Sozialwissenschaften: Deskriptive Statistik – Lehr und Übungsbuch, 3., überarbeitete und erweiterte Auflage, München – Wien: Oldenbourg Verlag

[49] POLASEK, Wolfgang (1994): EDA Explorative Datenanalyse: Einführung in die deskriptive Statistik, Berlin – Heidelberg – New York: Springer Verlag

[50] PRECHT, Manfred / KRAFT, Roland (1993): Biostatistik 2, 5., völlig überarbeitete Auflage, München – Wien: Oldenbourg Verlag

[51] PRECHT, Manfred / KRAFT, Roland / BACHMAIER, Martin (1999): Angewandte Statistik 1, 6., vollständig überarbeitete Auflage, München – Wien: Oldenbourg Verlag

[52] RAAB, Gerhard / UNGER, Alexander / UNGER, Fritz (2009): Methoden der Marketing-Forschung: Grundlagen und Praxisbeispiele, 2., überarbeitete Auflage, Wiesbaden: Gabler Verlag

[53] DIAZ-BONE, Rainer (2006): Statistik für Soziologen, 1. Auflage, Konstanz: UVK-Verlagsgesellschaft

[54] RASCH, Björn / FRIESE, Malte / HOFMANN, Wilhelm / NAUMANN, Ewald (2006): Quantitative Methoden: Einführung in die Statistik, Band 1, 2., erweiterte Auflage, Berlin – Heidelberg – New York: Springer Verlag

[55] RASCH, Björn / FRIESE, Malte / HOFMANN, Wilhelm / NAUMANN, Ewald (2006): Quantitative Methoden: Einführung in die Statistik, Band 2, 2., erweiterte Auflage, Berlin – Heidelberg – New York: Springer Verlag

[56] RIEDWYL, Hans (1979): Graphische Gestaltung von Zahlenmaterial, 2., überarbeitete Auflage, Bern – Stuttgart: Paul Haupt

[57] RUDOLF, Matthias / KUHLISCH, Wiltrud (2008): Biostatistik: Eine Einführung für Biowissenschaftler, München: Pearson Studium

[58] SACHS, Lothar (1993): Statistische Methoden: Planung und Auswertung, 7., überarbeitete Auflage, Berlin – Heidelberg – New York: Springer Verlag

[59] SACHS, Lothar (2003): Angewandte Statistik: Anwendung statistischer Methoden, 11., überarbeitete und aktualisierte Auflage, Berlin – Heidelberg – New York: Springer Verlag

[60] SACHS, Lothar (2006): Einführung in die Stochastik und das stochastische Denken, 1. Auflage, Frankfurt am Main: Verlag Harri Deutsch

[61] SAHNER, Heinz (2002): Schließende Statistik: Eine Einführung für Sozialwissenschaftler, 5., überarbeitete Auflage, Wiesbaden: Westdeutscher Verlag

[62] SCHÄFER, Thomas (2009): Statistik 1: Deskriptive und explorative Datenanalyse, 1. Auflage, Wiesbaden: Verlag für Sozialwissenschaften

[63] SIEGEL, Sidney (1985): Nichtparametrische statistische Methoden, Eschborn bei Frankfurt am Main: Fachbuchhandlung für Psychologie Verlagsabteilung

[64] SAUERBIER, Thomas (2003): Statistik für Wirtschaftswissenschaftler, 2., überarbeitete Auflage, München – Wien: Oldenbourg Verlag

[65] SAUERBIER, Thomas (2009): Statistiken verstehen und richtig präsentieren, 1. Auflage, München – Wien: Oldenbourg Verlag

[66] SCHLITTGEN, Rainer (2004): Statistische Auswertungen: Standardmethoden und Alternativen mit ihrer Durchführung in R, 1. Auflage, München – Wien: Oldenbourg Verlag

[67] SCHNELL, Rainer / HILL, Paul B. / ESSER, Elke (1999): Methoden der empirischen Sozialforschung, 6., völlig überarbeitete und erweiterte Auflage, München – Wien: Oldenbourg Verlag

[68] SCHUMACHER, Martin / SCHULGEN-KRISTIANSEN, Gabi (2009): Methodik klinischer Studien: Methodische Grundlagen der Planung, Durchführung und Auswertung, Berlin – Heidelberg – New York: Springer Verlag

[69] SENGER, Jürgen (2008): Induktive Statistik: Wahrscheinlichkeitstheorie, Schätz- und Testverfahren: mit Aufgaben und Lösungen, 1. Auflage, München – Wien: Oldenbourg Verlag

[70] STAHEL, Werner A. (2008): Statistische Datenanalyse: Eine Einführung für Naturwissenschaftler, 5., überarbeitete Auflage, Wiesbaden: Vieweg Verlag

[71] TIEDE, Manfred (2001): Beschreiben mit Statistik: Verstehen, München – Wien: Oldenbourg Verlag

[72] TIMISCHL, Werner (2000): Biostatistik: Eine Einführung für Biologen und Mediziner, 2., neubearbeitete Auflage, Berlin – Heidelberg – New York: Springer Verlag

[73] TRAMPISCH, Hans Joachim (1997): Medizinische Statistik, WINDELER, Jürgen (Hg.), Berlin – Heidelberg – New York: Springer Verlag

[74] UTBAN, Dieter / MAYERL, Jochen (2011): Regressionsanalyse: Theorie, Technik und Anwendung, Wiesbaden: VS Verlag für Sozialwissenschaften

[75] VOGEL, Friedrich (1995): Beschreibende und schließende Statistik: Aufgaben und Beispiele, 5., überarbeitete und erweiterte Auflage, München – Wien: Oldenbourg Verlag

[76] WAGSCHAL, Uwe (1999): Statistik für Politikwissenschaftler, 1. Auflage, München – Wien: Oldenbourg Verlag

[77] WELLEK, Stefan (1994): Statistische Methoden zum Nachweis von Äquivalenz, 1. Auflage, Stuttgart: Gustav Fischer Verlag

[78] WIRTZ, Markus / NACHTIGALL, Christof (2008): Deskriptive Statistik: Statistische Methoden für Psychologen – Teil 1, 5., überarbeitete Auflage, Weinheim – München: Juventa Verlag

[79] WIRTZ, Markus / NACHTIGALL, Christof (2009): Wahrscheinlichkeitsrechnung und Inferenzstatistik: Statistische Methoden für Psychologen – Teil 2, 5. Auflage, Weinheim – München: Juventa Verlag

[80] ZÖFEL, Peter (1992): Statistik in der Praxis, 3., überarbeitete und ergänzte Auflage, Stuttgart – Jena: Gustav Fischer Verlag

[81] ZÖFEL, Peter (2003): Statistik für Wirtschaftswissenschaftler: Im Klartext, München – Boston – San Francisco u. a.: Pearson Studium

Übungsbücher

[82] BENESCH, Thomas (2006): Klausurvorbereitung Statistik: Prüfungsfragen zur Deskriptiven und Schließenden Statistik, München – Wien: Oldenbourg Verlag

[83] BENESCH, Thomas / SCHUCH, Karin (2008): Aufgabensammlung Statistik: Aufgaben und Lösungen aus dem Bereich der beschreibenden Statistik, Wien: Linde Verlag

[84] BOSCH, Karl (1996): Klausurtraining Statistik, 2., durchgesehene Auflage, München – Wien: Oldenbourg Verlag

[85] BÖSELT, Martin (1994): Statistik-Übungsbuch: Aufgaben, Hinweise und Lösungen, München – Wien: Oldenbourg Verlag

[86] BRANNATH, Werner / FUTSCHIK, Andreas (2001): Statistik für Wirtschaftswissenschaftler: Eine Einführung anhand von Beispielen, 3. Auflage, Wien: WUV-Universitätsverlag

[87] DEGEN, Horst / LORSCHEID, Peter (2001): Statistik-Aufgabensammlung mit ausführlichen Lösungen: Übungsbuch zur Statistik im wirtschaftswissenschaftlichen Grundstudium, 4., unwesentlich veränderte Auflage, München – Wien: Oldenbourg Verlag

[88] HARTUNG, Joachim / HEINE, Barbara (1999): Statistik-Übungen, 6., unwesentlich veränderte Auflage, München – Wien: Oldenbourg Verlag

[89] LEHN, Jürgen / WEGMANN, Helmut / RETTIG, Stefan (1994): Aufgabensammlung zur Einführung in die Statistik, 2., überarbeitete und erweiterte Auflage, Stuttgart: Verlag B. G. Teubner

[90] SCHLITTGEN, Rainer (2002): Statistik-Trainer: Aufgaben zur Analyse und Modellierung von Daten, München – Wien: Oldenbourg Verlag

[91] SCHWARZE, Jochen (2002): Aufgabensammlung zur Statistik, 4. Auflage, Herne – Berlin: Verlag Neue Wirtschafts-Briefe GmbH

Sachverzeichnis

Printed in the United States
By Bookmasters